职业教育“十三五”改革创新规划教材

单片机应用技术项目教程

龚安顺　吴房胜　主　编
周渝霞　殷凤媛　付宗魁　马经权　栗文静　丁翠菲　段永平　高婷婷　潘世丽　副主编
杨小来　张志敏　参　编

清华大学出版社
北　京

内 容 简 介

本书分为8个项目，系统地介绍单片机基础知识、单片机C51语言入门、单片机的I/O接口应用、定时器/计数器的应用、中断的应用、80C51的串行接口与串行通信、键盘与显示和模拟量转换接口等。

本书按照"理实一体"体系的教学方式编写，内容丰富、精练，文字通俗易懂，讲解深入浅出，可作为高职高专电子技术、计算机、自动化、自动控制、电气技术、应用电子技术、机电一体化等专业单片机课程教材，也可供从事单片机应用设计的工程技术人员参考。

图书在版编目(CIP)数据

单片机应用技术项目教程/龚安顺，吴房胜主编. —北京：清华大学出版社，2017
(职业教育"十三五"改革创新规划教材)
ISBN 978-7-302-48104-1

Ⅰ. ①单…　Ⅱ. ①龚…　②吴…　Ⅲ. ①单片微型计算机—高等职业教育—教材　Ⅳ. ①TP368.1

中国版本图书馆CIP数据核字(2017)第201853号

责任编辑：孟毅新
封面设计：李伯骥
责任校对：刘　静
责任印制：王静怡

出版发行：清华大学出版社
　网　　址：http://www.tup.com.cn，http://www.wqbook.com
　地　　址：北京清华大学学研大厦A座　　**邮　　编**：100084
　社 总 机：010-62770175　　**邮　　购**：010-62786544
　投稿与读者服务：010-62776969，c-service@tup.tsinghua.edu.cn
　质量反馈：010-62772015，zhiliang@tup.tsinghua.edu.cn
　课件下载：http://www.tup.com.cn，010-62770175-4278
印 装 者：三河市海新印务有限公司
经　　销：全国新华书店
开　　本：185mm×260mm　　**印　　张**：17.5　　**字　　数**：423千字
版　　次：2017年9月第1版　　**印　　次**：2017年9月第1次印刷
印　　数：1～3000
定　　价：48.00元

产品编号：076273-01

Preface 前言

随着社会的发展，企事业单位要求高职院校培养出更多动手能力强、综合素质高、符合用人单位需要的应用型和技能型人才。应用型和技能型人才的培养应强调以知识为基础，以能力为重点，知识能力素质协调发展。本书旨在理论与实践结合、知识与案例统一，注重培养学生运用知识的创新能力和解决实际问题的工程能力。在观念上力求工程科学与工程实践并重，在内容上突出典型开发环境、典型芯片和典型案例，在风格上力求实用、宜教易学。本书的特色如下。

1. 以能力培养为本位

在编写中，力求体现目前提倡的"以就业为导向，以能力为本位"的精神，注重学生技能的培养，精练课程内容，合理安排知识点、技能点，注重实训教学，突出对学生实际操作能力和解决问题能力的培养。

2. 以宜教易学为目标

本书力求知识点经典、实用，体系完整、连贯；讲授方法简单易懂、层次分明、案例实用；对学生力求提示醒目；每个项目都配有实训、思考题等。

3. 突出当前流行技术

串行扩展技术的广泛使用是当今单片机系统设计的趋势，本书系统地介绍了几种目前应用广泛的串行接口芯片。C51 语言编程技术已广泛流行，本书全面采用 C51 语言进行讲授，体现了单片机应用技术的发展方向。

4. 内容丰富，紧贴行业应用

本书精心组织了与行业应用紧密结合的典型"项目"，且"项目"丰富，让教师在授课过程中有更多的演示环节，让学生在学习过程中有更多的动手实践机会，以巩固所学知识，迅速将所学内容应用于实际工作中。

5. 仿真软件验证

Proteus 是单片机应用系统开发与学习的重要工具，利用其对单片机、接口电路和外设的仿真能力可以大大加快单片机应用系统的开发过程。

本书内容丰富、精练，可作为高职高专电子技术、计算机、自动化、自动控制、电气技术、应用电子技术、机电一体化等专业的教材，也可供从事单片机应用设计的工程技术人员参考。

本书由龚安顺、吴房胜主编。依照项目教学、注重实用的教材目标，编者进行了许多思考和努力。由于编者水平有限，书中难免有不足之处，恳请读者批评指正。

编　者
2017 年 6 月

Contents 目录

项目 1 认识单片机

项目 2 C51 语言基础

项目 3 单片机的 I/O 接口应用

项目 4 定时器/计数器的应用

项目5　中断的应用

项目6　80C51的串行接口与串行通信

项目7　键盘与显示

项目8　模拟量转换接口

项 目 1

认识单片机

饮水思源

制作实例：遥控塔扇

- 蓝色浮空映画投屏
- 室温感应显示
- 12小时定时
- 三种风类模式
- 远距遥控功能
- 三挡风速
- 摇头功能

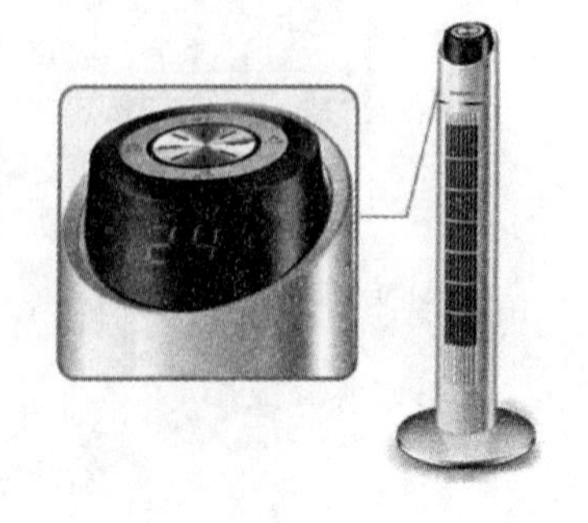

见多识广

(1) 了解微型计算机的组成及应用形态。
(2) 了解单片机的发展过程及产品近况。
(3) 理解本书全局实例的思路与学习方法。
(4) 掌握 51 系列单片机的结构与原理。
(5) 掌握 Keil C51 的上机步骤。
(6) 掌握 Proteus ISIS 的上机步骤。

游刃有余

(1) 能清楚地阐述单片机的发展方向与应用前景。
(2) 能清晰地表述 51 单片机的结构与基本工作原理。
(3) 能正确理解本书实例与单片机知识的链接点。
(4) 能用 Keil C51 完成编译全过程。
(5) 能用 Proteus ISIS 完成绘图及仿真全过程。

庖丁解牛

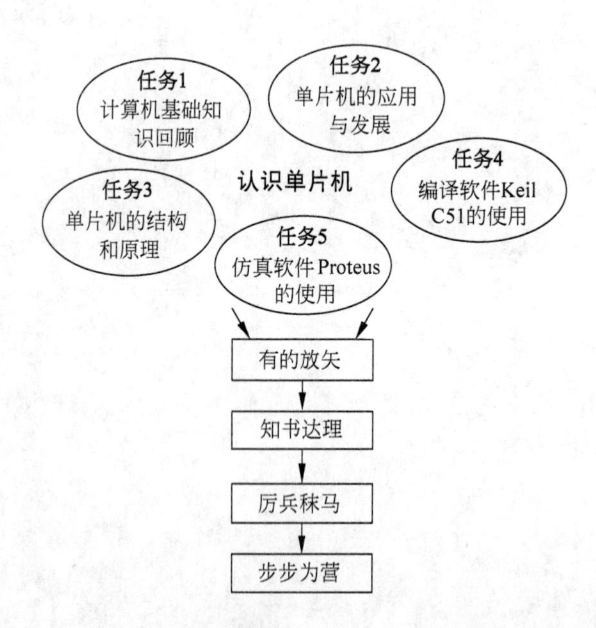

1.1　任务1：计算机基础知识回顾

1.1.1　有的放矢

因为单片机和计算机有一定的联系（先不细探这种联系），在学习单片机之前，先了解一下计算机的基本知识。

1.1.2　知书达理

1. 数制与进制

(1) 数制

数制也称计数制，是指用一组固定的数码和统一的进位规则（进制）来表示数值的方法。

(2) 数码

数码是指数制中表示基本数值大小的不同数字符号。

(3) 基数

基数是指数制所使用数码的个数。

(4) 位权

位权是指一个数值的每一位上的数字的权值的大小。

(5) 按权相加

按权相加是指每位数字字符乘以它的位权累加求和表示数值大小的方法。

(6) 数制转换

数制转换是指将数由一种数制转换成另一种数制的变换。

说明：

① 十进制（Decimal）。使用10个数码：0～9，以10为基数，逢十进一。十进制用于计算机输入和输出、人机交互。

② 二进制（Binary）。使用两个数码：0、1，以2为基数，逢二进一。二进制为机器中的数据形式。

③ 八进制（Octal）。使用8个数码：0、1、2、3、4、5、6、7，以8为基数，逢八进一。

④ 十六进制（Hexadecimal）。使用十六个数码：0～9、A～F，以16为基数，逢十六进一。

⑤ 不同进位制数以下标或后缀区别，十进制数可不带下标。推荐使用下标用法，不容易混淆，如$(101)_2$、101D、101B、101O、101H、365Q。

⑥ 十进制数是人们习惯使用的进制。

⑦ 计算机只能“识别”二进制数。

⑧ 为了书写和识读方便，计算机程序需要用十六进制数表示。

⑨ 需要掌握十进制数、二进制数、八进制数、十六进制数之间的关系以及相互转换方

法，表 1-1 所示是几种进制数的对应关系。

表 1-1　二进制数、八进制数、十进制数、十六进制数的对应关系

二进制	八进制	十进制	十六进制
0000	0	0	0
0001	1	1	1
0010	2	2	2
0011	3	3	3
0100	4	4	4
0101	5	5	5
0110	6	6	6
0111	7	7	7
1000	10	8	8
1001	11	9	9
1010	12	10	A
1011	13	11	B
1100	14	12	C
1101	15	13	D
1110	16	14	E
1111	17	15	F

2. 数制间的转换

根据 4 种进制的常见转换方式，将转换方式归为 4 类，其中八进制和十六进制相互不能直接转换，须经二进制转换。下面来回顾一下 4 类转换的方法，如图 1-1 所示。

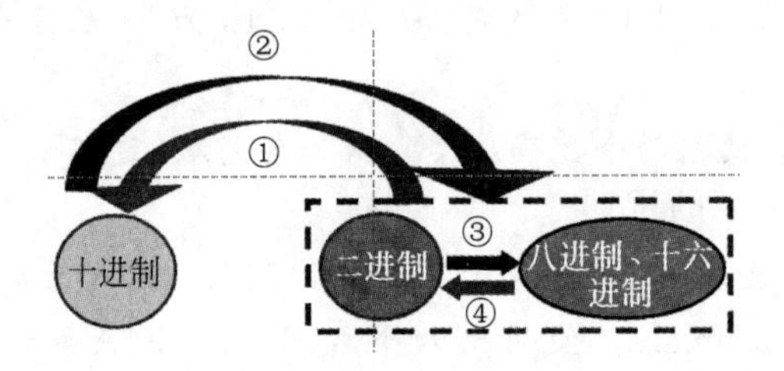

图 1-1　数制间的转换

转换方法如下。

① 乘权相加法。

② 除基取余倒记法＋乘基取整顺记法。

③ 合成法：零点起分两头看，不足补 0 再分断；二转十六和八制，四位三位莫分乱。

④ 分解法：十六转二一分四，八制转二一分三。

例： $(101.01)_2 = 1\times2^2 + 0\times2^1 + 1\times2^0 + 0\times2^{-1} + 1\times2^{-2} = (5.25)_{10}$

$(D8.A)_{16} = 13\times16^1 + 8\times16^0 + 10\times16^{-1} = (216.625)_{10}$

$3AF.2H = \underbrace{0011}_{3}\ \underbrace{1010}_{A}\ \underbrace{1111}_{F}.\underbrace{0010}_{2}B = 1110101111.001B$

$1111101.11B = \underbrace{0111}_{7}\ \underbrace{1101}_{D}.\underbrace{1100}_{C}B = 7D.CH$

$(13.5)_8 = (\underbrace{001}_{1}\ \underbrace{011}_{3}.\underbrace{101}_{5})_2$

$(100010.11011)_2 = (\underbrace{100}_{4}\ \underbrace{010}_{2}.\underbrace{110}_{6}\ \underbrace{110}_{6})_2 = (42.66)_8$

3. 数的表示方法

1）原码

最高位为符号位，0 表示“+”，1 表示“−”。

数值位与真值数值位相同。

例： 8 位原码机器数如下。

真值： x1 = +1010100B， x2 = −1010100B

机器数： $[x1]_{原}$ = 01010100， $[x2]_{原}$ = 11010100

原码表示简单直观，但 0 的表示不唯一，加减运算复杂，在原码中，0 有两种表示法，即：

$$[+0]_{原} = 00000000B$$

$$[-0]_{原} = 10000000B$$

2）反码

(1) 正数的反码表示法与正数的原码相等，最高位为符号位，其余则为数值位。例如：

$$[+13]_{原} = 00001101B$$

$$[+13]_{反} = 00001101B$$

↓ 符号位 ↓ 数值位

(2) 负数的反码表示法，先保持其原码的符号位不变，然后数值位逐位取反。例如：

$$[-13]_{原} = 10001101B$$

$$[-13]_{反} = 11110010B$$

反码所能表示的数值范围，对于 8 位机器数来说只能在 −127～+127；对 0 也有两种表示法。例如：

$$[+0]_{反} = 00000000B$$

$$[-0]_{反} = 11111111B$$

3）补码

正数的补码表示与原码相同。负数补码的符号位为1，数值位等于求反加1。

例：求8位补码机器数。

若 x=+4 则$[x]_{补}$=00000100；

若 x=−4 则 10000100→11111011→11111100，$[x]_{补}$=11111100。

补码表示的优点如下。

0的表示唯一，$[+0]_{补}=[-0]_{补}$=00000000B，加减运算方便。

4. BCD码

BCD码(Binary Coded Decimal)，即用4位二进制代码表示1位十进制数的编码。所以，BCD码的实质还是十进制数，只能是0～9(即0000～1001)。但这就会出现一个状况，4位二进制代码可表示16个代码，里面多了6个，即1010、1011、1100、1101、1110、1111，这几个在BCD码中不能使用，故称冗余码。

例：求十进制数876的BCD码。

正确：

$$[876]_{BCD}=1000\ 0111\ 0110$$

错误：

$$876=36CH=11\ 0110\ 1100B$$

5. ASCII码

美国标准信息交换码(ASCII码)，用于计算机与计算机及外设之间传递信息。现通用于很多场合，表1-2所示的是ASCII码。

表1-2　ASCII码

$d_3d_2d_1d_0$ \ $d_6d_5d_4$	000	001	010	011	100	101	110	111
0000	NUL	DEL	SP	0	@	P	`	p
0001	SOH	DC1	!	1	A	Q	a	q
0010	STX	DC2	″	2	B	R	b	r
0011	ETX	DC3	#	3	C	S	c	s
0100	EOT	DC4	$	4	D	T	d	t
0101	ENQ	NAK	%	5	E	U	e	u
0110	ACK	SYN	&	6	F	V	f	v
0111	BEL	ETB	′	7	G	W	g	w
1000	BS	CAN	(	8	H	X	h	x
1001	HT	EM	)	9	I	Y	i	y

续表

$d_6d_5d_4$ / $d_3d_2d_1d_0$	000	001	010	011	100	101	110	111
1010	LF	SUB	*	:	J	Z	j	z
1011	VT	ESC	+	;	K	[	k	{
1100	FF	FS	,	<	L	\	l	|
1101	CR	GS	−	=	M	]	m	}
1110	SO	RS	·	>	N	↑	n	~
1111	SI	HS	/	?	O	←	o	DEL

1.1.3 厉兵秣马

1. 熟悉计算机的结构

(1) 软件组成。

(2) 硬件电路。

根据需要，到单片机实训室了解计算机的相关硬件结构。

2. 了解计算机的资源配置

了解计算机的资源配置以及各自的用途。

3. 了解计算机的工作过程

了解计算机的开机过程、系统启动过程。

先问一个问题，“启动”用英语怎么说？

回答是 boot。可是，boot 原来的意思是靴子，“启动”与靴子有什么关系呢？原来，这里的 boot 是 bootstrap(鞋带)的缩写，它来自一句谚语：pull oneself up by one's bootstraps。字面意思是“拽着鞋带把自己拉起来”，这当然是不可能的事情。最早的时候，工程师们用它来比喻，计算机启动是一个很矛盾的过程：必须先运行程序，然后计算机才能启动，但是计算机不启动就无法运行程序！

早期真的是这样，必须想尽各种办法，把一小段程序先装进内存，然后计算机才能正常运行。所以，工程师们把这个过程叫作“拉鞋带”，久而久之就简称为 boot 了。

计算机的整个启动过程分成 4 个阶段。

1) 第一阶段：BIOS

20 世纪 70 年代初，只读内存(Read-Only Memory，ROM)被发明，开机程序被刷入 ROM 芯片，计算机通电后，第一件事就是读取它。这块芯片里的程序叫作基本输入/输出系统(Basic Input/Output System，BIOS)。

(1) 硬件自检。BIOS 中主要存放的程序包括自诊断程序(通过读取 CMOS RAM 中的内容识别硬件配置,并对其进行自检和初始化)、CMOS 设置程序(引导过程中,通过特殊热键启动,进行设置后,存入 CMOS RAM 中)、系统自动装载程序(在系统自检成功后,将磁盘相对 0 道 0 扇区上的引导程序装入内存使其运行)和主要 I/O 驱动程序及中断服务(BIOS 和硬件直接打交道,需要加载 I/O 驱动程序)。

BIOS 程序首先检查计算机硬件能否满足运行的基本条件,这叫作硬件自检(Power-On Self-Test),缩写为 POST。如果硬件出现问题,主板会发出不同含义的蜂鸣,启动中止。如果没有问题,屏幕就会显示出 CPU、内存、硬盘等信息。

(2) 启动顺序。硬件自检完成后,BIOS 把控制权转交给下一阶段的启动程序。

这时,BIOS 需要知道,"下一阶段的启动程序"具体存放在哪一个设备。也就是说,BIOS 需要有一个外部储存设备的排序,排在前面的设备就是优先转交控制权的设备。这种排序叫作启动顺序(Boot Sequence)。

打开 BIOS 的操作界面,里面有一项就是"设定启动顺序"。

2) 第二阶段:主引导记录

BIOS 按照"启动顺序",把控制权转交给排在第一位的储存设备,即根据用户指定的引导顺序从软盘、硬盘或是可移动设备中读取启动设备的 MBR,并放入指定的位置(0x7C00)内存中。

这时,计算机读取该设备的第一个扇区,也就是读取最前面的 512B 数据。如果这 512B 数据的最后两字节数据是 0x55 和 0xAA,表明这个设备可以用于启动;如果不是,表明设备不能用于启动,控制权于是被转交给"启动顺序"中的下一个设备。

这最前面的 512B 数据,就叫作主引导记录(Master Boot Record,MBR)。

(1) 主引导记录的结构。主引导记录只有 512B,放不了太多东西。它的主要作用是告诉计算机到硬盘的哪一个位置去找操作系统。

主引导记录由以下 3 个部分组成。

① 第 1~446B:调用操作系统的机器码。

② 第 447~510B:分区表(Partition Table)。

③ 第 511~512B:主引导记录签名(0x55 和 0xAA)。

其中,第二部分分区表的作用,是将硬盘分成若干个区。

(2) 分区表。硬盘分区有很多好处。考虑到每个区可以安装不同的操作系统,主引导记录因此必须知道将控制权转交给哪个区。

分区表的长度只有 64B,里面又分成 4 项,每项 16B。所以,一个硬盘最多只能分 4 个一级分区,又叫作主分区。

每个主分区的 16B 数据,由以下 6 个部分组成。

① 第 1B:如果为 0x80,就表示该主分区是激活分区,控制权要转交给这个分区。4 个主分区里面只能有一个是激活的。

② 第 2~4B:主分区第一个扇区的物理位置(柱面、磁头、扇区号等)。

③ 第 5B:主分区类型。

④ 第 6~8B:主分区最后一个扇区的物理位置。

⑤ 第 9～12B：该主分区第一个扇区的逻辑地址。

⑥ 第 13～16B：主分区的扇区总数。

最后 4B(主分区的扇区总数)决定了这个主分区的长度。也就是说，一个主分区的扇区总数最多不超过 2^{32} 个。

如果每个扇区为 512B，就意味着单个分区最大不超过 2TB。再考虑到扇区的逻辑地址也是 32 位，所以单个硬盘可利用的空间最大也不超过 2TB。如果想使用更大的硬盘，只有两个方法：一是提高每个扇区的字节数，二是增加扇区总数。

3）第三阶段：硬盘启动

这时，计算机的控制权就要转交给硬盘的某个分区了，这里又分成 3 种情况。

(1) 卷引导记录。4 个主分区里面只有一个是激活的。计算机会读取激活分区的第一个扇区，叫作卷引导记录(Volume Boot Record，VBR)。

卷引导记录的主要作用是告诉计算机，操作系统在这个分区里的位置。然后，计算机就会加载操作系统了。

(2) 扩展分区和逻辑分区。随着硬盘越来越大，4 个主分区已经不够了，需要更多的分区。但是，分区表只有 4 项，因此规定有且仅有一个区可以被定义成扩展分区(Extended Partition)。

所谓扩展分区，就是指这个区里面又分成多个区。这种分区里面的分区，就叫作逻辑分区(Logical Partition)。

计算机先读取扩展分区的第一个扇区，叫作扩展引导记录(Extended Boot Record，EBR)。它里面也包含一张 64B 的分区表，但是最多只有两项(也就是两个逻辑分区)。

计算机接着读取第二个逻辑分区的第一个扇区，再从里面的分区表中找到第三个逻辑分区的位置，以此类推，直到某个逻辑分区的分区表只包含它自身为止(即只有一个分区项)。因此，扩展分区可以包含无数个逻辑分区。

但是，似乎很少通过这种方式启动操作系统。如果操作系统确实安装在扩展分区，一般采用下一种方式启动。

(3) 启动管理器。在这种情况下，计算机读取主引导记录前面 446B 的机器码之后，不再把控制权转交给某一个分区，而是运行事先安装的“启动管理器”(Boot Loader)，由用户选择启动哪一个操作系统。

4）第四阶段：操作系统

控制权转交给操作系统后，操作系统的内核首先被载入内存。然后加载系统的各个模块，如窗口程序和网络程序，直至跳出登录界面，等待用户输入用户名和密码。

至此，全部启动过程完成。

1.1.4　步步为营

1. 观察计算机硬件

拆开计算机主机，观察各部分硬件组成。

2. 观察软件启动过程

启动系统，观察具体启动过程。

3. 找到并打开单片机相关软件

在桌面上找到 ISIS.EXE、Keil uVision4、PCtoLCD2002 图标，并打开相应软件，载入实例，观察运行结果。

4. 填写实训报告

观察与思考后填写报告。

1.2 任务2：单片机的应用与发展

1.2.1 有的放矢

在平常生活中，经常可以碰到智能的仪器、仪表、控制器等“非计算机”的设备，如电子秤电路、家电控制电路、红外遥控电路等，它们具有一定的智能，可以完成一些智能的任务，主要是控制与检测任务。它们使人们的生活更加智能化、简单化、自动化。它们都有一个核心的元件，那就是单片机控制芯片。

首先，需要先了解一下单片机的源头，即计算机的发展，包括计算机的分类、分支、发展；然后，再来学习单片机的知识。

1.2.2 知书达理

1. 计算机的发展

1946—1958年：第一代电子管计算机，其特点是磁鼓存储器，机器语言、汇编语言编程。世界上第一台数字计算机ENIAC。

1958—1964年：第二代晶体管计算机，其特点是磁芯做主存储器，磁盘做外存储器，开始使用高级语言编程。

1964—1971年：第三代集成电路计算机，其特点是使用半导体存储器，出现多终端计算机和计算机网络。

1971—1980年：第四代大规模集成电路计算机，出现微型计算机、单片微型计算机，外部设备多样化。

1981年至今：第五代人工智能计算机，其特点是模拟人的智能和交流方式。

2. 计算机的特点

(1) 运算速度快,计算能力强。
(2) 计算精度高。
(3) 具有记忆功能。
(4) 具有逻辑判断功能。
(5) 高度自动化。

3. 计算机的发展趋势

(1) 微型化——便携式、低功耗。
(2) 巨型化——尖端科技领域的信息处理,需要超大容量、高速度。
(3) 智能化——模拟人类大脑思维和交流方式,多种处理能力。
(4) 网络化——网络计算机和信息高速公路。
(5) 多机系统——大型设备、生产流水线集中管理(独立控制、故障分散、资源共享)。

4. 计算机的基本结构

1) 计算机系统的基本结构

计算机系统的基本结构如图 1-2 所示。

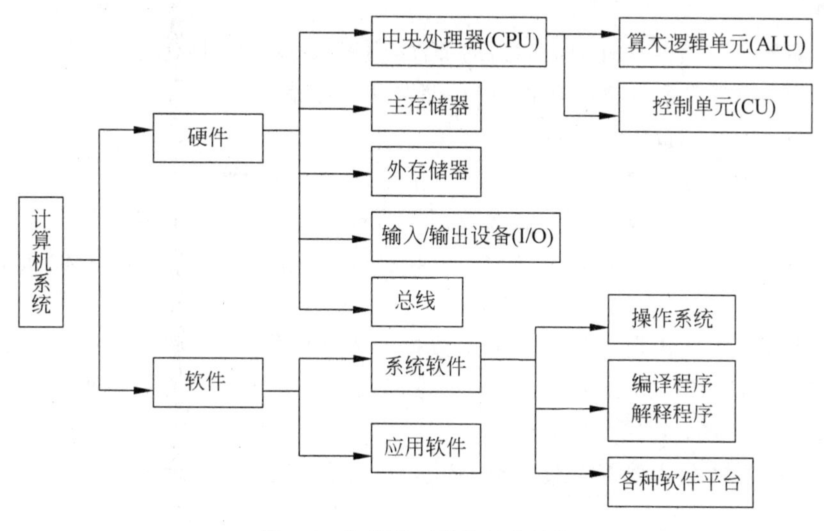

图 1-2　计算机系统的基本结构

2) 计算机的硬件结构

计算机的硬件结构如图 1-3 所示。

微处理器加上同样采用大规模集成电路制成的用于存储程序和数据的存储器,以及与输入/输出设备相衔接的输入/输出接口电路构成了微型计算机(Microcomputer)。

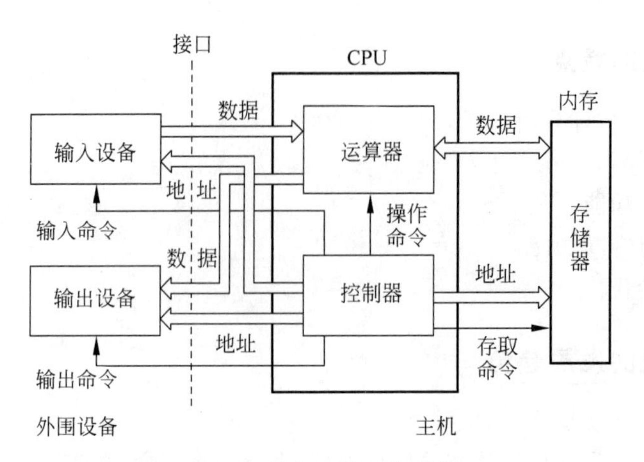

图 1-3　计算机的硬件结构

(1) 中央处理器。中央处理器(Central Processing Unit,CPU)主要包括算术逻辑单元(Arithmetic Unit,ALU)和控制单元(Coutrol Unit,CU)两大部件,是计算机的核心部件。

主要技术指标:CPU 字长、运算速度、工作频率。

① 算术逻辑单元:是进行算术运算和逻辑运算的部件。

② 控制单元:从内存储器中取出指令并对指令进行分析、判断,并根据指令发出相应的各种控制信号,使计算机的有关设备或电子器件有条不紊地协调工作,保证计算机能自动、连续地工作。

(2) 存储器。存储器具有记忆能力的部件,用来保存程序和数据。

分类:程序存储器和数据存储器、内存储器和外存储器。

操作:写入操作和读出操作。

主要技术指标:存储容量、存取时间、可靠性、功耗、性价比。

(3) 输入设备。输入设备用来输入数据和程序的装置,是将外界的信息转换为计算机内的表示形式并传送到计算机内部,存放在内存中。常用的输入设备有鼠标、键盘、扫描仪、数字化仪等。

(4) 输出设备。输出设备是用来输出数据和程序的设备,是将计算机内的数据和程序转换成人们所需要的形式,如数据、文字、图形、表格等,并传送到计算机外部。常用的输出设备有显示器、打印机、绘图仪等。

(5) 总线。总线分为数据总线(Data Bus,DB)、地址总线(Address Bus,AB)和控制总线(Control Bus,CB)。

① 数据总线。数据总线具有双向功能,用来实现 CPU、存储器和 I/O 设备之间的数据交换。数据总线的宽度一般与 CPU 的字长相同。

② 地址总线。地址总结是单向传送,用来把地址信息从 CPU 单向地传送到存储器或 I/O 接口,指出相应的存储单元或 I/O 设备。

③ 控制总线。控制总线主要用于传送由 CPU 发出的对存储器和 I/O 接口进行控制的信号,以及这些接口芯片对 CPU 的应答、请求等信号,这些控制信号控制着计算机按一定的

节拍，有规律地自动工作。

3）三总线结构

计算机结构可以简化为三总线结构，如图 1-4 所示。

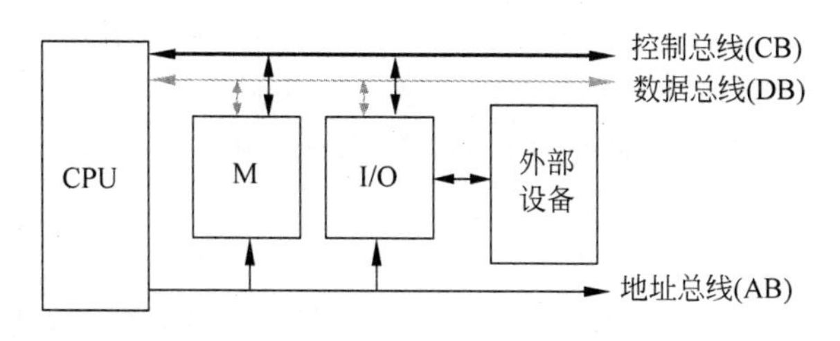

图 1-4 计算机的三总线结构

4）软件系统

(1) 系统软件。系统软件通常是用来有效地运行计算机系统、给应用软件开发与运行提供支持、为用户管理与使用计算机提供方便的一类软件。系统软件主要有操作系统、各种程序设计语言及其解释、编译系统以及数据库管理系统。

(2) 应用软件。应用软件是指利用计算机及系统软件为解决各种实际问题而编制的、具有专门用途的计算机程序。应用软件主要有各种字处理软件、各种用于科学计算的软件包、计算机辅助软件、各种图形软件等。

5）工作原理

计算机的基本原理是存储程序和程序控制。计算机在运行时，先从内存中取出第一条指令，通过控制器的译码，按指令的要求，从存储器中取出数据进行指定的运算和逻辑操作等加工，然后再按地址把结果送到内存中。接下来，再取出第二条指令，在控制器的指挥下完成规定操作。依次进行下去，直至遇到停止指令。

(1) 指令。能够被计算机识别并执行的命令称为指令，指令规定了计算机能完成的某一种操作。一条指令一般包含操作码和操作数两部分。

(2) 指令系统。一个程序规定计算机完成一个完整的任务。一种计算机所能识别的一组不同指令的集合，称为该种计算机的指令集合或指令系统。

(3) 程序(Program)。它是指令的有序集合，是一组为完成某种任务而编制的指令集合。

(4) 程序执行过程。计算机的工作过程，就是执行程序的过程。根据冯·诺依曼的设计，计算机应能自动执行程序，而执行程序又归结为逐条执行指令。执行一条指令又可分为以下 4 个基本操作。

① 取出指令。

② 分析指令。

③ 执行指令。

④ 为执行下一条指令做好准备，即取出下一条指令地址。

6）微型计算机的发展

微型计算机经过多年的发展，形成以下两大分支。

① PC：PC 系统全力实现海量高速数据处理，兼顾控制功能。

② 单片机：单片机系统全力满足测控对象的测控功能，兼顾数据处理能力。

5. 单片机

如果将微处理器、存储器及输入/输出接口和其他电路集成在一块集成电路芯片上，称为单片微型计算机，简称单片机。单片机特别适合于控制领域，故又被称为微控制器(Micro Control Unit，MCU)。其基本特征是具有一台微型计算机的基本功能。

1) 单片机的发展

单片机的发展可分为4个阶段。

第一阶段：单片机探索阶段(1976—1978年)。初级单片机阶段，其代表为Intel公司的MCS-48系列。

第二阶段：单片机完善阶段(1978—1982年)。高性能单片机阶段，其代表为MCS-51系列。

第三阶段：单片机向微控制器发展阶段(1982—1990年)。这是8位单片机巩固完善及16位机推出的阶段。

第四阶段：微控制器全面发展阶段(1990年至今)。在此阶段，32位和专用型单片机推出，各项功能趋向于PC。

目前，比较简便好学的是80C51系列8位单片机。

2) 单片机应用领域

(1) 智能仪器、仪表。

(2) 工业控制。

(3) 家用电器。

(4) 计算机网络和通信。

(5) 医用设备。

(6) 办公自动化设备。

应用特点如下。

(1) 控制应用：应用范围广泛，从实时性角度可分为离线应用和在线应用。

(2) 软硬件结合：软硬件统筹考虑，不仅要会编程，还要有硬件的理论和实践知识。

(3) 应用现场环境恶劣：易受到电磁干扰、电源波动、冲击震动、高低温等环境因素的影响，要考虑芯片等级选择、接地技术、屏蔽技术、隔离技术、滤波技术、抑制反电势干扰技术等。

(4) 应用空间大：广泛应用于工业自动化、仪器仪表、家用电器、信息和通信产品、军事装备等领域。

6. 学习哪种单片机技术好

这是单片机初学者经常问的问题。对于这个问题，没有人敢下定论。因为每一种单片机各有所长，都适用于其所能充分发挥作用的领域，不存在优差之分。

不过，从公认的学习方法来看，学单片机应该先学51单片机，学会了51单片机再去学其他单片机。

为什么要先学 51 单片机？因为 51 单片发展最早，应用最广泛，特别是 I/O 口的操作非常简单，而且相关的学习资料最多、教材最成熟，学习起来得心应手，入门很快。有了这个基础再去学习其他单片机那就很容易了，只要对着芯片数据手册设置寄存器即可。快则一两个星期，多则一个月就能掌握另一种单片机。如果一开始就选择非 51 单片机学习，会比较困难。

学 51 单片机用 C 语言还是汇编语言好？当然是 C 语言了。

(1) C 语言是高级语言，代码移植性好，易于维护。

(2) 编程灵活，随心所欲。

(3) 语言层次分明，思路清晰，可读性强。

(4) C 语言是目前最流行的单片机编程语言。示例代码多，便于参考。单片机技术发展之快，应用之广，学习群体日益庞大，这和 Keil C51 开发环境的问世是分不开的。

(5) C 语言是大众编程语言，是其他编程语言的基础，学会了 C 语言，对于进一步深造的选择就很自由了。汇编语言是早期单片机学习使用的语言，优点是执行指令比 C 语言稍快。

7. 学习 51 单片机知识后再学什么

学会 51 单片机以后，就可以根据自己从事的工作或者目标选择以下一种或多种单片机继续深造，下面列举市场上所用的一些单片机以及技术。

(1) AVR 单片机——速度快，一个时钟周期执行一条指令，而普通的 51 单片机需要 12 个时钟周期执行一条指令。当然，Atmel 公司出品的 AT89LP 系列单片机也是一个时钟执行一条指令，但目前还未普及。AVR 单片机比 51 单片机多了 USB 通信模块、SPI 通信模块、I^2C 通信模块、PWM 模块、AD 转换模块等，但在 C 语言编程方面对 I/O 口的操作比 51 单片机麻烦得多。

(2) PIC 单片机——品种齐全，应用领域广泛，片内资源也很丰富，也是很受欢迎的单片机。比 51 单片机多了 SPI 通信模块、I^2C 通信模块、PWM 模块、AD 转换模块等片内资源。它 4 个时钟周期执行一条指令，速度看似比 51 单片机快，事实上并非如此，PIC 单片机最高时钟频率一般为 8MHz，而 51 单片机最高时钟频率可达到 33MHz。速度上 PIC 单片机并不占优势，但抗干扰能力比 51 单片机略强。C 语言编程方面对 I/O 口的操作要比 51 单片机麻烦。

(3) MSP430 单片机——16 位单片机，速度快，一个时钟周期执行一条指令，超低电压低功耗，适合用于电池供电设备。

(4) Motorola 单片机——抗干扰能力极强，适用于恶劣环境，这是以降低速度为代价的。

(5) DSP 技术——用于音频、视频、通信等快速数字处理领域，速度超快，编程算法也比较复杂。

(6) FPGA 技术——难度和单片机差不多，应用领域逐渐广泛。

(7) 嵌入式系统——应用于非 PC 控制以外的复杂的智能控制系统，以及智能通信设备、掌上电脑、学习设备、娱乐设备等，应用领域也很广泛。学习难度较大，需要有操作系统、硬件、驱动原理等方面的知识。

(8) 其他单片机——如德州仪器单片机、合泰单片机、NEC 单片机等。

要说学哪一种单片机最有前途，笔者也不敢妄加断言。不管选择哪一种，前途光明与否都由使用者的造诣深度来决定，精则兴，不精则废。

1.2.3 厉兵秣马

准备单片机应用设备。

(1) 单片机实验箱。

(2) MCS-51 电子钟。

(3) 单片机电饭锅。

观察单片机在各个系统中的位置、作用及应用形式，思考如果该单片机出了问题会有什么故障现象，如何维修等问题。

1.2.4 步步为营

1. 硬件结构观察

如果需要拆机观察，请按教师要求操作。

2. 电路形式观察

思考以下问题：

单片机在系统中处于什么位置？有什么作用？故障现象是什么？如何检修？

3. 填写实训报告

观察与思考后填写报告。

1.3 任务3：单片机的结构和原理

1.3.1 有的放矢

为了更好地应用单片机，需要深入地了解一下 51 单片机的结构和工作原理。

1.3.2 知书达理

1. 外形及封装形式

单片机外形图及封装形式如图 1-5 所示。

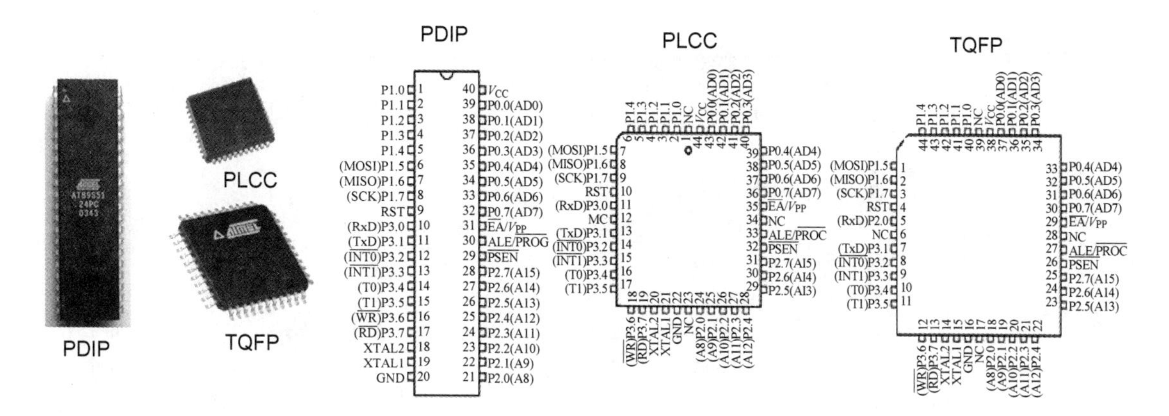

图 1-5　单片机外形图及封装形式

2. 内部结构

单片机内部结构如图 1-6 所示。

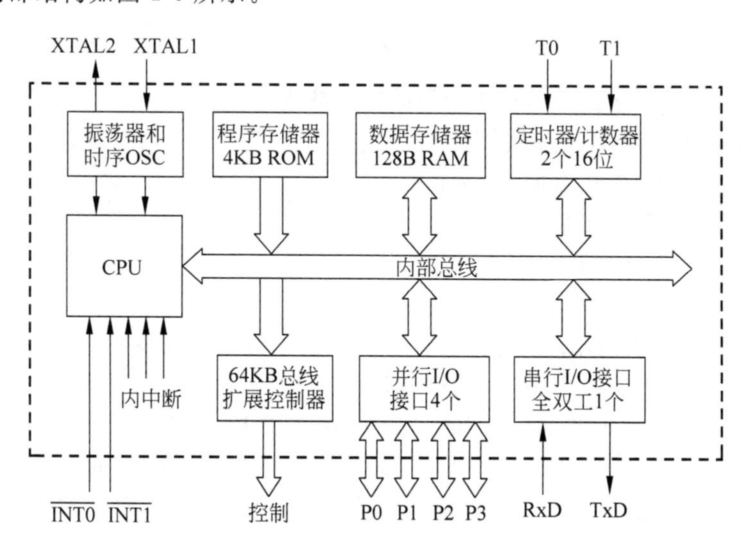

图 1-6　单片机内部结构

3. MCS-51 系列单片机

MCS-51 系列单片机参数如表 1-3 所示。

1）基本型和增强型

80C51 系列又分为基本型(51 子系列)和增强型(52 子系列)两个子系列,并以芯片型号的最末位数字是 1 还是 2 来区别。

表 1-3　MCS-51 系列单片机参数

分类		芯片型号	存储器类型及字节数/B		片内其他功能单元数量			
			ROM	RAM	并口	串口	定时器/计数器	中断源
总线型	基本型	80C31	—	128	4 个	1 个	2 个	5 个
		80C51	4K 掩膜	128	4 个	1 个	2 个	5 个
		87C51	4K	128	4 个	1 个	2 个	5 个
		★89C51	4K Flash	128	4 个	1 个	2 个	5 个
		89S51	4K ISP	128	4 个	1 个	2 个	5 个
	增强型	80C32	—	256	4 个	1 个	3 个	6 个
		80C52	8K 掩膜	256	4 个	1 个	3 个	6 个
		87C52	8K	256	4 个	1 个	3 个	6 个
		★89C52	8K	256	4 个	1 个	3 个	6 个
		89S52	8K ISP	256	4 个	1 个	3 个	6 个
非总线型		89C2051	2K Flash	128	2 个	1 个	2 个	5 个
		★89C4051	4K Flash		2 个	1 个	2 个	5 个

注：① 加★的已被 Atmel 公司的 AT89S51 和 AT89S52 新产品所取代，新产品具有 ISP(在系统编程)功能，使用非常方便，实际应用时应首选。

② 89C51 已停产。

从表 1-3 可以看出，增强型单片机增强的功能具体如下。

(1) 片内 ROM 从 4KB 增加到 8KB。

(2) 片内 RAM 从 128B 增加到 256B。

(3) 定时器/计数器从 2 个增加到 3 个。

(4) 中断源从 5 个增加到 6 个。

2) 芯片中“C”和“S”的含义

MCS-51 系列单片机采用两种半导体工艺生产。一种是采用高速度、高密度和短沟道的 HMOS 工艺；另外一种是采用高速度、高密度和低功耗的互补金属氧化物的 CHMOS 工艺。表 1-3 中芯片型号中带有字母“C”的，为 CHMOS 芯片，不带“C”的为一般的 HMOS 芯片。带“C”的芯片除了具有低功耗(例如 8051 的功耗为 630mW，而 80C51 的功耗只有 120mW)的特点之外，还具有各 I/O 口电平既与 TTL 电平兼容，也与 CMOS 电平兼容的特点。

AT89S51/89S52 带“S”系列产品最大的特点是具有在系统可编程功能。用户只要连接好下载电路，就可以在不拔下 51 芯片的情况下，直接在系统中进行编程。编程期间系统是不能运行程序的。

4. 单片机的存储器

存储器是用来存储程序和数据的部件，单片机片内存储器分为程序存储器和数据存储器两大类。

1) 程序存储器(ROM)

程序存储器一般用来存放固定程序和数据，还包括初始化代码固件，为只读存储器，特点是程序写入后能长期保存,不会因断电而丢失。MSC-51 系列单片机内部有 4KB 的程序存储空间(0x0000～0x0FFF),可以通过外部扩展到 64KB,通过引脚 EA 在硬件电路上控制。

单片机启动复位后,程序计数器的内容为 0000H,所以系统将从 0000H 单元开始执行程序。

其中一组特殊的单元是 0000H～0002H,系统复位后,PC 为 0000H,单片机从 0000H 单元开始执行程序,如果程序不是从 0000H 单元开始,则应在这 3 个单元中存放一条无条件转移指令,让 CPU 直接去执行用户指定的程序。

另一组特殊单元是 0003H～002AH,这 40 个单元各有用途,它们被均匀地分为 5 段,它们的定义如下。

0003H～000AH：外部中断 0 中断地址区。

000BH～0012H：定时器/计数器 0 中断地址区。

0013H～001AH：外部中断 1 中断地址区。

001BH～0022H：定时器/计数器 1 中断地址区。

0023H～002AH：串行中断地址区。

单片机中断入口地址如表 1-4 所示。

表 1-4 单片机中断入口地址

中断源名称	中断标志位	中断矢量地址
外部中断 0($\overline{INT0}$)	IE0	0003H
定时器 0(T0)中断	TF0	000BH
外部中断($\overline{INT1}$)	IE1	0013H
定时器 1(T1)中断	IF1	001BH
串行口中断	TI	0023H
	RI	
定时器 2(T2)中断	TF2	002BH
	EXF2	

(1) 程序计数器指针。读 ROM 是以程序计数器 PC 作为 16 位地址指针的,依次读相应地址 ROM 中的指令和数据,每读一个字节,PC+1→PC,这是 CPU 自动形成的。

但是有些指令有修改 PC 的功能,例如转移类指令和 MOVC 指令,CPU 将按修改后 PC 的 16 位地址读 ROM。

(2) 程序计数器寻址。当 EA 保持高电平时,先访问内 ROM,但当 PC(程序计数器)值超过 4KB(0FFFH)时,将自动转向执行外 ROM 中的程序。

当 EA 保持低电平时,则只访问外 ROM,不管芯片内是否有内 ROM。对无内置 ROM 的芯片,EA 必须接地。

80C51 单片机片内程序存储器有 4 种配置形式,即掩膜 ROM、EPROM、Flash ROM 和没有(无 ROM)。这 4 种配置形式对应 4 种不同的单片机芯片,它们各有特点,也各有其适用场合,在使用时应根据需要进行选择,具体说明如下。

(1) 无 ROM(ROM Less),即 80C31 单片机片内无程序存储器,应用时要在片外扩展程序存储器。

(2) 掩膜 ROM(Mask ROM)型,只能一次性由芯片生产厂商写入,用户无法写入。

(3) EPROM 型,通过紫外光照射擦除,用户通过写入装置写入程序。

(4) Flash ROM 型,程序可以用电写入或电擦除(当前常用方式)。

2) 数据存储器(RAM)

数据存储器主要用于存放各种数据,具有内部数据存储器和外部数据存储器之分,断电后内容消失。内部数据存储器主要是为程序中的变量和常量分配存储空间。

外部数据存储器主要用于存储程序运行时产生的重要数据,一般需要外加电源进行掉电保护,可以扩展到 64KB,除了可以扩展外部 RAM 外,还可以扩展外部 I/O 设备。

(1) 片内 RAM。从广义上讲,80C51 内 RAM(128B)和特殊功能寄存器 SFR(128B)均属于片内 RAM 空间,读写指令一样。但为加以区别,内 RAM 通常指 00H～7FH 的低 128B 空间,可分为 3 个区:工作寄存器区(通用寄存器区)、位寻址区、数据缓冲区,如表 1-5 所示。

表 1-5　片内 RAM 分区

地址区域		功能名称
00H～1FH	00H～07H	第 0 组工作寄存器
	08H～0FH	第 1 组工作寄存器
	10H～17H	第 2 组工作寄存器
	18H～1FH	第 3 组工作寄存器
20H～2FH		位寻址区
30H～7FH		数据缓冲区

① 通用寄存器区。共有 32 个单元,均匀地分为 4 块,每块包含 8 个 8 位寄存器,均以 R0～R7 来命名。通过设置程序状态字寄存器(PSW)的 D3 和 D4 位(RS0 和 RS1),即可选中这 4 组通用寄存器,如表 1-6 所示。

表 1-6　单片机通用寄存器区

组	RS1	RS0	R0	R1	R2	R3	R4	R5	R6	R7
0	0	0	00H	01H	02H	03H	04H	05H	06H	07H
1	0	1	08H	09H	0AH	0BH	0CH	0DH	0EH	0FH
2	1	0	10H	11H	12H	13H	14H	15H	16H	17H
3	1	1	18H	19H	1AH	1BH	1CH	1DH	1EH	1FH

② 位寻址区。从 20H～2FH 共 16B。每字节有 8 位(bit,b),共 128 位,每一位均有一个位地址,可位寻址、位操作,即按位地址对该位进行置 1、清 0、求反或判转。

a. 用途:存放各种标志位信息和位数据。

b. 注意事项:位地址与字节地址编址相同,容易混淆。

c. 区分方法:位操作指令中的地址是位地址;字节操作指令中的地址是字节地址。

位寻址区的位地址映像如表 1-7 所示。

表 1-7 位寻址区的位地址映像

字节地址	位地址							
	D7	D6	D5	D4	D3	D2	D1	D0
2FH	7FH	7EH	7DH	7CH	7BH	7AH	79H	78H
2EH	77H	76H	75H	74H	73H	72H	71H	70H
2DH	6FH	6EH	6DH	6CH	6BH	6AH	69H	68H
2CH	67H	66H	65H	64H	63H	62H	61H	60H
2BH	5FH	5EH	5DH	5CH	5BH	5AH	59H	58H
2AH	57H	56H	55H	54H	53H	52H	51H	50H
29H	4FH	4EH	4DH	4CH	4BH	4AH	49H	48H
28H	47H	46H	45H	44H	43H	42H	41H	40H
27H	3FH	3EH	3DH	3CH	3BH	3AH	39H	38H
26H	37H	36H	35H	34H	33H	32H	31H	30H
25H	2FH	2EH	2DH	2CH	2BH	2AH	29H	28H
24H	27H	26H	25H	24H	23H	22H	21H	20H
23H	1FH	1EH	1DH	1CH	1BH	1AH	19H	18H
22H	17H	16H	15H	14H	13H	12H	11H	10H
21H	0FH	0EH	0DH	0CH	0BH	0AH	09H	08H
20H	07H	06H	05H	04H	03H	02H	01H	00H

③ 用户 RAM 区。MCS-51 单片机内 RAM 中 51 系列的 30H～7FH，52 系列的 30H～FFH 为一般 RAM 区，用于存放各种数据和中间结果，只能按字节存取。另外，工作寄存器和位寻址区中不用的单元也可以作为用户 RAM 区使用。一般作为堆栈区使用(也称数据缓冲区)，存储数据时先指定栈顶位置 SP，按照“先进后出”的原则存储临时数据，主要是用来保护现场和恢复现场数据。

④ SFR(Special Function Register，特殊功能寄存器)区。特殊用途寄存器用来设定单片机内部各个部件的工作方式、存放相关部件的状态，如定时器初值寄存器、并行端口的锁存器等。

尽管特殊功能寄存器与 RAM 在同一个单元中，但不能作为普通的 RAM 存储单元来使用。只有在编程中根据需要，进行一些特定功能的设定，或者是从中查寻相关部件的状态时，才能进行读、写操作。如中断方式的设定、定时器工作模式的设定，查询串行口发送或接收是否结束等。

51 单片机特殊功能寄存器如表 1-8 所示。

表 1-8 51 单片机特殊功能寄存器一览表

SFR 名称	符号	位地址/位定义名/位编号								字节地址
		D_7	D_6	D_5	D_4	D_3	D_2	D_1	D_0	
B 寄存器	B	F7H	F6H	F5H	F4H	F3H	F2H	F1H	F0H	(F0H)
累加器 A	ACC	E7H	E6H	E5H	E4H	E3H	E2H	E1H	E0H	(E0H)
		ACC. 7	ACC. 6	ACC. 5	ACC. 4	ACC. 3	ACC. 2	ACC. 1	ACC. 0	

续表

SFR 名称	符号	位地址/位定义名/位编号								字节地址
		D_7	D_6	D_5	D_4	D_3	D_2	D_1	D_0	
程序状态字寄存器	PSW	D7H	D6H	D5H	D4H	D3H	D2H	D1H	D0H	(DOH)
		Cy	AC	F0	RS1	RS0	OV	F1	P	
		PSW.7	PSW.6	PSW.5	PSW.4	PSW.3	PSW.2	PSW.1	PSW.0	
中断优先级控制寄存器	IP	BFH	BEH	BDH	BCH	BBH	BAH	B9H	B8H	(B8H)
					PS	PT1	PX1	PT0	PX0	
I/O 端口 3	P3	B7H	B6H	B5H	B4H	B3H	B2H	B1H	B0H	(BOH)
		P3.7	P3.6	P3.5	P3.4	P3.3	P3.2	P3.1	P3.0	
中断允许控制寄存器	IE	AFH	AEH	ADH	ACH	ABH	AAH	A9H	A8H	(A8H)
		$\overline{EA}$			ES	ET1	EX1	ET0	EX0	
I/O 端口 2	P2	A7H	A6H	A5H	A4H	A3H	A2H	A1H	A0H	(AOH)
		P2.7	P2.6	P2.5	P2.4	P2.3	P2.2	P2.1	P2.0	
串行数据缓冲器	SBUF									99H
串行控制寄存器	SCON	9FH	9EH	9DH	9CH	9BH	9AH	99H	98H	(98H)
		SM0	SM1	SM2	REN	TB8	RB8	TI	RI	
I/O 端口 1	P1	97H	96H	95H	94H	93H	92H	91H	90H	(90H)
		P1.7	P1.6	P1.5	P1.4	P1.3	P1.2	P1.1	P1.0	
定时器/计数器 1（高字节）	TH1									8DH
定时器/计数器 0（高字节）	TH0									8CH
定时器/计数器 1（低字节）	TL1									8BH
定时器/计数器 0（低字节）	TL0									8AH
定时器/计数器方式选择	TMOD	GATE	C/$\overline{T}$	M1	M0	GATE	C/$\overline{T}$	M1	M0	89H
定时器/计数器控制寄存器	TCON	8FH	8EH	8DH	8CH	8BH	8AH	89H	88H	(88H)
		TF1	TR1	TF0	TR0	IE1	IT1	IE0	IT0	
电源控制及波特率选择	PCON	SMOD				GF1	GF0	PD	IDL	87H
数据指针（高字节）	DPH									83H
数据指针（低字节）	DPL									82H
堆栈指针	SP									81H
I/O 端口 0	PO	87H	86H	85H	84H	83H	82H	81H	80H	(80H)
		P0.7	P0.6	P0.5	P0.4	P0.3	P0.2	P0.1	P0.0	

(2) 片外 RAM。MCS-51 单片机除了片内 RAM 外,还可以扩展 64KB 的片外 RAM,地址范围为 0000~0FFFFH,通过 DPTR 数据指针间接寻址方式访问,对于低地址端的 256B,地址范围为 00H~0FFH,可以间接寻址访问。

图 1-7 所示是单片机存储器的结构。

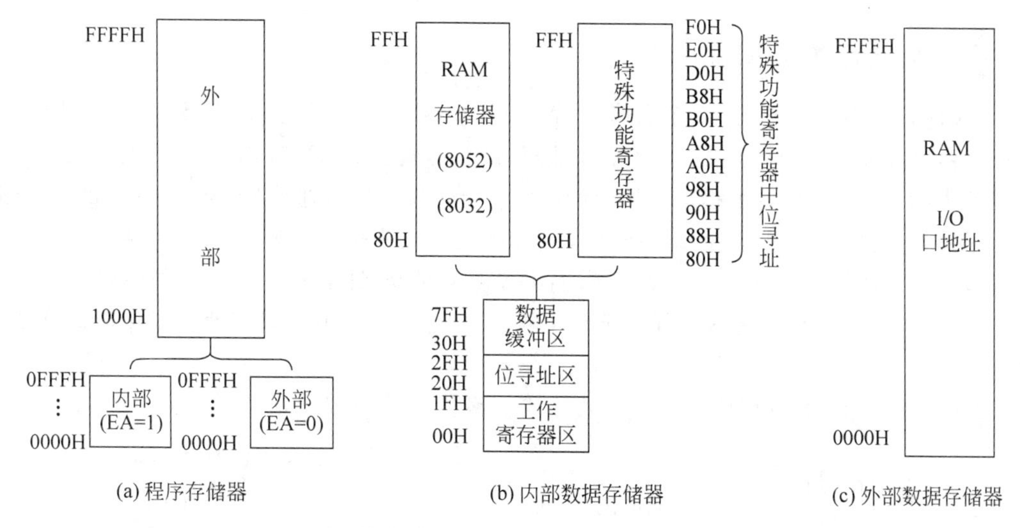

图 1-7 单片机存储器结构

3) 单片机环境温度问题

单片机应用中的环境温度问题是指单片机应用中的抗干扰特性和温度特性。由于单片机的应用是面向工业现场的,因此,它应具有很强的抗干扰能力,这是其他计算机无法相比的。单片机的温度特性与其他集成电路芯片一样,按所能适应的环境温度,可分为 3 个等级:民用级——0~+70℃;工业级——−40~+85℃;军用级——−65~+125℃。因此,在工业应用中应根据现场环境温度来选择单片机芯片。

4) AT89C51 与 AT89S51 的区别

AT89S51 单片机对 AT89C51 单片机进行了很多改进,新增加了很多功能,性能有了较大提升,价格基本不变,甚至比 AT89C51 更低,使用上与 80C51 单片机完全兼容。

AT89S51 相对于 AT89C51 增加的新功能主要有 ISP 在线编程功能、最高工作频率提升为 33MHz、具有双工 UART 串行通道、内部集成看门狗计时器、双数据指示器、电源关闭标识、全新的加密算法、程序的保密性大大加强等。

注意:向 AT89C51 单片机写入程序与向 AT89S51 单片机写入程序的方法有所不同,所以,购买的编程器,必须具有写入 AT89S51 单片机的功能,以适应产品的更新。Atmel 公司现已停止生产 AT89C51 型号的单片机,被 AT89S51 型号的单片机所代替。

5. MCS-51 系列单片机的特点

(1) 功能够用。

（2）价格便宜。

（3）集成度高，体积小，可靠性高。

（4）低功耗、低电压。

（5）易扩展。

6. 功能特性及引脚

MCS-51 系列单片机有 40 个引脚，内置 4KB Flash 片内程序存储器（ROM）、128B 的随机存取数据存储器（RAM），集成 32 个外部双向输入/输出（I/O）口，5 个中断优先级 2 层中断嵌套中断，2 个 16 位可编程定时器/计数器，2 个全双工串行通信口，看门狗（WDT）电路，片内时钟振荡器资源。此外，AT89S51 设计和配置了振荡频率可为 0Hz 并可通过软件设置省电模式。空闲模式下，CPU 暂停工作，而 RAM 定时器/计数器、串行口、外中断系统可继续工作，掉电模式冻结振荡器而保存 RAM 的数据，停止芯片其他功能直至外中断激活或硬件复位。

80C51 是标准的 40 引脚双列直插式集成电路芯片，如图 1-8 所示。

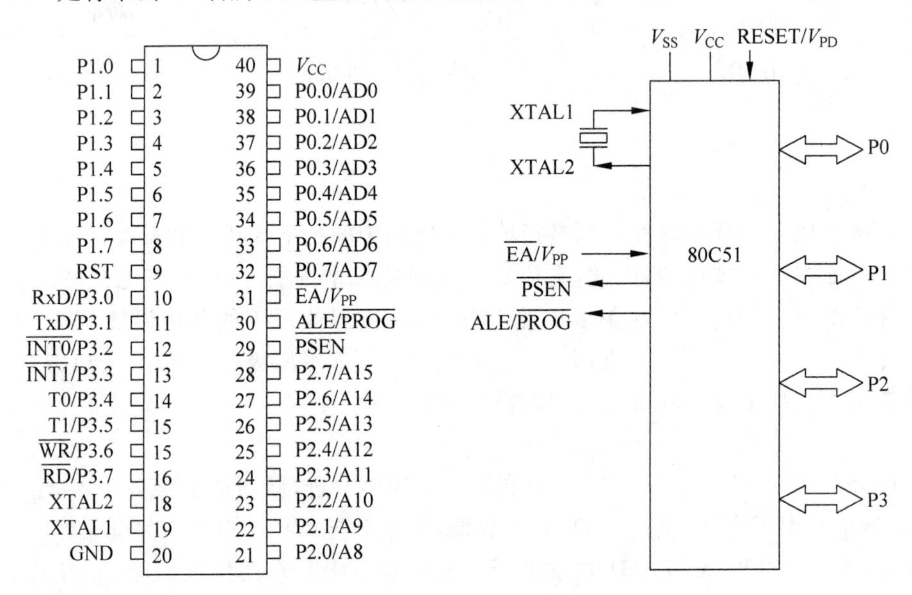

图 1-8　80C51 单片机引脚图

40 个引脚大致可分为 4 类：电源、时钟、控制引脚和 I/O 引脚。其中，电源：2 个；时钟：2 个；控制引脚：4 个；I/O 引脚：32 个。

ALE：地址锁存控制信号。由于 ALE 是以晶振 1/6 的固定频率输出的正脉冲，因此，可作为外部时钟或外部定时脉冲使用，可以用来检查单片机芯片的好坏。

$\overline{\text{PSEN}}$：外部程序存储器读选通信号。在读外部 ROM 时，有效（低电平），以实现外部 ROM 单元的读操作，可以用来检查单片机工作时 CPU 能否正常到 EPROM/ROM 中读指令。

$\overline{EA}$：访问程序存储器控制信号。当信号为低电平时，只执行片外程序存储器指令；当信号为高电平时，执行片内程序存储器指令，但当PC中的值超过0FFFH时并可延至外部程序存储器。为1时，先内后外；为0时，只外。

RST：复位信号。当输入的复位信号延续两个机器周期以上的高电平时即为有效，用以完成单片机的复位初始化操作。

XTAL1和XTAL2：外接晶体引线端。当使用芯片内部时钟时，此二引线端用于外接石英晶体和微调电容；若采用外部时钟电路时，XTAL2接入输入外部的时钟脉冲，XTAL1接地。

注意：检查单片机振荡电路是否正常工作，可用示波器查看XTAL2是否有脉冲信号输出。

V_{SS}：地线。

V_{CC}：+5V电源。

P0、P1、P2、P3口：都是8位双向端口，每个端口各有8条I/O线，均可做输入/输出。P0、P1、P2、P3 4个锁存器同RAM统一编址，可把I/O口当作一般特殊功能的寄存器来寻址。

4个并行接口一般按以下的方式使用。

(1) P0口：地址低8位与数据线分时使用的端口。

(2) P1口：按位可编址的I/O口。

(3) P2口：地址高8位输出口。

(4) P3口：双功能口。若不用第二功能，也可作通用I/O口。

7. 单片机最小系统

最小系统一般应该包括单片机、电源电路、时钟电路、复位电路等。单片机要正常运行，必须具备电源正常、时钟正常、复位正常3个基本条件。单片机最小系统原理图及应用仿真电路图如图1-9和图1-10所示。

8. 时钟电路

简单地说，没有晶振，就没有时钟周期，没有时钟周期，单片机就无法执行程序代码，也就无法工作。

80C51时钟信号通常有以下两种电路形式。

1) 内部振荡方式

在引脚XTAL1和XTAL2外接晶体振荡器(简称晶振)如图1-11所示。电容C_1、C_2起稳定振荡频率、快速起振的作用。电容值一般为5～30pF(常用30pF)。晶振的振荡频率范围为1.2～12MHz(一般取12MHz或6MHz)。

2) 外部振荡方式

把已有的时钟信号引入单片机。这种方式适用于使单片机的时钟与外部信号保持一致。外部振荡方式如图1-12所示。

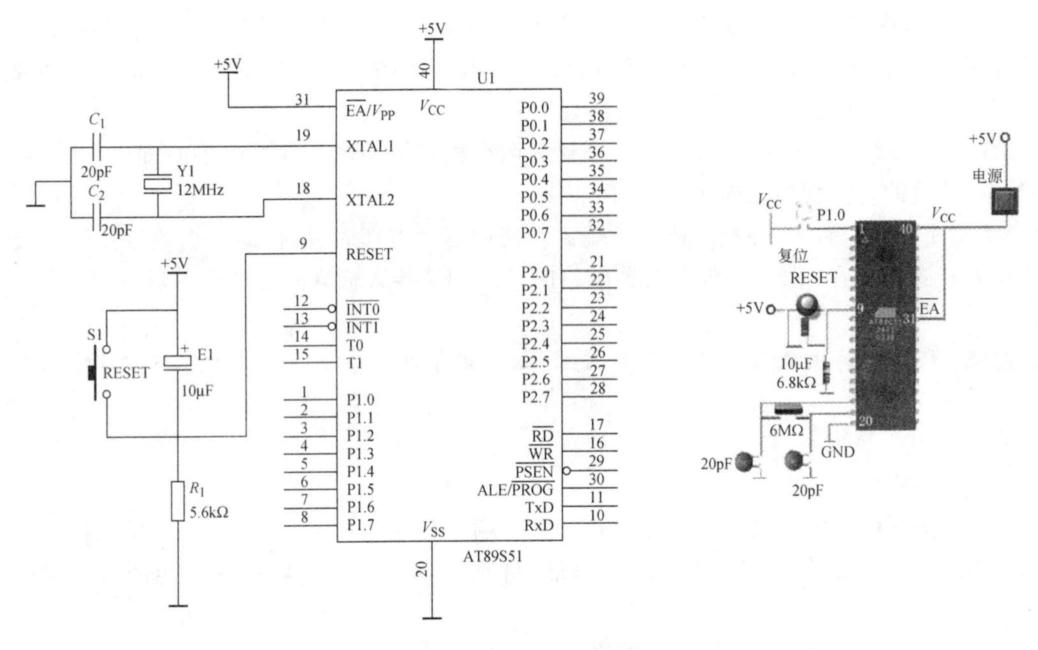

图 1-9 单片机最小系统图

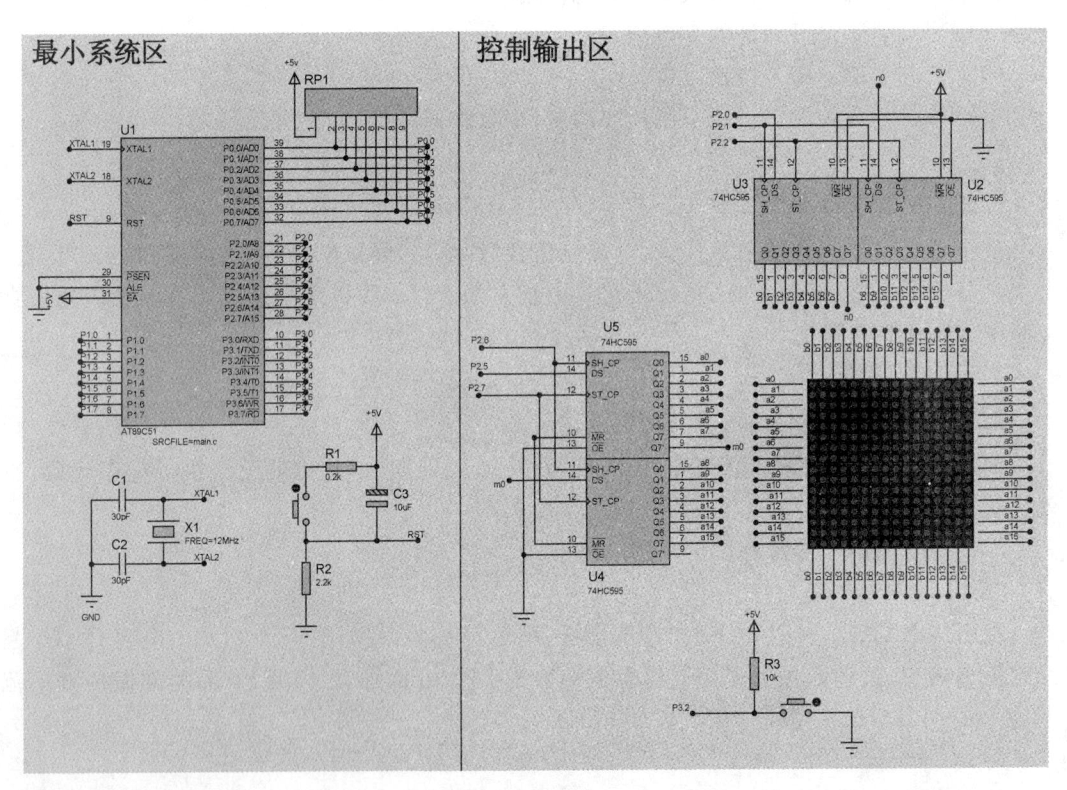

图 1-10 单片机最小系统应用仿真电路图

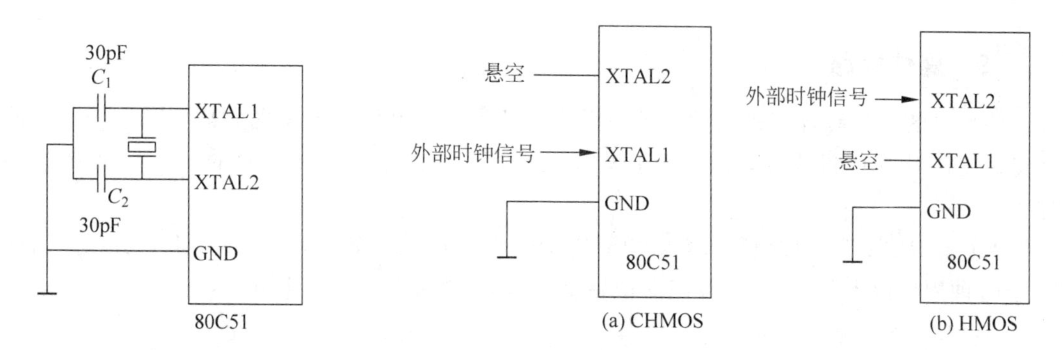

图 1-11　内部振荡方式

图 1-12　外部振荡方式

Pin 19：时钟 XTAL1 脚，片内振荡电路的输入端。

Pin 18：时钟 XTAL2 脚，片内振荡电路的输出端。

单片机晶体谐振器及晶振实物如图 1-13 和图 1-14 所示。

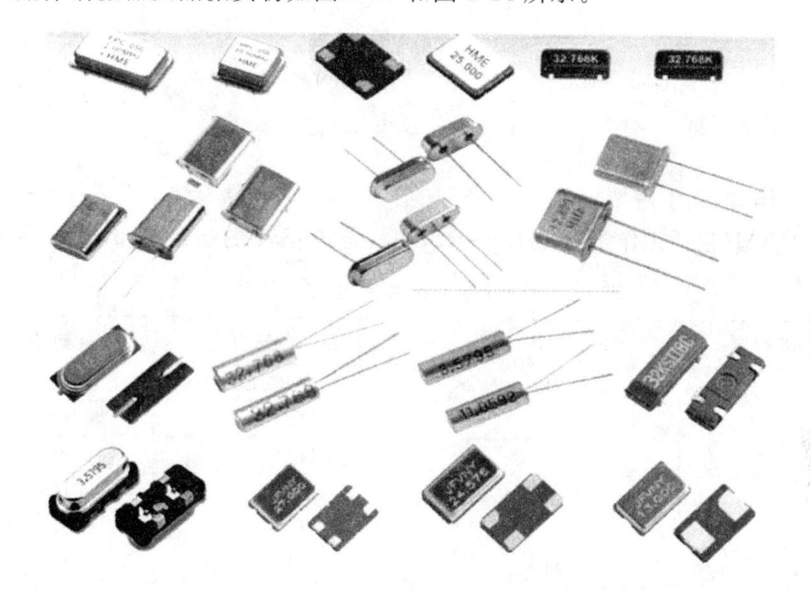

图 1-13　晶体谐振器(单片机及时钟芯片常用)

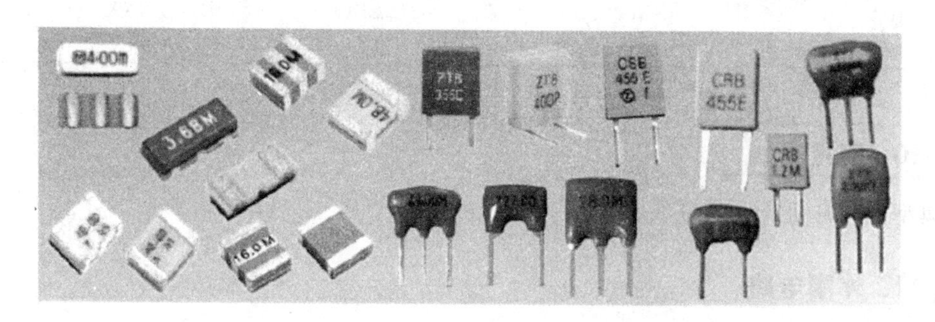

图 1-14　单片机常用晶振实物——陶瓷谐振器

9. 复位电路

单片机的复位和计算机的重启是一样的概念。任何单片机工作之前都要有一个复位的过程。复位对单片机来说，是程序还没有运行，只是准备工作。一般的复位只需要 5ms 时间。

Pin 9：RESET 复位信号脚，当 89S51 通电，时钟电路开始工作，在 RESET 引脚上出现 24 个时钟周期以上的高电平，系统即初始复位，单片机复位如图 1-15 所示。

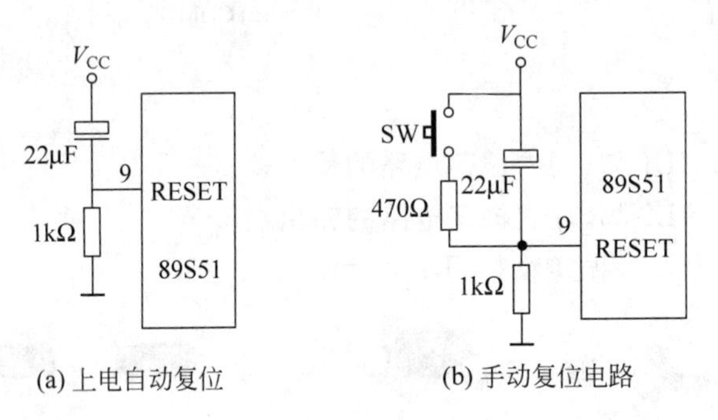

图 1-15　单片机复位

单片机工作时，除了需要时钟支持外，还必须有一个初始状态，即单片机的复位状态。复位不改变 RAM(包括工作寄存器 R0～R7)的状态，89S51 的初始态如表 1-9 所示。

表 1-9　89S51 单片机常用初始态(复位值)

特殊功能寄存器	初 始 内 容	特殊功能寄存器	初 始 内 容
PC	0000H	TMOD	00H
ACC	00H	TCON	00H
B	00H	TL0	00H
PSW	00H	TH0	00H
SP	07H	TL1	00H
DPTR	0000H	TH1	00H
P0～P3	FFH	SCON	00H
IP	XX000000B	SBUF	XXXXXXXXB
IE	0X000000B	PCON	0XXX0000B

10. 应用系统

典型的单片机应用系统如图 1-16 所示。

11. 外围电路

单片机常用外围仿真电路如图 1-17 所示。

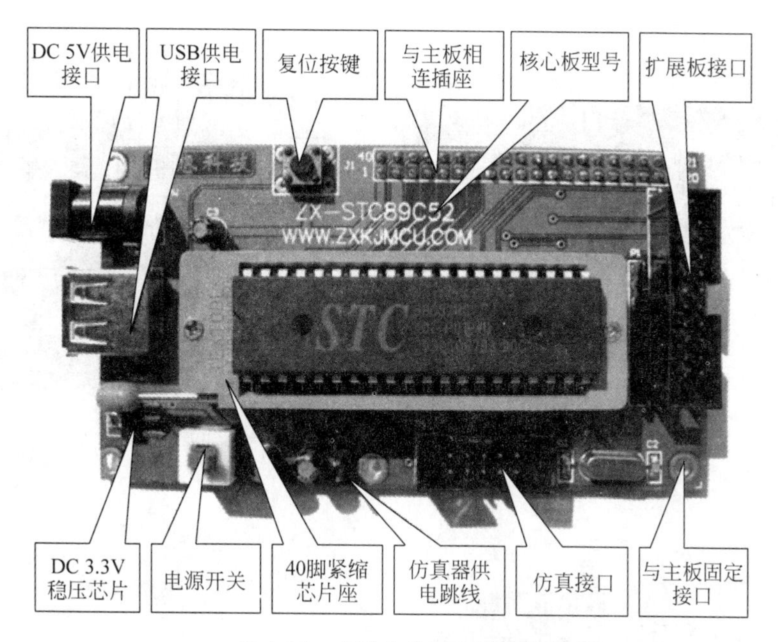

图 1-16　典型单片机应用系统

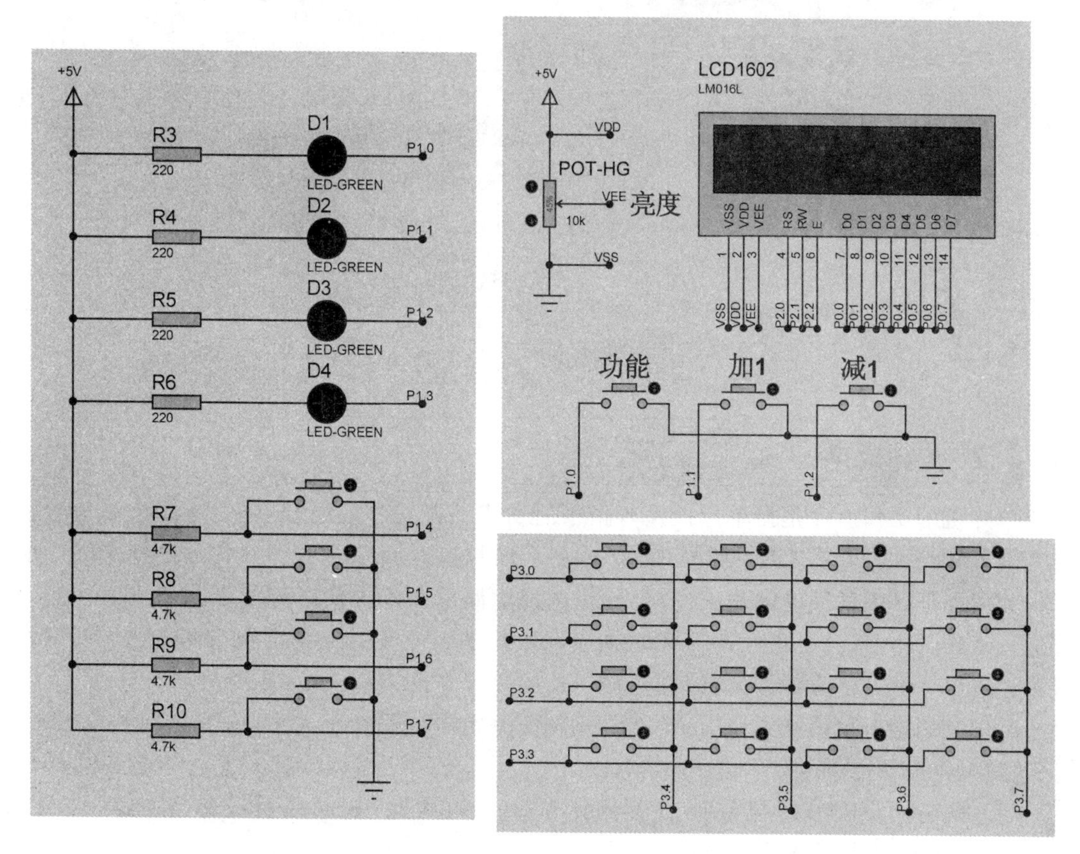

图 1-17　单片机常用外围仿真电路图

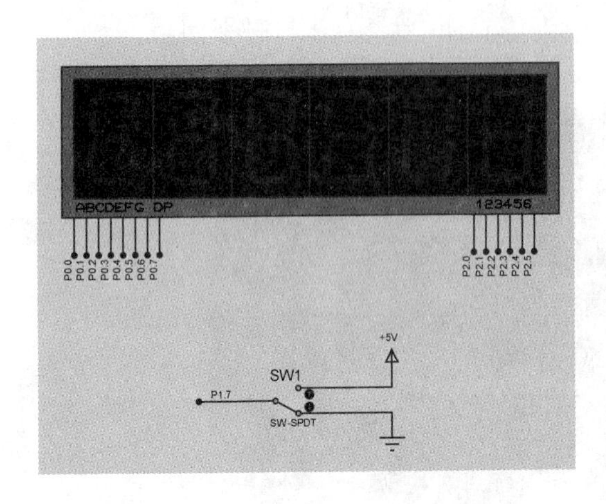

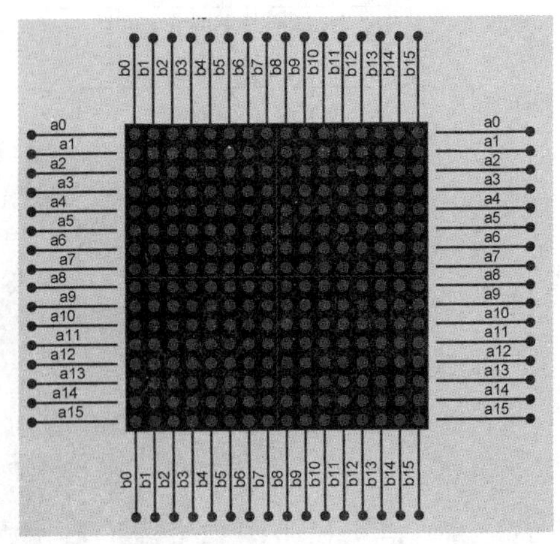

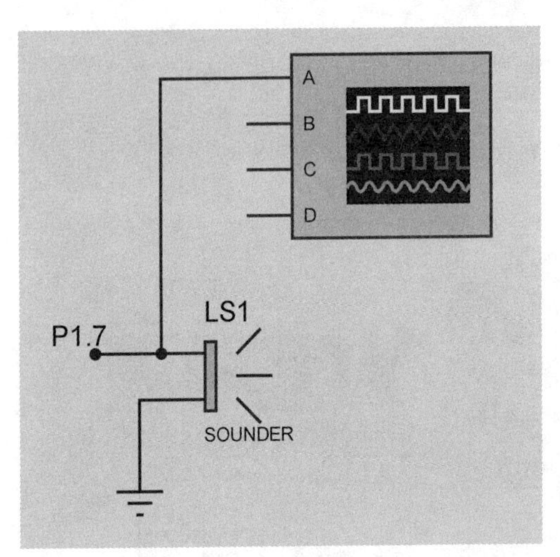

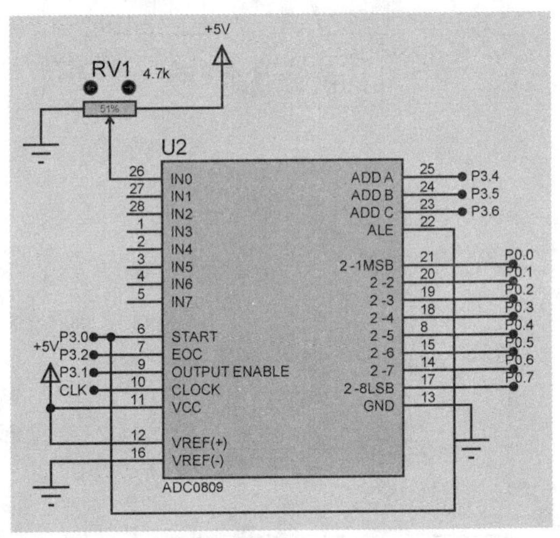

图 1-17(续)

12. 工作时序

单片机的工作时序是指单片机执行指令时所需控制信号的时间顺序,这些控制信号在时间上的相互关系就是 CPU 的时序,它是一系列具有时间顺序的脉冲信号,如图 1-18 所示。为了保证各部件间的同步工作,单片机内部电路应在唯一的时钟信号下严格地控制时序进行工作,时钟信号是由振荡器和时钟电路产生的。时钟产生的电路有两种方式:内部时钟振荡电路和外部时钟振荡电路。

时序是用定时单位来说明的。MCS-51 的时序定时单位共有 4 个,它们分别是节拍、状态、机器周期和指令周期。

(1) 振荡周期:单片机外接石英晶体振荡器的周期,如外接石英晶体的频率若为 12MHz,这其振荡周期就是 $1/12\mu s$。

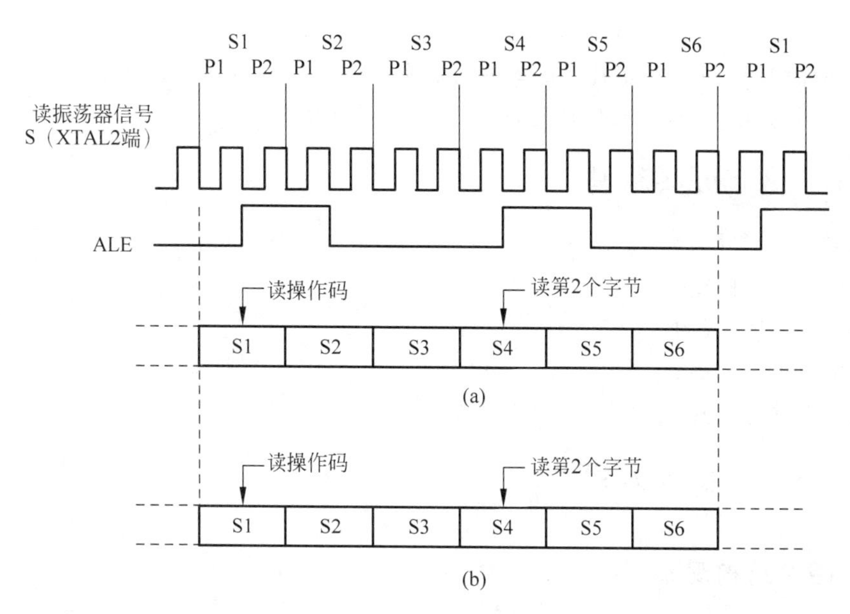

图 1-18 单片机的工作时序

（2）状态周期：单片机完成一个最基本的动作所需的时间周期，如扫描一次定时器 T0 引脚状态所需要的时间。

1 个状态周期＝2 个振荡周期

（3）机器周期 $T_{机}$：单片机完成一次完整的具有一定功能的动作所需的时间周期，如一次完整的读操作或写操作对应的时间。$T_{机}=\frac{12}{f_{OSC}}$，f_{OSC}是单片机工作时的晶振频率。

1 个机器周期＝6 个状态周期＝12 个振荡周期

（4）指令周期：执行完某条指令所需要的时间周期，一般需要 1～4 个机器周期，如乘、除指令是 4 个机器周期指令。

1 个指令周期＝1～4 个机器周期

其他如外部 ROM 读写、RAM 读写的时序图在此不作介绍。

13．工作方式

单片机的工作方式有复位方式、程序执行方式、低功耗方式、编程和加密方式。

（1）复位方式：在振荡电路工作时，在 RESET 引脚加上一个至少保持 2 个机器周期的高电平，单片机完成复位。复位可分为加电自动复位和按键复位两种方式。

（2）程序执行方式：程序执行方式是单片机的基本工作方式。由于复位后 PC＝0000，所以程序就从地址 0000H 开始执行单步执行方式，在外界脉冲的控制下，单片机每执行一条指令就暂停下来。

（3）低功耗方式：低功耗方式主要是为了降低电池的功耗。有两种方式：即**待机方式**和**掉电方式**。低功耗方式是由电源控制寄存器 PCON 中的 PD 位和 IDL 位来控制的。IDL＝1，进入待机方式；PD=1，进入掉电方式。

(4) 编程和加密方式：单片机的编程与加密是由专门的编程器或烧录器来完成。单片机加密有两种方法：一种是软件加密，另一种是硬件加密。

1.3.3 厉兵秣马

准备单片机应用设备：

(1) 单片机实验箱。

(2) MCS-51 电子钟。

(3) 单片机电饭锅。

观察在各个系统中用到的单片机资源。

1.3.4 步步为营

1. 硬件结构观察

如果需要拆机观察，请按教师要求操作。

2. 电路形式观察

思考以下问题：

(1) 实验箱如何实现单片机功能的充分利用？

(2) 电子钟用到单片机的哪些结构和资源？

(3) 电饭锅用到单片机的哪些结构和资源？

3. 填写实训报告

观察与思考后填写报告。

1.4 任务4：编译软件 Keil C51 的使用

1.4.1 有的放矢

前面对单片机的结构和工作方式有了初步的了解，也清楚了它的功能和应用领域，并且知道，要实现各种各样的自动控制功能，必须用程序对它进行控制。那如何编程和将程序装入单片机呢？通过下面的学习可以给单片机一个它可以读懂、可以执行的程序。

1.4.2 知书达理

Keil C51 是目前较流行的 51 单片机的汇编和 C 语言的开发工具，是美国 Keil Software 公司出品的 51 系列兼容单片机 C 语言软件开发系统。与汇编相比，C 语言在功能、结构性、可读性、可维护性上有明显的优势，因而易学易用。用过汇编语言后再使用C语言来开发，体会更加深刻。Keil C51 支持汇编及C语言以及混合编程，同时具备功能强大的软件仿真和硬件仿真。

Keil C51 软件提供丰富的库函数和功能强大的集成开发调试工具，全 Windows 界面。另外，只要看一下编译后生成的汇编代码，就能体会到 Keil C51 生成的目标代码的高效率，多数语句生成的汇编代码很紧凑，容易理解。在开发大型软件时更能体现高级语言的优势。下面详细介绍 Keil μVision4 开发系统各部分的功能和使用。

1. 软件下载

在网上下载 Keil C51 V9.00 的安装文件 C51V900.exe，如图 1-19 所示。

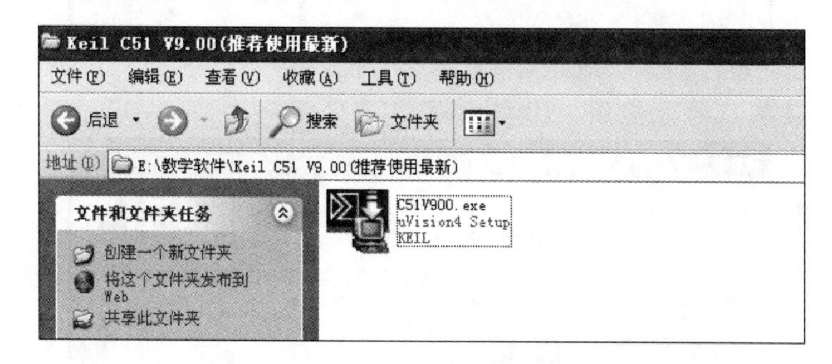

图 1-19 Keil C51 V9.00 的安装主文件

2. 软件安装

双击 C51V900.exe 文件，弹出如图 1-20 所示对话框，按如图 1-20～图 1-25 所示顺序执行，直到安装成功。

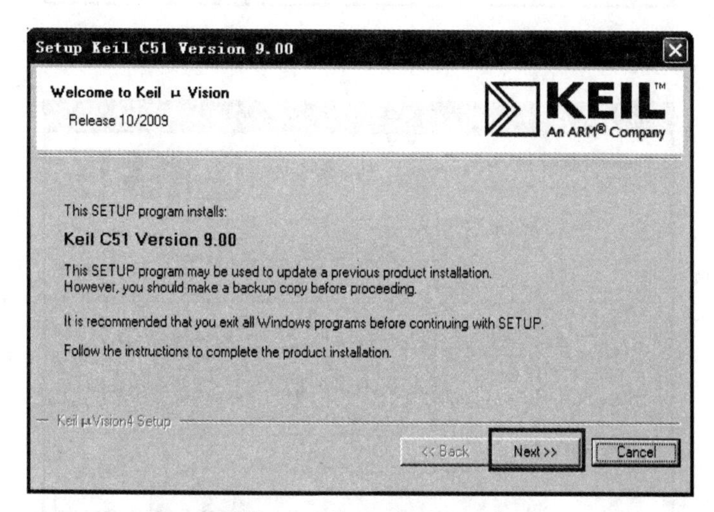

图 1-20 Keil C51 V9 的安装 1

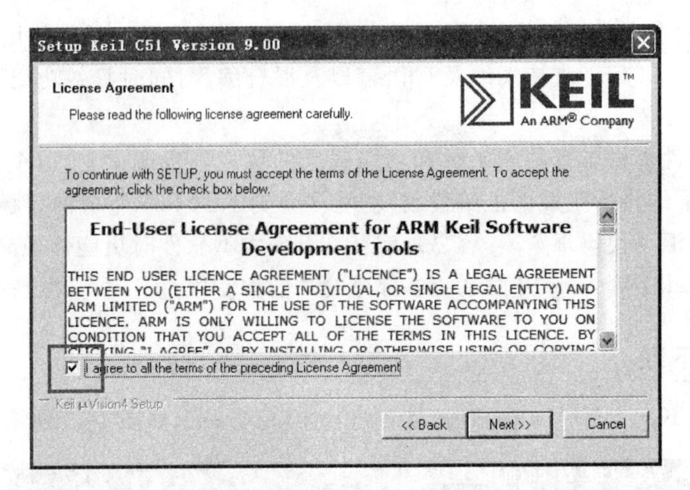

图 1-21　Keil C51 V9 的安装 2

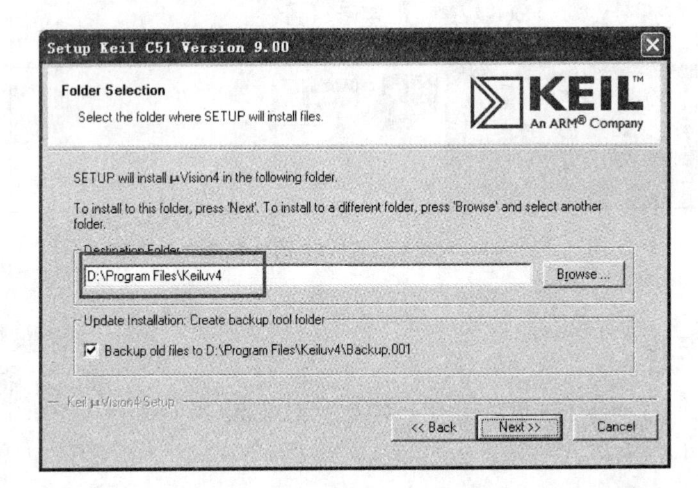

图 1-22　Keil C51 V9 的安装 3

Setup Keil C51 Version 9.00

Customer Information

Please enter your information.

KEIL

An ARM® Company

Please enter your name, the name of the company for whom you work and your E-mail address.

First Name: CQGAS

Last Name: 微软用户

Company Name: 微软中国

E-mail: 1

Keil µVision4 Setup

<< Back　Next >>　Cancel

图 1-23　Keil C51 V9 的安装 4

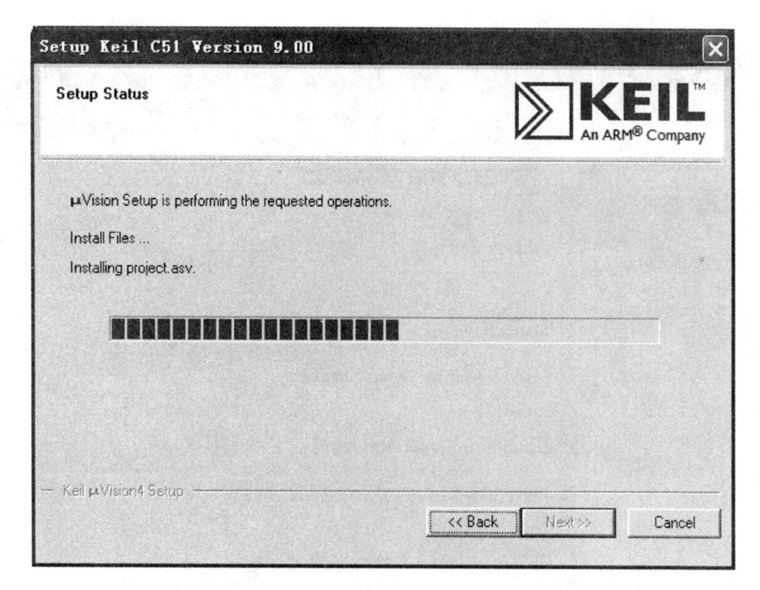

图 1-24　Keil C51 V9 的安装 5

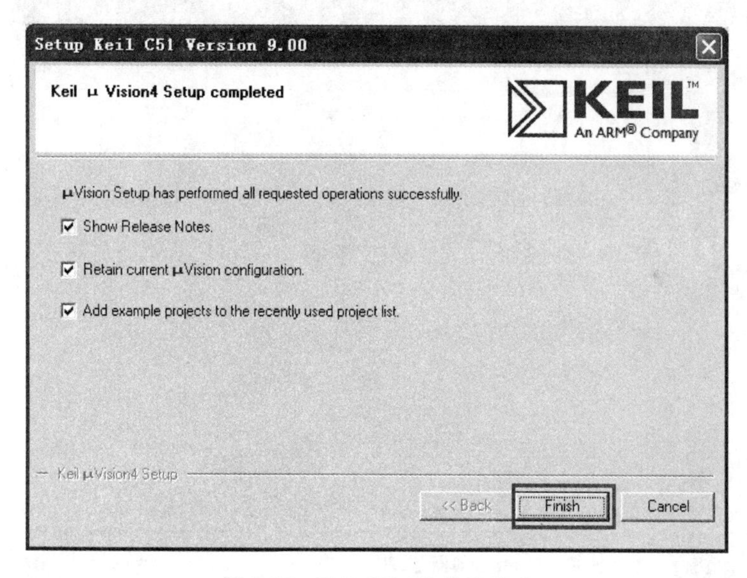

图 1-25　Keil C51 V9 的安装 6

3. 软件使用

Keil μVision4 的使用主要有以下 5 步。

(1) 创建项目文件。项目文件的创建、保存及选芯片如图 1-26～图 1-28 所示。

(2) 创建源程序文件。创建源程序文件如图 1-29～图 1-32 所示。

(3) 编写录入源程序。Keil C51 V9 的程序录入如图 1-33 所示。

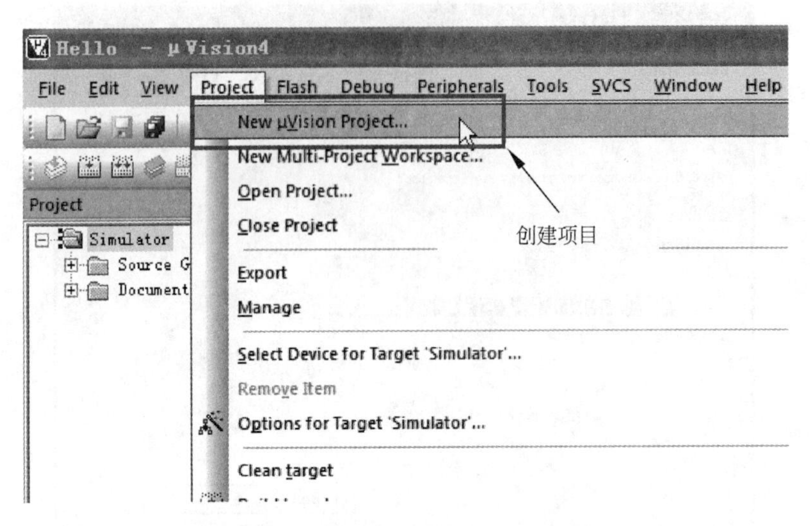

图 1-26 Keil C51 V9 的项目创建

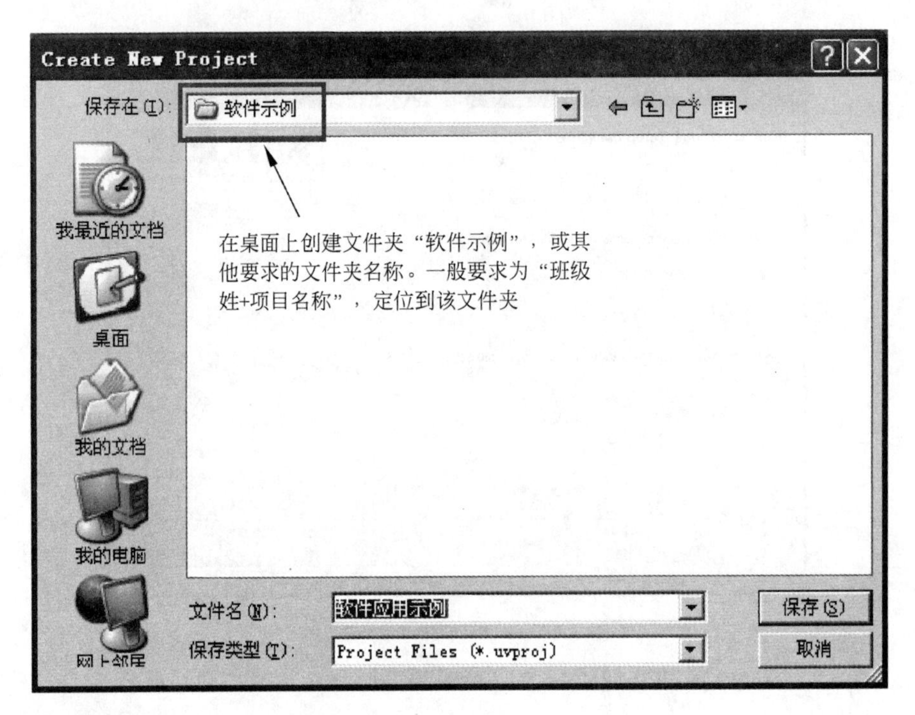

图 1-27 Keil C51 V9 的项目保存

（4）创建目标文件。创建目标文件如图 1-34～图 1-37 所示。

（5）软件仿真。软件仿真如图 1-38～图 1-41 所示。

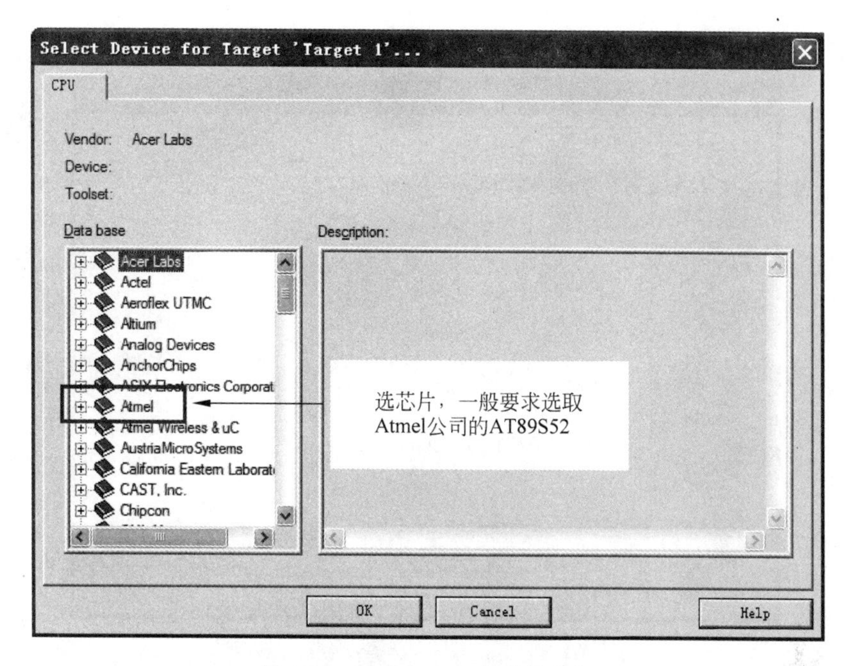

图 1-28　Keil C51 V9 的芯片选择

图 1-29　Keil C51 V9 的程序文件创建

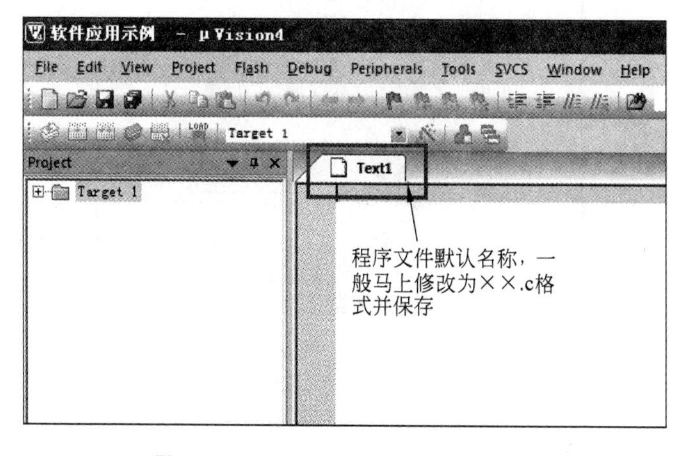

图 1-30　Keil C51 V9 的程序文件保存

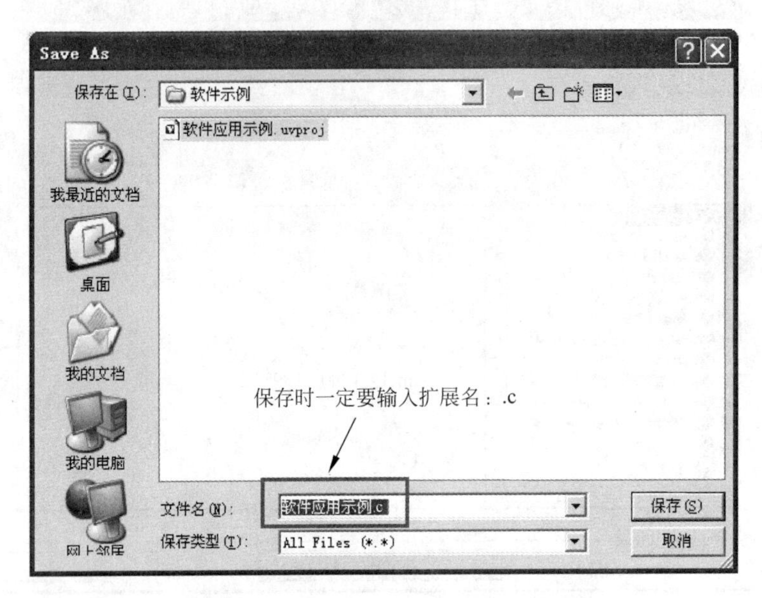

图 1-31　Keil C51 V9 的程序文件的改名

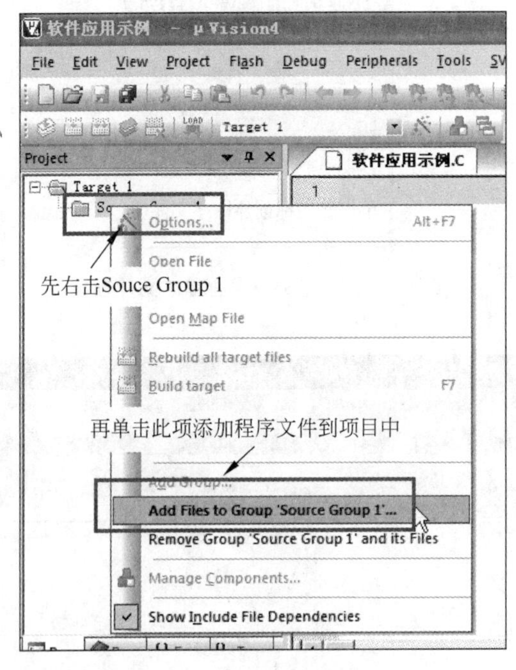

图 1-32　Keil C51 V9 的程序文件添加

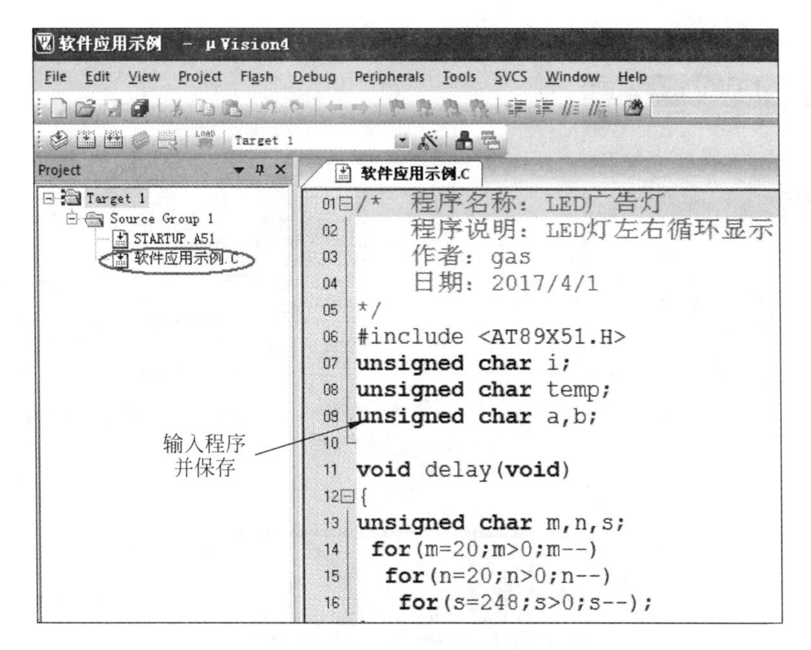

图 1-33 Keil C51 V9 的程序录入

图 1-34 进入 Keil C51 V9 的目标文件创建设置

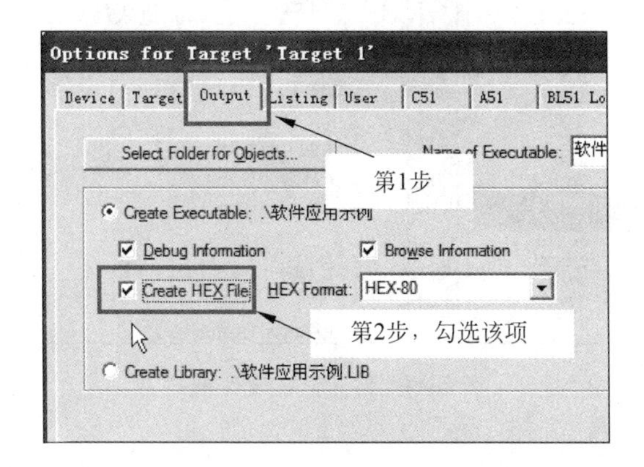

图 1-35 Keil C51 V9 的目标文件创建设置

图 1-36 Keil C51 V9 的目标文件创建

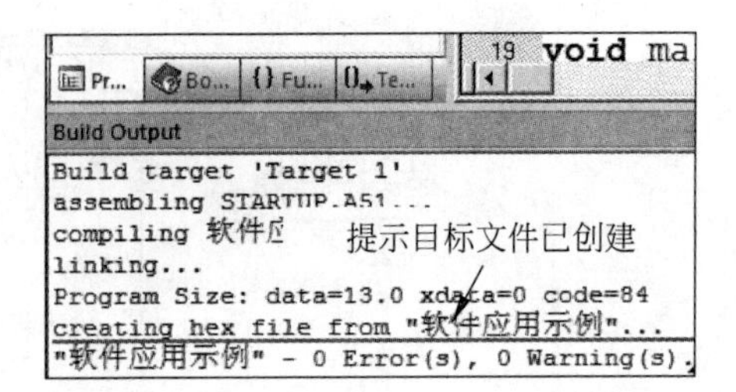

图 1-37 Keil C51 V9 的目标文件生成提示

图 1-38 进入 Keil C51 V9 的仿真界面

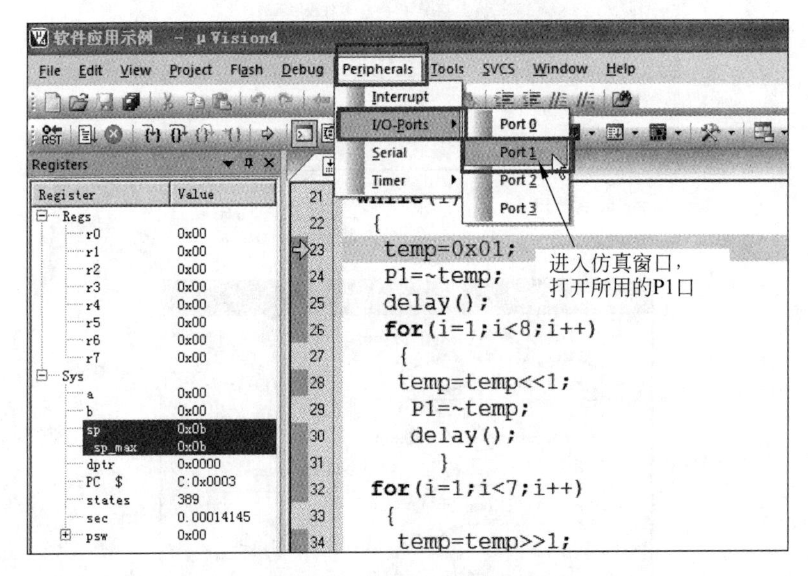

图 1-39 打开监控硬件窗口

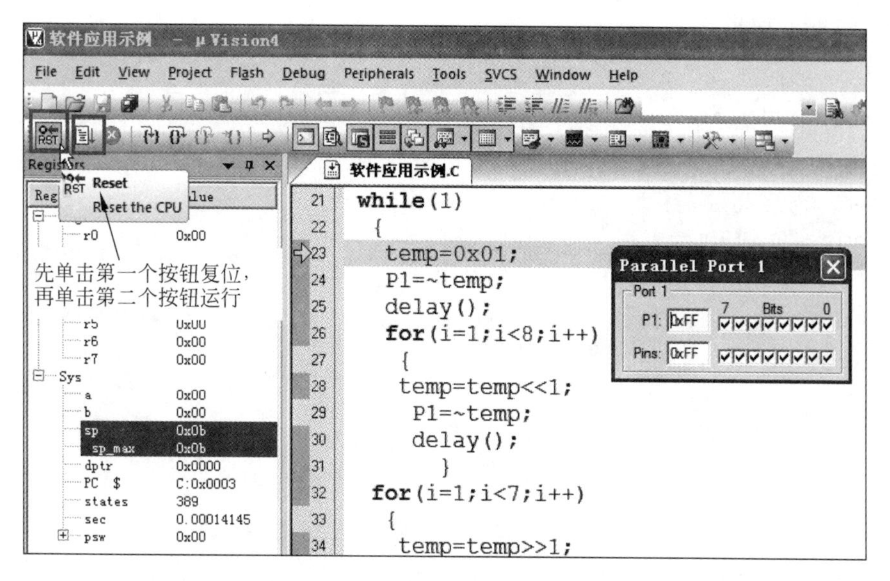

图 1-40　Keil C51 V9 的程序仿真运行

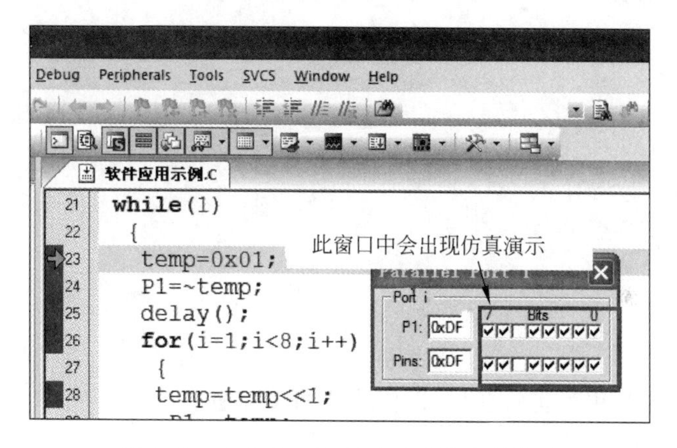

图 1-41　Keil C51 V9 的程序仿真运行结果

1.4.3　厉兵秣马

(1) 准备软件 Keil μVision4 安装文件。

(2) 准备练习用的源程序。

```
/＊程序名称：LED 广告灯
 ＊程序说明：LED 灯左右循环显示
 ＊作者：gas
 ＊日期：2017/4/1
 ＊/
#include <AT89X51.H>
unsigned char i;
```

```
unsigned char temp;
unsigned char a,b;

void delay(void)
{
  unsigned char m,n,s;
   for(m=20;m>0;m--)
    for(n=20;n>0;n--)
     for(s=248;s>0;s--);
}

void main(void)
{
  while(1)
  {
     temp=0x01;
     P1=~temp;
     delay();
     for(i=1;i<8;i++)
     {
       temp=temp<<1;
       P1=~temp;
       delay();
     }
     for(i=1;i<7;i++)
     {
        temp=temp>>1;
        P1=~temp;
        delay();
     }
  }
}
```

(3) 准备实验箱等相关实验器材,以便验证相关程序。

1.4.4 步步为营

(1) 按照1.4.2小节的方法安装软件。
(2) 按上述步骤验证程序,熟悉软件应用。
(3) 在教师的讲解下,下载程序到实验箱,运行程序,观察结果。
(4) 填写实训报告。

1.5 任务5:仿真软件Proteus的使用

1.5.1 有的放矢

随着科技的发展,"仿真技术"已成为许多设计部门重要的前期设计手段,例如,在进行单片机相关产品的开发设计时，就要用到很多的“仿真”，主要包括以下几类。

(1) 硬件电路仿真：即将单片机程序加载到硬件实际电路中，测试其运行结果；直观、麻烦。

(2) 硬件模拟仿真：即将单片机程序加载到硬件测试电路中，测试其运行结果；直观、一般。

(3) 软件电路仿真：即将单片机程序加载到软件所绘电路中，测试其运行结果；直观、方便。

(4) 软件模拟仿真：即将单片机程序加载到程序编译软件中，分析其运行结果；抽象、方便。

从上面的分析可以看出，软件电路仿真的实用价值毋庸置疑，其实这就是常用到的“计算机电路图仿真技术”。先在计算机上画出相关电路，加上虚拟工作条件，运行仿真，计算机仿真软件会在图上以直观的方式显示运行结果，甚至模拟仪器仪表的显示图形。它具有设计灵活，结果、过程统一的特点。可使设计时间大为缩短、耗资大为减少，也可降低工程制造的风险。在单片机开发应用中也越来越广泛地应用“软件电路仿真技术”。Proteus ISIS 即是这样一款软件。

Proteus ISIS 是英国 Labcenter Electronics 公司出版的 EDA 工具软件，是世界上著名的 EDA 工具(仿真软件)，从原理图布图、代码调试到单片机与外围电路协同仿真，一键切换到 PCB 设计，真正实现了从概念到产品的完整设计。它不仅具有其他 EDA 工具软件的仿真功能，还能仿真单片机及外围器件。

Proteus 是将电路仿真软件、PCB 设计软件和虚拟模型仿真软件三合一的设计平台，其处理器模型支持 8051、HC11、PIC 10/12/16/18/24/30/dsPIC 33、AVR、ARM、8086 和 MSP430、Cortex 和 DSP 系列处理器，并持续增加其他系列处理器模型。在编译方面，它也支持 IAR、Keil 和 MPLAB 等多种编译器。

它是目前最好的仿真单片机及外围器件的工具，受到单片机爱好者、从事单片机教学的教师、致力于单片机开发应用的科技工作者的青睐。Proteus 具有以下特点。

(1) 实现了单片机仿真和 SPICE 电路仿真相结合。

(2) 支持主流单片机系统的仿真。

(3) 提供软件调试功能。

(4) 具有强大的原理图绘制功能。

总之，该软件是一款集单片机和 SPICE 电路于一身的仿真软件，功能极其强大。下面通过对本软件的学习，掌握单片机开发的一般仿真方法。

1.5.2 知书达理

1. Proteus 软件组成

Proteus 软件由 ISIS 和 ARES 两个软件构成，其中 ISIS 是原理图编辑与仿真软件，ARES 是布线编辑软件。

ISIS 软件支持 MCS-51 及其派生系列、Microchip 公司的 PIC 系列、AVR 系列和 ARM 7 系列等多款 MCU。

Proteus 自身带有汇编编译器，不支持 C 语言，但可以与 Keil C 集成开发环境连接。

通过直接单击 ARES 图标就可进行系统 PCB 设计，同时还能够生成多种格式的网络表文件，供相应的专业 PCB 设计软件调用，方便了后续 PCB 的设计和制造。

Proteus ISIS 提供了一个虚拟系统模型(VSM)工具，包含以下组件：

Proteus VSM for Basic Stamp

Proteus VSM USB Simulation

Proteus VSM for PIC 10/12

Proteus VSM for PIC 16

Proteus VSM for PIC 18

Proteus VSM for PIC 24

Proteus VSM for dsPIC 33

Proteus VSM for HC11

Proteus VSM for 8051

Proteus VSM for AVR

Advanced Simulation(高级仿真选项)

Proteus VSM for ARM7/LPC2000

Proteus VSM 外围设备库

2. Proteus 软件安装

下面以 Proteus Pro 7.8 SP2 为例来学习 Proteus 软件的安装。在网上下载相关安装包，里面含有如图 1-42 所示的文件。

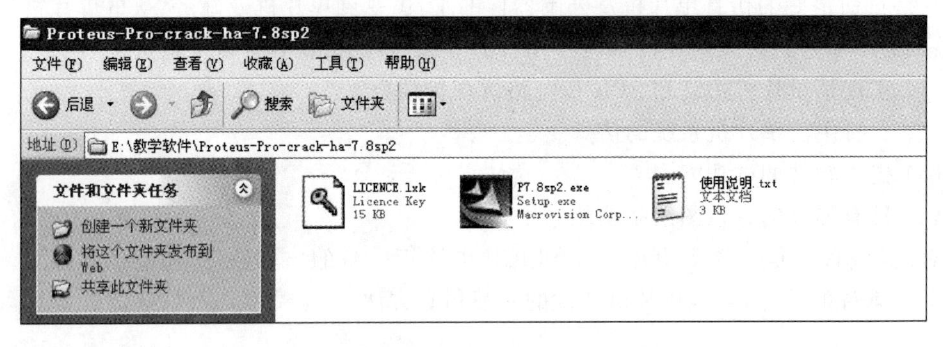

图 1-42　Proteus Pro 7.8 SP2 安装包文件

按以下步骤执行，进行软件安装。

(1) 双击安装文件 P7.8sp2.exe 图标。

(2) 弹出如图 1-43 所示的画面，单击 Next 按钮。

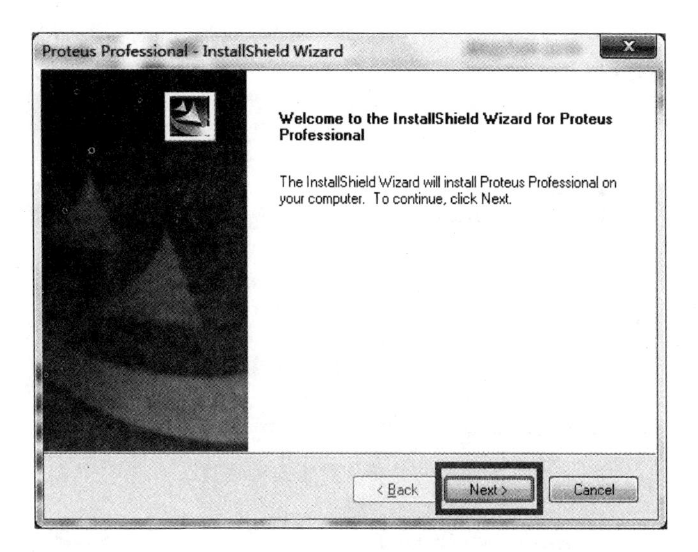

图 1-43　开始安装画面

(3) 如图 1-44 所示,单击 Yes 按钮。

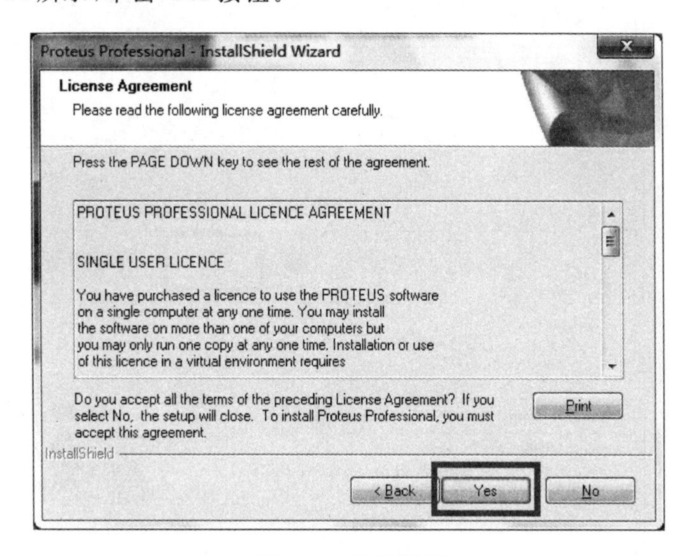

图 1-44　协议同意

(4) 如图 1-45 所示,这里选中 Use a locally installed Licence Key 单选按钮,单击 Next 按钮。

(5) 若所用的计算机是第一次安装 Proteus,就会出现如图 1-46 所示的对话框,单击 Next 按钮,执行第(6)步。若不是第一次安装,会出现如图 1-47 所示的对话框,单击 Next 按钮,跳至第(12)步。

(6) 此时出现如图 1-48 所示对话框,单击 Browse For Key File 按钮。

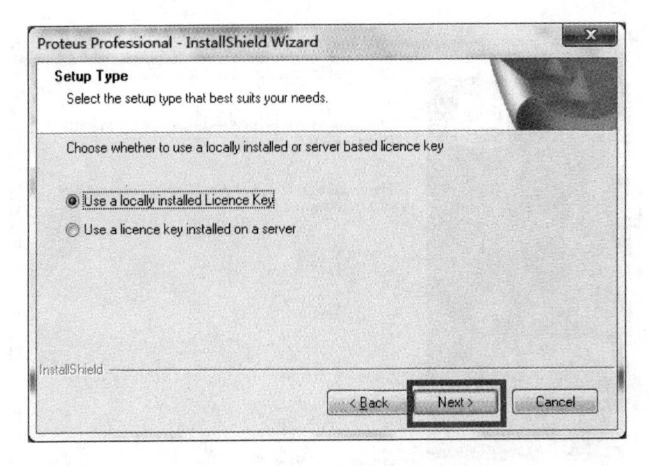

图 1-45　选择许可证文件位置

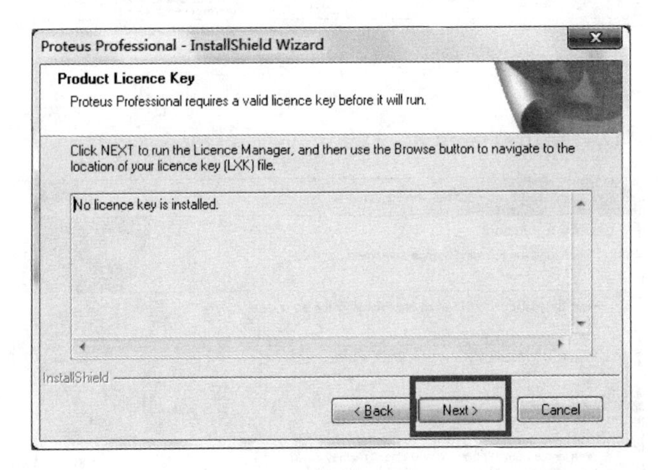

图 1-46　许可证文件未找到

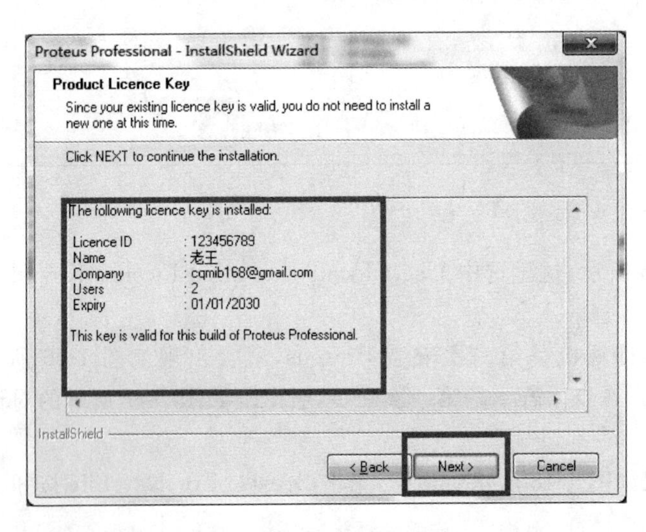

图 1-47　安装程序找到许可证

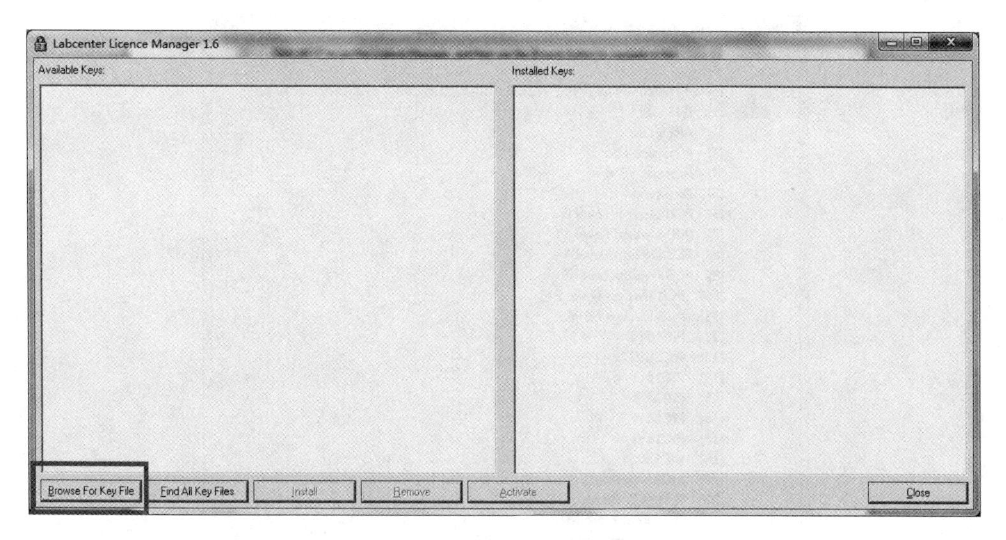

图 1-48 浏览许可证文件

(7) 找到一开始解压的文件夹,找到文件夹里的文件: LICENCE. lxk,双击该文件。

(8) 出现如图 1-49 所示窗口,单击 Install 按钮。

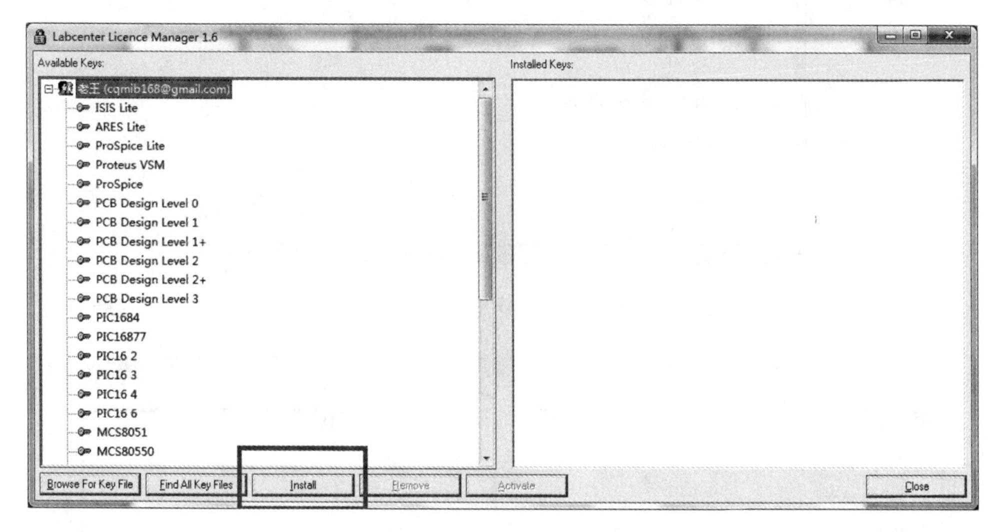

图 1-49 安装许可证文件

(9) 出现如图 1-50 所示对话框。这里需要注意的是,不要按 Enter 键,很多人这里习惯性地按 Enter 键,应该单击"是"按钮。

(10) 弹出如图 1-51 所示窗口。请注意图 1-51 中的右侧窗格内是有内容的,如果是空的,那可能是在第(9)步按了 Enter 键。

(11) 单击 Close 按钮,关闭许可证管理程序,如图 1-52 所示。

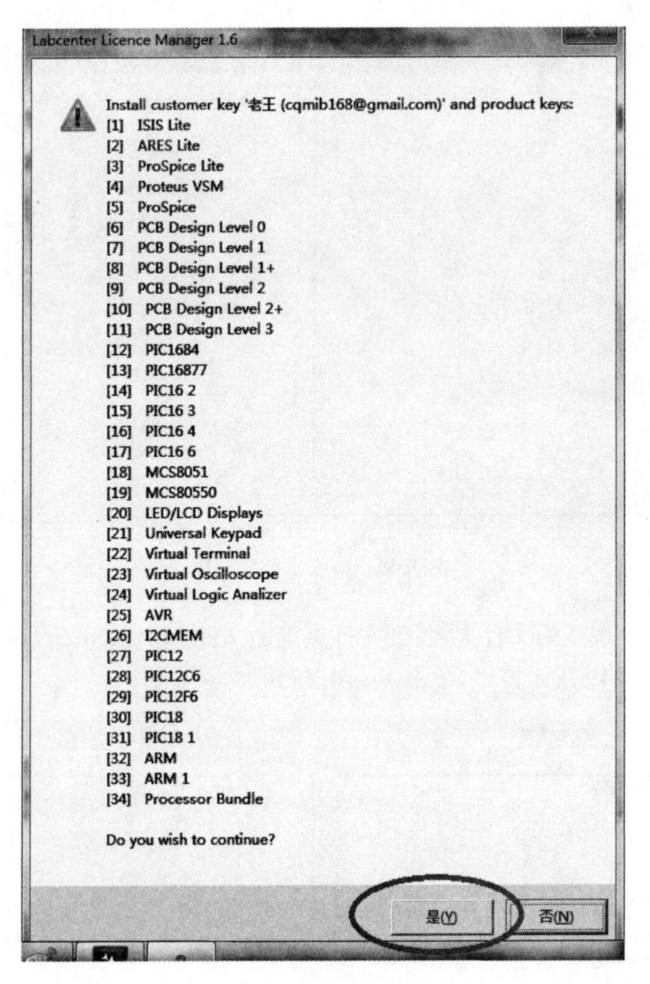

图 1-50　安装许可证文件确认

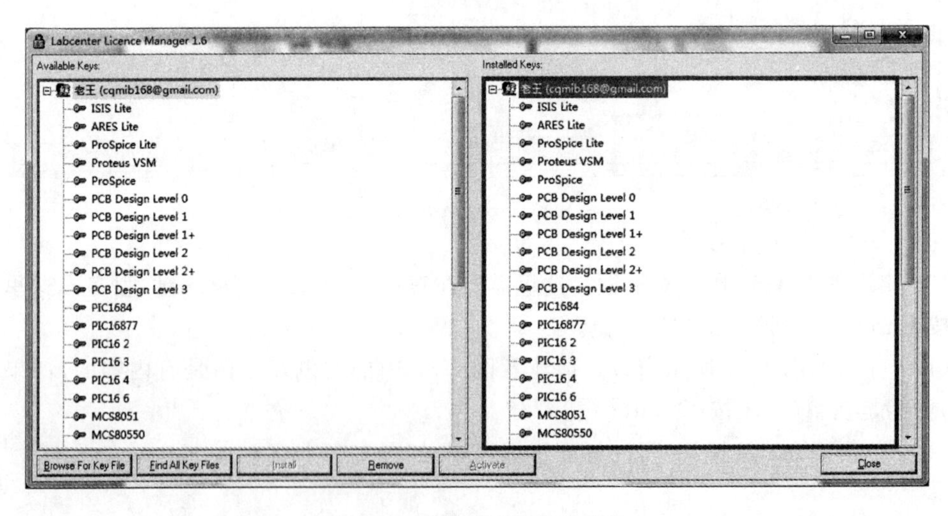

图 1-51　安装许可证文件成功

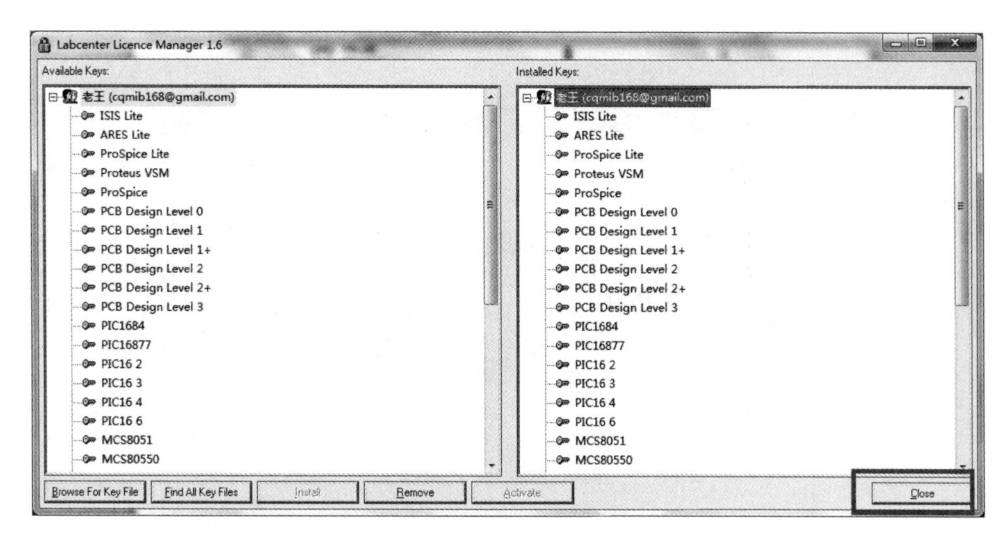

图 1-52 关闭许可证管理程序

(12) 此时选择安装路径(可以默认不改),如图 1-53 所示。

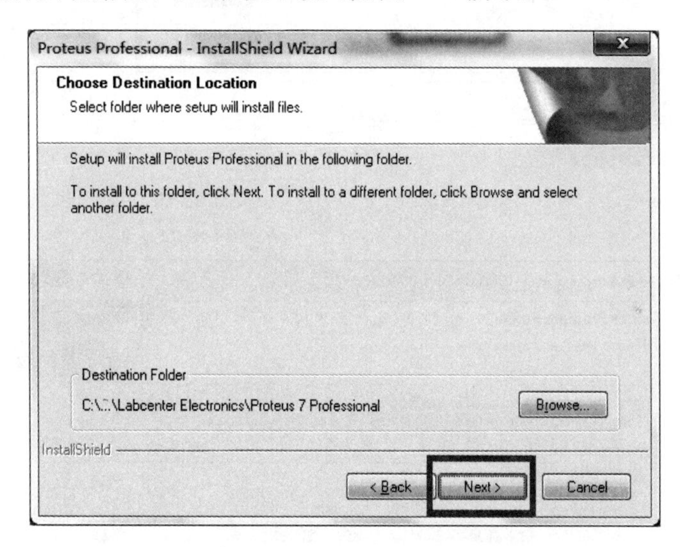

图 1-53 选择安装路径

(13) 单击 Next 按钮,出现如图 1-54 所示的对话框,单击 Next 按钮。

(14) 弹出如图 1-55 所示的对话框,单击 Next 按钮。

(15) 程序开始安装,如图 1-56 所示。

(16) 如图 1-57 所示,安装完成,单击 Finish 按钮,将随后弹出的页面关闭。

(17) 启动 Proteus 程序,可以看到是 v7.8 SP2 版本的 Proteus 启动界面,如图 1-58 所示。

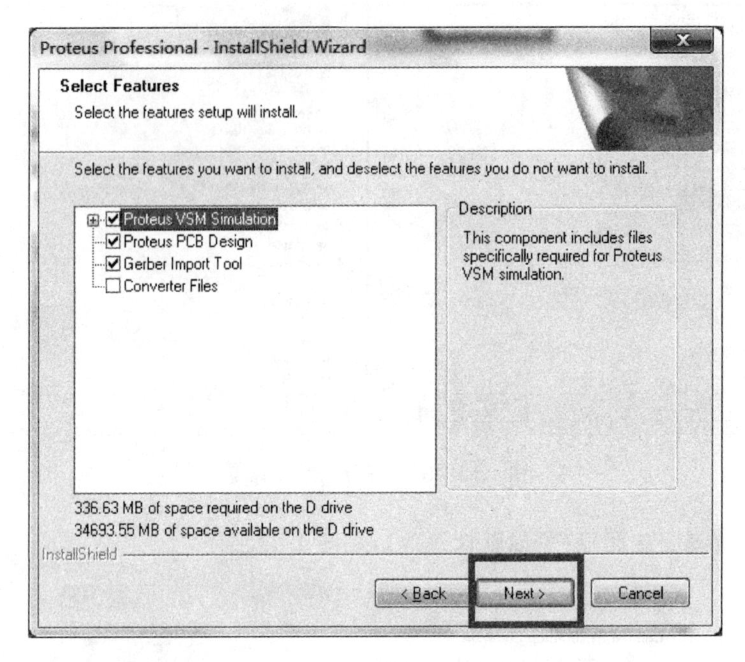

图 1-54　选择模块功能安装

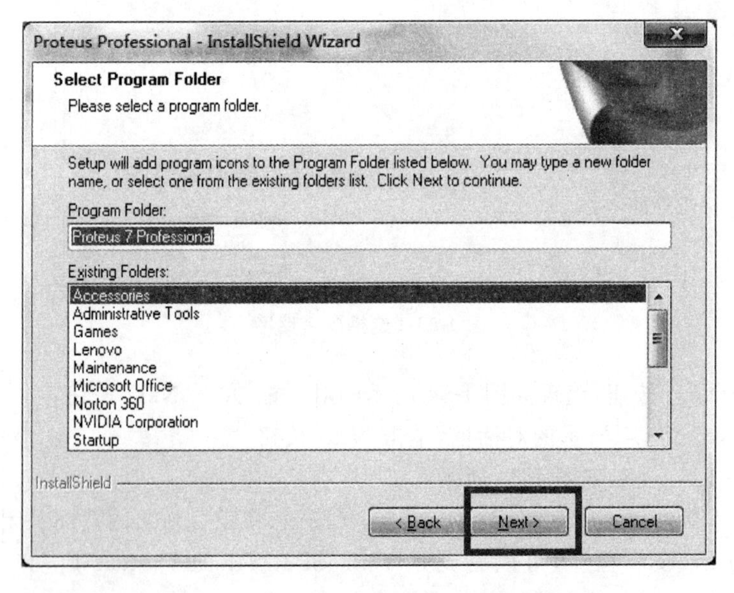

图 1-55　在"开始"菜单中建立程序文件夹

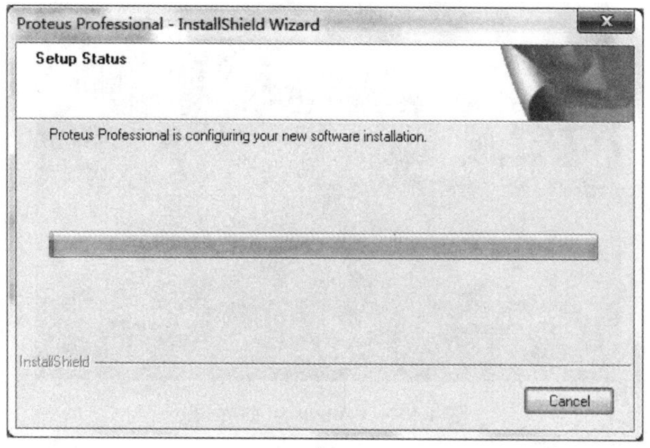

(a)

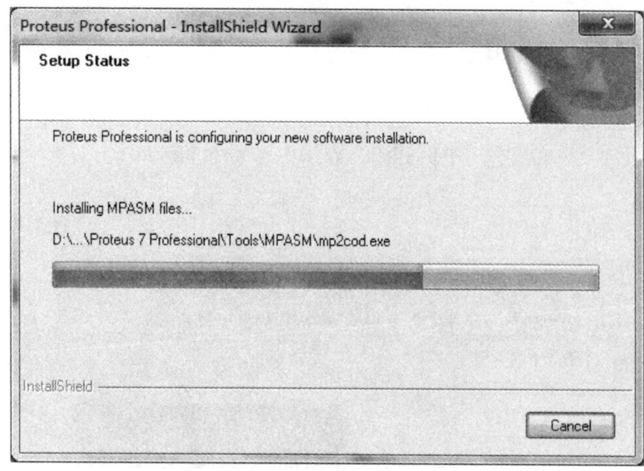

(b)

图 1-56　开始安装

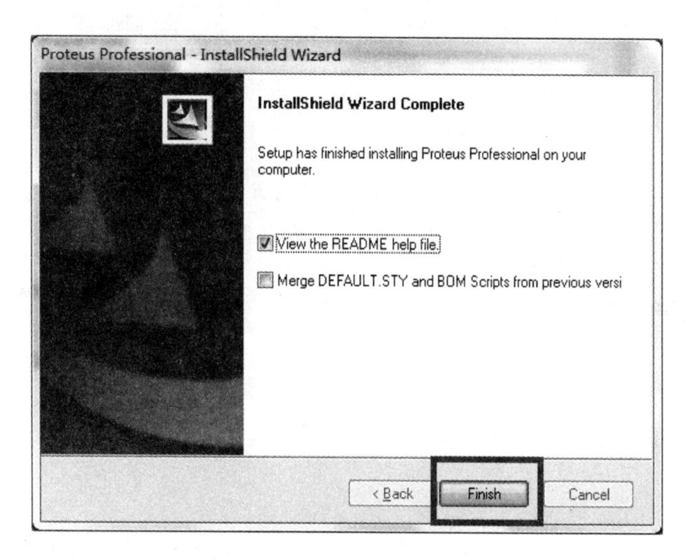

图 1-57　安装完成

图 1-58　Proteus 启动界面

3. Proteus 软件的使用

1) 启动 Proteus ISIS

Proteus ISIS 的工作界面是一种标准的 Windows 界面，如图 1-59 所示。

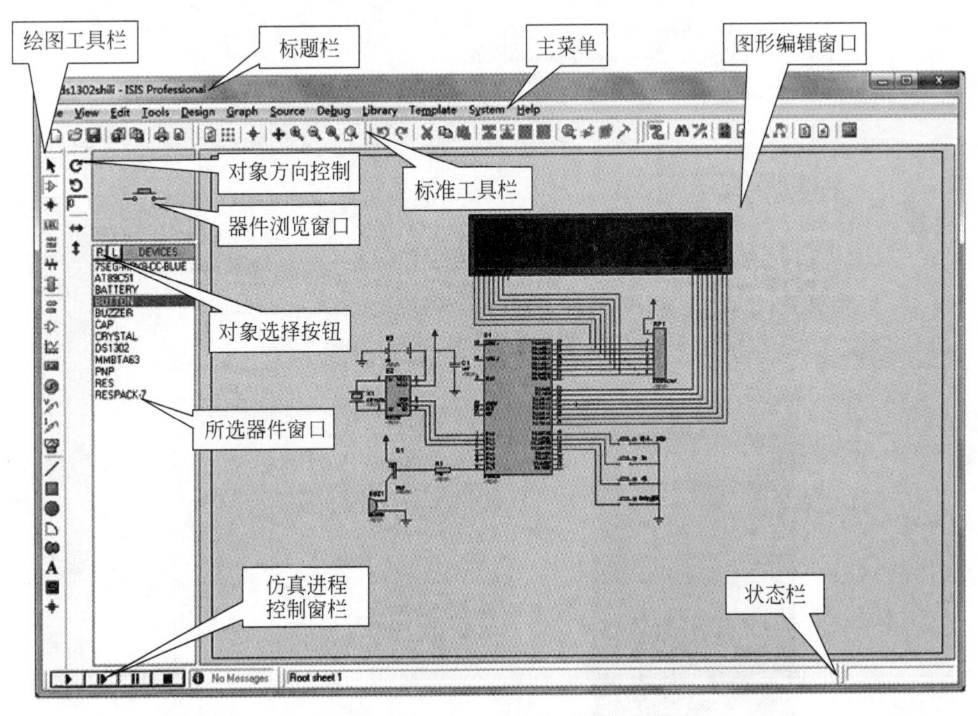

图 1-59　Proteus 工作界面

Proteus ISIS 是一个界面非常友好的应用平台，鼠标指针也会根据其功能发生改变，如图 1-60 所示。

2) 菜单介绍

Proteus ISIS 主菜单如图 1-59 所示，由于 Proteus 是标准的 Windows 窗口程序，所以其

标准光标——不处于激活状态时用它来选择
黑白铅笔——单击放置对象
绿色铅笔——布线，单击开始或终止连线
蓝色铅笔——布总线，单击开始或终止布总线
选择手形——单击时指针下的对象被选中
移动手形——按下鼠标左键并拖动，可移动鼠标下的对象
拖线光标——按住鼠标左键对线进行拖拽调整
标号光标——使用 PAT 工具放置标号

图 1-60 Proteus ISIS 工作界面的鼠标光标

基本命令含义与常用程序相同。主要用到 File 菜单，其余用快捷按钮较多。

3）标准工具栏

文件操作：

界面设置和查看：

组件操作：

辅助操作：

4）绘图方法

启动 Proteus ISIS，会出现默认的新文件窗口。

(1) 单击“对象选择”按钮，进入元器件选择对话框，如图 1-61 所示。

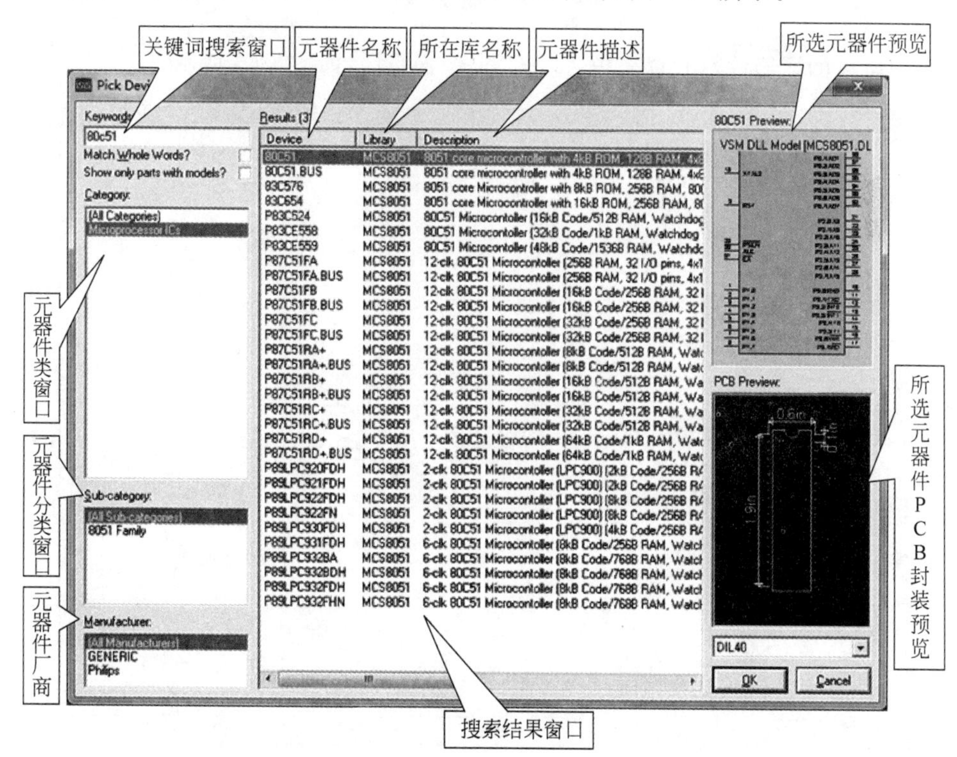

图 1-61 Proteus ISIS 器件查找界面

输入相关元器件名称，自动筛选出结果，然后选取并确定。元器件会出现在图纸左边的元器件窗口，单击即可放置到图纸上，如图 1-62 所示。

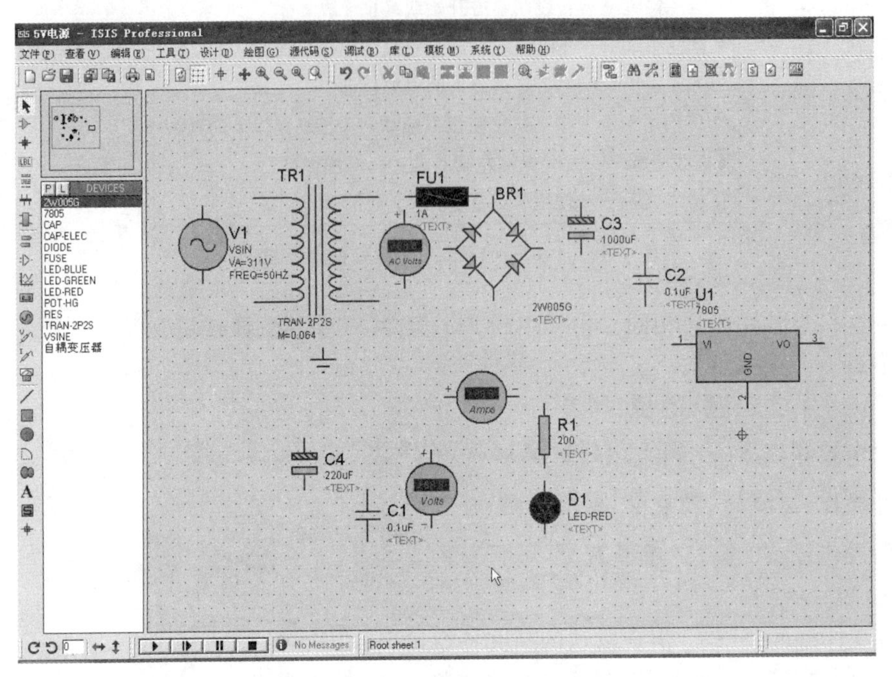

图 1-62　放置元器件

（2）把所有的元器件都放置完毕后，按要求位置布局，如图 1-63 所示。

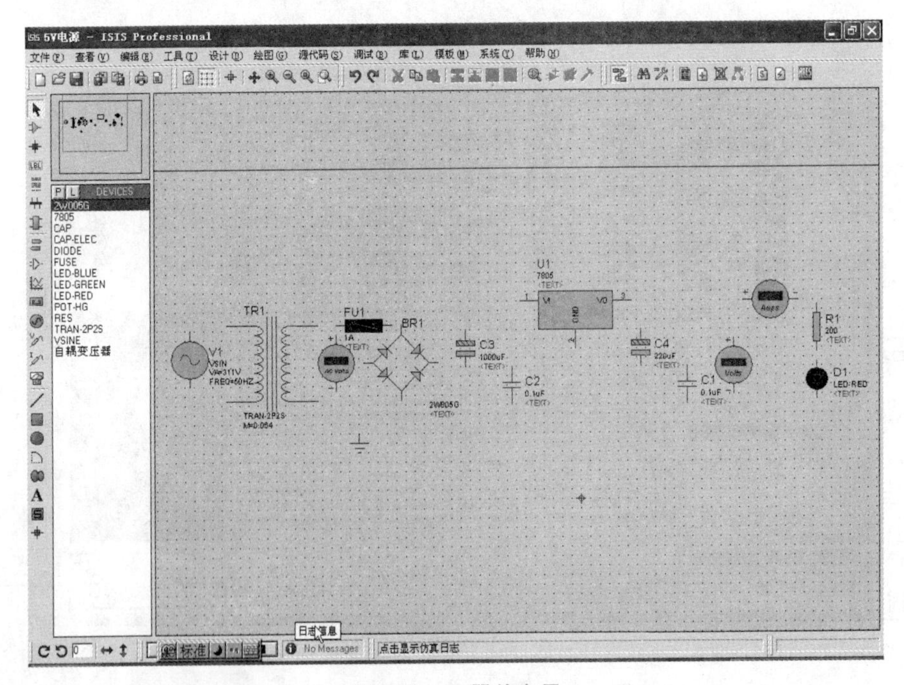

图 1-63　元器件布局

(3) 布局好以后才能连线,单击放置工具并将鼠标指针放置在起点,鼠标指针会变成绿色铅笔并可拖线,拉到终点确定。右击退出连线,如图 1-64 所示。

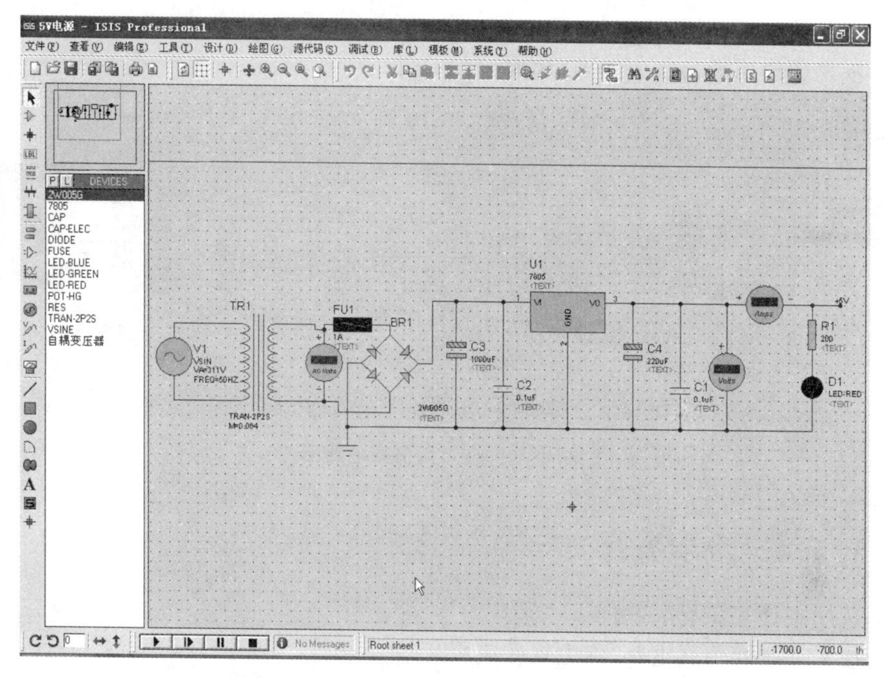

图 1-64　电路连线

5) 电路仿真

单击窗口左下方播放按钮,即可启动电路仿真,如电路正确会出现相应结果,如图 1-65 所示。

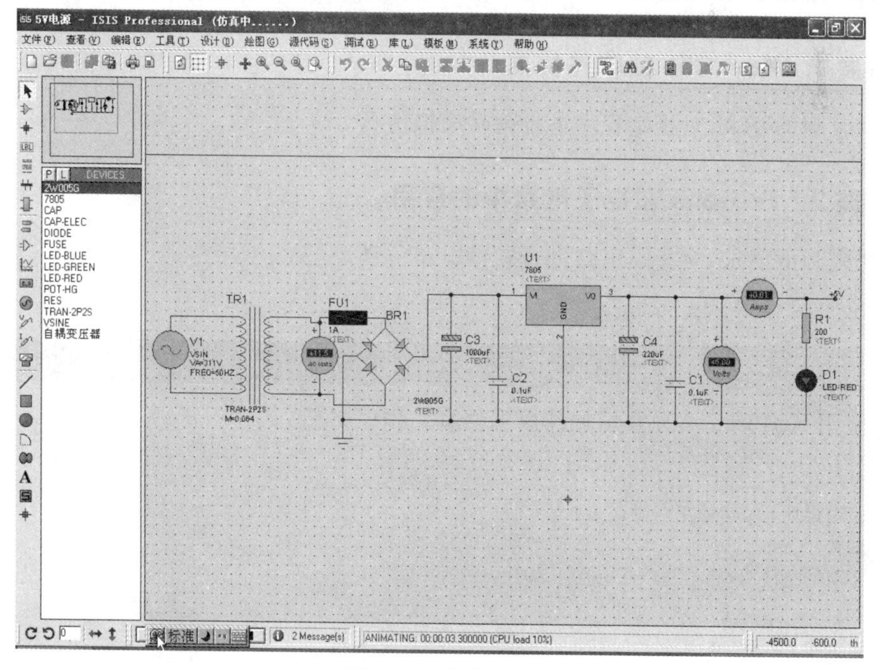

图 1-65　电路仿真

1.5.3 厉兵秣马

(1) 准备软件 Proteus ISIS 安装文件。

(2) 准备练习用的仿真电路图,如图 1-66 所示。

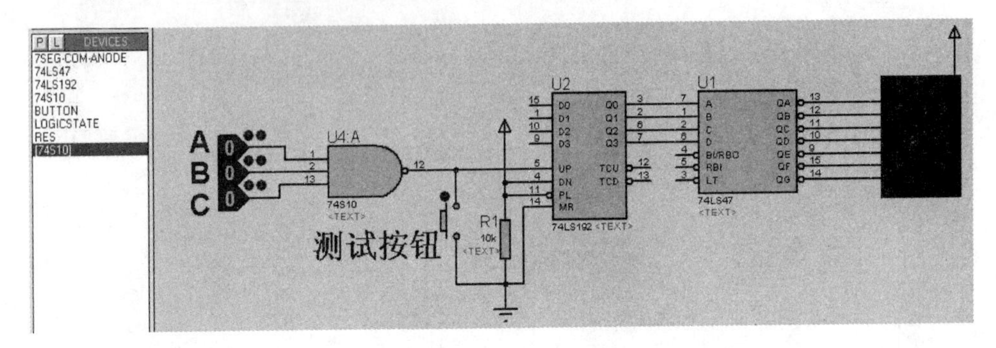

图 1-66 练习用仿真电路图

1.5.4 步步为营

(1) 按照上述方法安装软件。

(2) 按上述步骤仿真电路,熟悉软件应用。

(3) 填写实训报告。

登高望远

拓展 1 Keil C51 的软件仿真

根据教师的要求,对指定程序进行软件模拟仿真。

拓展 2 Proteus 在电子电路中的应用

根据教师的要求,对指定电路进行软件电路仿真。

借题发挥

1. 使用 Keil C51 编程并用软件模拟仿真。程序如下。

```
/* 程序名称: LED 广告灯
 * 程序说明: LED 灯左右循环显示
 * 作者: gas
 * 日期: 2017/4/1
 */
#include<intrins.h>
```

```
#include<reg51.h>
void Delay(unsigned char a)
{
  unsigned char i;
  while(--a!=0)
  {  for(i=0;i<125;i++);
  }
}

void main(void)
{
  unsigned char b,i;
  while(1)
  {
    for(i=0;i<8;i++)
    {
       P1=_crol_(b,1);
       b=P1;
       Delay(1000);
    }
    for(i=0;i<7;i++)
    {
       P1=_cror_(b,1);
       b=P1;
       Delay(1000);
    }
  }
}
```

2. 在 Proteus 中画出相应的仿真电路并进行软件仿真，仿真电路如图 1-67 所示。

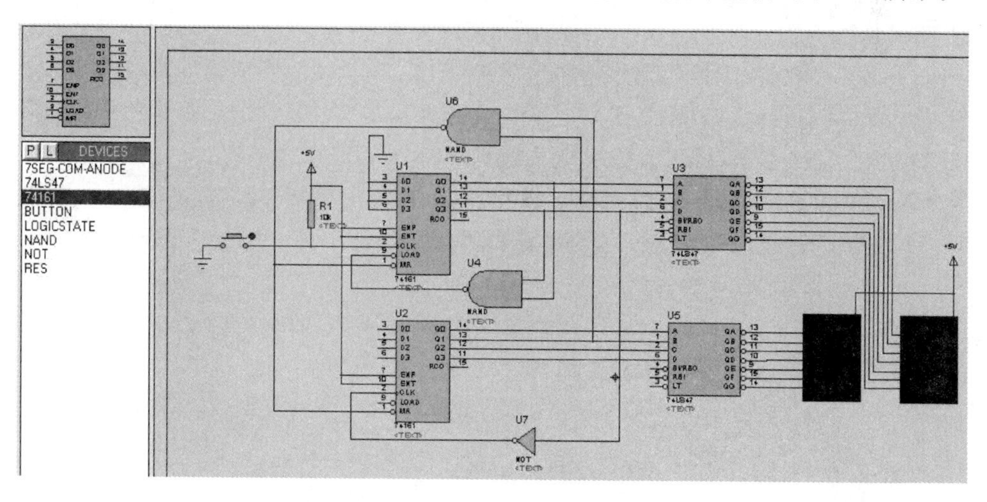

图 1-67　第 2 题仿真电路图

项　目　2

C51语言基础

饮水思源

C51 语言典型程序设计的方法。

见多识广

（1）了解 C51 编程结构。

（2）掌握用不同数据类型对 P2 口的 8 位 LED 闪烁的控制。

（3）掌握分别用 P2、P3 口加、减、位与、位或运算结果的显示。

（4）掌握 P1 口逻辑与或、左移、右移运算结果的显示。

（5）掌握按键 S 对 P1 口 LED 的控制方法。

（6）掌握 for 语句实现蜂鸣器发出 1kHz 音频的方法。

（7）掌握 while、do-while 语句、数组、指针数组对 P1 口 8 只 LED 显示状态的控制。

（8）掌握用指针数组对多状态显示的实现。

（9）掌握用带参数的函数对 8 位 LED 闪烁时间的控制。

（10）掌握用数组作为函数参数、指针作为函数参数、函数型指针对 8 位 LED 点亮状态的控制。

游刃有余

（1）能用 P2 口控制 8 只 LED 左循环流水灯亮。

（2）能设计用两个开关 S1、S2 控制 P1.0 引脚实现蜂鸣器报警。

庖丁解牛

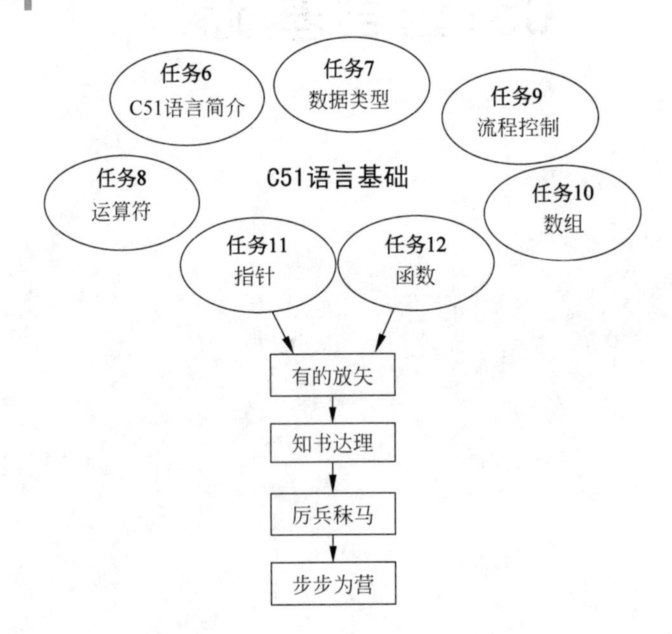

2.1 任务6：C51语言简介

2.1.1 有的放矢

了解C51语言编程方法。

2.1.2 知书达理

(1) 了解C51语言。
(2) 掌握C51程序结构。
(3) 掌握标识符与关键字。

2.1.3 厉兵秣马

1. C51程序开发概述

随着单片机开发技术的不断发展，目前已有越来越多的人从普遍使用汇编语言到逐渐使用高级语言进行开发，其中以C语言为主。

C51是针对8051系列单片机开发的高级语言。它与标准的C语言基本一致，但根据8051单片机的硬件特点作了少量的扩展和重新定义。例如，C51支持位变量，printf()函数由串行口输出而不是屏幕输出以及不同厂家的单片机为描述其硬件的差异需要使用特定的头文件等。

C51主要有以下特点。

(1) 语言简洁、紧凑，使用方便、灵活。
(2) 运算符极其丰富。
(3) 生产的目标代码质量高，程序执行效率高(与汇编语言相比)。
(4) 可移植性好(与汇编语言相比)。
(5) 可以直接操作硬件。

下面通过一段简单的C51程序(P1.0控制一个LED发光)来认识C51的基本结构。源程序如下。

```
01    #include <reg51.h>
02    sbit led = P1 ^0;
03    void main()
04    {
05        while(1)
06        {
07          led = 0;
08        }
09    }
```

第01行：#include<reg51.h>是文件包含语句，表示把语句中指定文件的全部内容复制到此处，与当前的源程序文件链接成一个源文件。该语句中指定的文件reg51.h是Keil C51编译器提供的头文件，保存在文件夹keil\c51\inc下，该文件包含了51单片机特殊功能寄存器SFR和位名称的定义。

在reg51.h文件中定义了下面的语句。

```
sfr P0 = 0x80;
```

该语句定义了符号P0与51单片机内部P0口的地址0x80对应。

上述程序中包含文件reg51.h的目的，是为了通知C51编译器，程序中所用的符号P0是指51单片机的P0口。在C51程序设计中，可以把reg51.h头文件包含在自己的程序中，直接使用已定义的SFR名称和位名称。例如符号P0表示并行P0口；也可以直接在程序中自行利用关键字sfr和sbit来定义这些特殊功能寄存器和特殊位名称。

如果需要使用reg51.h文件中没有定义的SFR或位名称，可以自行在该文件中添加定义，也可以在源程序中定义。例如，在上述程序中，自行定义了下面的位名称：

```
sbit led = P1 ^0;                //定义位名称led,对应P1口的第0位
```

第03～09行：定义主函数main()。main()函数是C51语言中必不可少的主函数，也是程序开始执行的函数。

通过对上述源程序的分析，可以了解C51语言结构的特点、基本组成和书写格式。C51语言写出的程序以函数形式组织程序结构，C51语言程序中的函数与其他语言中所描述的"子程序"或"过程"的概念是一样的。

一个C51语言源程序是由一个或若干个函数组成的，每一个函数完成相对独立的功能。每个C51程序都必须有(且仅有)一个主函数main()，程序的执行总是从主函数开始执行，再调用其他函数后返回主函数main()，不管函数的排列顺序如何，最后在主函数中结束整个程序。

一个函数由两部分组成：函数定义和函数体。

函数定义部分包括函数名、函数类型、函数属性、函数参数(形式参数)名、参数类型等。对于main()函数来说，main是函数名，函数名前面的void说明函数类型(空类型，表示没有返回值)，函数名后面必须跟一对圆括号，里面是函数的形式参数定义，如main()表示该函数没有形式参数。

main()函数后面一对大括号内的部分称为函数体，函数体由定义数据类型的说明部分和实现函数功能的执行部分组成。例如：

```
01      #include <reg51.h>
02      sbit led = P1 ^0;
03      void delay(unsigned int z)
04      {
05          unsigned int x,y;
06          for(x = z;x > 0;x -- )
07              for(y = 120;y > 0;y -- );
```

```
08    }
09    void main()
10    {
11       while(1)
12       {
13           led = 0;
14           delay(500);
15           led = 1;
16           delay(500);
17       }
18   }
```

在该程序中，void delay(unsigned int z)是函数定义部分，定义该函数名称为 delay，函数类型为 void，形式参数为无符号整型变量 z。第 04～08 行是 delay()函数的函数体，其中第 05 行是定义数据类型的说明部分，第 06、07 行是实现函数功能的执行部分。

C51 语言程序中可以有一些专用的预处理命令，例如上述源程序中的 # include <reg51.h>。预处理命令通常放在源程序的最前面。

从上面的两个源程序可以看出，C51 和 C 语言一样，使用"；"作为语句的结束符，一条语句可以多行书写，也可以一行书写多条语句。

2. C51 程序结构

C 语言是由函数构成的，一个 C 语言程序可以包含多个函数，但是有且只能有一个主函数(函数名为 main)，主函数没有返回值和参数(void main(void))。C 语言程序的执行总是从主函数 main()开始执行的，在主函数中，对各种子函数进行调用。

C 语言中的函数必须遵循先声明后调用的方式。具体实现有以下两种方法。

(1) 在主函数之前先声明一个函数，然后在主函数之后定义该函数的具体内容。

(2) 在主函数之前直接定义函数。

文件包含处理：# include <reg51.h>。这是一个预处理命令，在所有 51 单片机的 C 语言程序里都可以看到这个语句。这个预处理命令实现的功能是把 reg51.h 这个文件里面的全部内容复制并包含到这个 C 语言程序中。所以这里的预处理命令虽然只是简单的一行，但 C 语言编译器在处理的时候却可能要处理几十乃至上百行的代码。头文件 reg51.h 文件里定义了各种端口、寄存器的符号，这样包含了该文件后，就可以直接使用 P0 这样的符号了(可以试着不包含这个文件，则编译的时候，会提示 P0 这些符号未被定义)。该文件可以在 Keil C51 的安装目录下的 keil\c51\inc 文件夹里可以找到，用记事本或写字板可以打开该文件。

在程序文件中，使用的程序结构并不是标准的程序结构。标准的程序结构如下。

```
预处理命令       # include < >
子函数声明 1
    ⋮
子函数声明 n
子函数 1         fun1()
{
```

```
        //函数体
    }
    ⋮
子函数 n          funn()
    {
        //函数体
    }

主函数            main()
{
        //函数体
}
```

3. 标识符与关键字

1）标识符

标识符是用来标识源程序中某个对象的名字的，这些对象可以是语句、数据类型、函数、变量、常量、数组等。一个标识符由字符串、数字和下划线等组成，第一个字符必须是字母或下划线，通常以下划线开头的标识符是编译系统专用的，因此在编写C语言源程序时一般不要使用以下划线开头的标识符，而将下划线用作分段符。C51编译器规定标识符最长可达255个字符，但只有前面32个字符在编译时有效，因此在编写源程序时标识符的长度不要超过32个字符，这对于一般应用程序来说已经足够了。C语言是大小写敏感的一种高级语言，如果要定义一个时间"秒"标识符，可以写作sec，如果程序中有SEC，那么这两个是完全不同定义的标识符。

2）关键字

关键字则是编程语言保留的特殊标识符，有时又称为保留字，它们具有固定名称和含义，在C语言的程序编写中不允许标识符与关键字相同。与其他计算机语言相比，C语言的关键字较少，ANSI C语言标准一共规定了32个关键字，如表2-1所示。

表2-1　ANSI C语言的关键字

关 键 字	用 途	说 明
auto	存储种类说明	用以说明局部变量，默认值为此
break	程序语句	退出最内层循环体
case	程序语句	switch语句中的选择项
char	数据类型说明	单字节整型数或字符型数据
const	存储类型说明	在程序执行过程中不可更改的常量值
continue	程序语句	转向下一次循环
default	程序语句	switch语句中的失败选择项
do	程序语句	构成do-while循环结构
double	数据类型说明	双精度浮点数
else	程序语句	构成if-else选择结构
enum	数据类型说明	枚举

续表

关 键 字	用 途	说 明
extern	存储种类说明	在其他程序模块中说明了的全局变量
float	数据类型说明	单精度浮点数
for	程序语句	构成 for 循环结构
goto	程序语句	构成 goto 转移结构
if	程序语句	构成 if-else 选择结构
int	数据类型说明	基本整型数
long	数据类型说明	长整型数
register	存储种类说明	使用 CPU 内部寄存的变量
return	程序语句	函数返回
short	数据类型说明	短整型数
signed	数据类型说明	有符号数，二进制数据的最高位为符号位
sizeof	运算符	计算表达式或数据类型的字节数
static	存储种类说明	静态变量
struct	数据类型说明	结构类型数据
switch	程序语句	构成 switch 选择结构
typedef	数据类型说明	重新进行数据类型定义
union	数据类型说明	联合类型数据
unsigned	数据类型说明	无符号数据
void	数据类型说明	无类型数据
volatile	数据类型说明	该变量在程序执行中可被隐含地改变
while	程序语句	构成 while 和 do-while 循环结构

Keil C51 编译器的关键字除了有 ANSI C 语言标准的 32 个关键字外，还根据 51 单片机的特点扩展了相关的关键字。在 Keil C51 开发环境的文本编辑器中编写 C 程序，系统可以把保留字以不同颜色显示，默认颜色为蓝色。表 2-2 为 Keil C51 编译器扩展的关键字。

表 2-2 Keil C51 编译器扩展的关键字

关 键 字	用 途	说 明
bit	位标量声明	声明一个位标量或位类型的函数
sbit	位变量声明	声明一个可位寻址变量
sfr	特殊功能寄存器声明	声明一个特殊功能寄存器(8 位)
sfr16	特殊功能寄存器声明	声明一个 16 位的特殊功能寄存器
data	存储器类型说明	直接寻址的 8051 内部数据存储器
bdata	存储器类型说明	可位寻址的 8051 内部数据存储器
idata	存储器类型说明	间接寻址的 8051 内部数据存储器
pdata	存储器类型说明	“分页”寻址的 8051 外部数据存储器
xdata	存储器类型说明	8051 外部数据存储器
code	存储器类型说明	8051 程序存储器
interrupt	中断函数声明	定义一个中断函数
reetrant	再入函数声明	定义一个再入函数
using	寄存器组定义	定义 8051 的工作寄存器组

2.1.4 步步为营

1. C51 编程结构

```
#include<reg51.h>        //C语言的预编译处理,包含51单片机寄存器定义的头文件
void main(void)          //主函数,第一个void表示不需要返回值,第二个void表示没有参数传递
{                        //每个函数必须以左花括号"{"开始
    P1 = 0x00;           //P1 = 0000 0000B,即赋值语句
}                        //每个函数必须以右花括号"}"结束,而且花括号必须成对
```

(1) C51 中函数分为两大类：库函数和用户定义函数。

(2) 函数在程序中的 3 种形态：函数定义、函数调用和函数说明。

(3) 函数定义：包括函数类型、函数名、形式参数说明等，函数名后面必须跟一个圆括号()，形式参数在()内定义。

(4) 函数体：由一对花括号"{}"包括，在"{}"内的内容就是函数体。如果一个函数内有多个花括号，则最外层的一对"{}"之间的部分为函数体的内容。

(5) 函数体内的两个组成部分：声明语句用于对函数中用到的变量进行定义，也可能对函数体中调用的函数进行声明；执行语句由若干语句组成，用来完成一定的功能。

(6) 仅有一对"{}"，这种函数称为空函数。

(7) 每个语句和数据定义的最后必须以分号结束。

2. 程序结构特点

(1) C51 中有且只有一个主函数 main()及若干个其他的功能函数。

(2) 不管 main()函数放于何处，程序总是从 main()函数开始执行，执行到 main()函数结束则结束。

(3) main()函数只能调用其他的功能函数，而不能被其他的函数所调用，其他函数可以相互调用。

(4) 每个语句和数据定义的最后必须有一个分号。

(5) 可以用//或者/*…*/对 C 程序中的任何部分做注释。

2.2 任务 7：数据类型

2.2.1 有的放矢

认识 C51 语言的数据类型。

2.2.2 知书达理

(1) 掌握 C51 语言的数据类型。

(2) 掌握 C51 语言数据的存储类型。

(3) 掌握 80C51 硬件结构的 C51 语言定义。

2.2.3 厉兵秣马

1. 数据类型

数据是计算机的操作对象。不管使用任何语言、任何算法进行程序设计，最终在计算机中运行的只有数据流。

数据的不同格式叫作数据类型。C 语言中常用的数据类型有整型、字符型、实型、指针型和空类型。根据变量在程序执行中是否发生变化，还可以分为常量和变量两种。在程序中，常量可以不经说明直接引用，而变量必须先定义，后使用。

1) 常量和变量

常量是在程序运行过程中不能改变值的量，而变量是可以在程序运行过程中不断变化的量。变量的定义可以使用所有 C51 编译器支持的数据类型，而常量的数据类型只有整型、浮点型、字符型、字符串型和位标量。

C51 语言还有一种符号常量。符号常量在使用之前必须先定义，其一般形式如下。

```
#define 标识符 常量
```

其中，#define 也是一条预处理命令(预处理命令都以“#”开头)，称为宏定义命令，其功能是把该标识符定义为其后的常量值。一经定义，以后在程序中所有出现该标识符的地方均代之以该常量值。

习惯上符号常量的标识符用大写字母表示，变量标识符用小写字母表示，以示区别。

```
#define PRICE 30
int main()
{
    int num,total;
    num = 10;
    total = num * PRICE;
    printf("total = %d",total);
}
```

说明：

(1) 用标识符代表一个常量，称为符号常量。

(2) 符号常量与变量不同，它的值在其作用域内不能改变，也不能再被赋值。

(3) 使用符号常量的好处是：含义清楚；能做到“一改全改”。

2) 整型数据

整型数据包含整型常量和整型变量。

(1) 整型常量。整型常量就是整型常数，有以下 3 种表示形式。

① 十进制整数：用 0～9 表示，如 123、0、－89 等。

② 八进制整数：以 0 开头，用 0～7 表示，如 0215，该八进制整数等于十进制整数 141。

③ 十六进制整数：以 0x 开头，用 0～9 和 a～f 表示，如 0xff，该十六进制整数等于十进制整数 255。

(2) 整型变量。整型数据在内存中是以二进制形式存放的。整型变量可分为基本型和无符号型，基本型类型说明符为 int，在内存中占 2B；无符号型类型说明符为 unsigned，同样在内存中占 2B。

Keil C51 软件编译器支持的数据类型如表 2-3 所示。

表 2-3　C51 的数据类型

数据类型		长度/B	值　域
字符型	unsigned char	1	0～255
	signed char	1	−128～+127
整型	unsigned int	2	0～65535
	signed int	2	−32768～+32767
长整型	unsigned long	4	0～4294967295
	signed long	4	−2147483648～+2147483647
浮点型	float	4	±1.175494E−38～±3.402823E+38
位型	bit	1/8(1 位)	0 或 1
	sbit	1/8(1 位)	0 或 1
访问 SFR	sfr	1	0～255
	sfr16	2	0～65535

C51 语言规定在程序中所有用到的变量都必须在程序中定义，即强制类型定义。整型变量的定义形式如下。

```
类型说明符 变量标识符 1,变量标识符 2,…;
```

例如：

```
int a,b;                  //指定变量 a、b 为整型,各变量名之间用逗号相隔
unsigned short c,d;       //指定变量 c、d 为无符号短整型
long e,f;                 //指定变量 e、f 为长整型
```

对变量的定义，一般是放在一个函数开头的声明部分(也可以放在函数中某一分程序内，但作用域只限它所在的分程序)。

3) 实型数据

实型数据有十进制和科学记数两种表示形式。

(1) 十进制由数字和小数点组成，如 0.888、3345.345、0.0 等，整数或小数部分为 0，可以省略但必须有小数点。

(2) 科学记数表示形式为“[±]数字[.数字]e[±]数字”，[]中的内容为可选项，其内容根据具体情况可有可无，但其余部分必须有，如 125e3、7e9、−3.0e-3。

4) 字符型数据

字符型常量是单引号内的字符，如'a'、'd'等。对不能显示的控制字符，可以在该字符前

面加一个反斜杠“\”组成专用转义字符。常用转义字符如表 2-4 所示。

表 2-4 常用转义字符

转义字符	含 义	ASCII 码(十六/十进制)
\o	空字符(NULL)	00H/0
\n	换行符(LF)	0AH/10
\r	回车符(CR)	0DH/13
\t	水平制表符(HT)	09H/9
\b	退格符(BS)	08H/8
\f	换页符(FF)	0CH/12
\'	单引号	27H/39
\"	双引号	22H/34
\\	反斜杠	5CH/92

字符型变量只能放一个字符,其说明符是 char,定义形式如下。

```
char x,y;                //x 和 y 为字符型变量,在内存中各占 1B
```

字符串型常量由双引号内的字符组成,如"test"、"OK"等。当引号内没有字符时,为空字符串。在使用特殊字符时同样要使用转义字符如双引号。在 C51 中字符串常量是作为字符类型数组来处理的,在存储字符串时系统会在字符串尾部加上\0 转义字符以作为该字符串的结束符。字符串常量"A"和字符常量'A'是不同的,前者在存储时多占用一个字节的字间。

5) 指针型数据

出于对变量灵活使用的需要,有时在程序中围绕变量的地址开展操作,这就引入“指针”的概念。变量的地址称为变量的指针,指针的引入把地址形象化了,地址是找变量值的索引或者指南,就像一根“指针”一样指向变量值所在的存储单元,因此指针即是地址,是记录变量存储单元位置的正整数。

6) 位类型数据

位类型数据是 C51 编译器的一种扩充数据类型,利用它可以定义一个位变量,但不能定义位指针,也不能定义位数组。该类型数据取值为 0 或 1。

7) 空类型数据

C 语言经常使用函数,当函数被调用完后,无须返回一个函数值,这个函数值称为空类型数据。例如:

```
/***************
函数功能:用整型数据延时一段长时间
***************/
void delay()      /*用 void 说明该函数为“空类型”,即无返回值,void 的字面意思是“无类型”*/
{
   unsigned int i;                /*定义无符号整数,最大取值为 65535*/
   for(i=0;i<50000;i++)           //做 50000 次空循环
       ;                          //什么也不做,等待一个机器周期
}
```

8）变量赋值

程序中常需要对一些变量预先赋值。C语言允许在定义变量的同时给变量赋值，例如：

```
int a = 3;                    /* 指定 a 为整型变量，值为 3 */
float f = 3.56;               /* 指定 f 为实型变量，值为 3.56 */
char c = 'a';                 /* 指定 c 为字符变量，值为'a' */
```

也可以给被定义的变量的一部分赋值，例如：

```
int a,b,c = 5;
```

表示指定 a、b、c 为整型变量，只对 c 赋值，c 的值为 5。

2. 数据存储类型

C51 是面向 80C51 系列单片机的程序设计语言，应用程序中使用的任何数据（变量和常数）必须以一定的存储类型定位于单片机相应的存储区域中。C51 编译器支持的存储类型如表 2-5 所示。

表 2-5 C51 的存储类型与 8051 存储空间的对应关系

存储器类型	长度/位	对应单片机存储器
bdata	1	片内 RAM，位寻址区，共 128 位（也能以字节方式访问）
data	8	片内 RAM，直接寻址区，共 128B
idata	8	片内 RAM，间接寻址区，共 256B
pdata	8	片外 RAM，分页间寻址，共 256B
xdata	16	片外 RAM，间接寻址区，共 64KB
code	16	ROM 区域，间接寻址区，共 64KB

对于 80C51 系列单片机来说，访问片内 RAM 比访问片外 RAM 的速度要快得多，所以对于经常使用的变量应该置于片内 RAM，应用 bdata、data、idata 来定义；对于不常使用的变量或规模较大的变量应该置于片外 RAM 中，应用 pdata、xdata 来定义。例如：

```
bit bdata my_flag;
/* 位型变量 my_flag 被定义为 bdata 存储类型，C51 编译器将把该变量定义在 80C51 片内数据存储区（RAM）中的位寻址区（地址：20H～2FH） */
char data var0;
/* 字符型变量 var0 被定义为 data 存储类型，C51 编译器将把该变量定位在 80C51 片内数据存储区中 */
float idata x,y,z;
/* 浮点型变量 x、y、z 被定义为 idata 存储类型，C51 编译器将把该变量定位在 80C51 片内数据区，并只能用间接寻址的方式进行访问 */
unsigned int pdata temp;
/* 无符号整型变量 temp 被定义为 pdata 存储类型，C51 编译器将把该变量定位在 80C51 片外数据存储区（片外 RAM） */
unsigned char xdata array[3][4];
/* 无符号字符型二维数组变量 array[3][4]被定义为 xdata 存储类型，C51 编译器将其定位在片外数据存储区（片外 RAM），并占据 3×4 = 12B 存储空间，用于存放该数组变量 */
```

如果用户不对变量的存储类型进行定义，C51 的编译器采用默认的存储类型。默认的存储类型由编译命令中存储模式指令限制。C51 支持的存储模式如表 2-6 所示。

表 2-6 C51 存储模式

存储模式	默认存储类型	特点
Small	data	直接访问片内 RAM；堆栈在片内 RAM 中
Compact	pdata	在 R0 和 R1 间址片外分页 RAM；堆栈在片内 RAM 中
Large	xdata	用 DPTR 间址片外 RAM，代码长，效率低

例如：

```
char var;                    /* 在 Small 模式下,var 定位 data 存储区 */
                             /* 在 Compact 模式下,var 定位 pdata 存储区 */
                             /* 在 Large 模式下,var 定位 xdata 存储区 */
```

在 Keil C51 μVision4 平台下，设置存储模式的界面如图 2-1 所示。

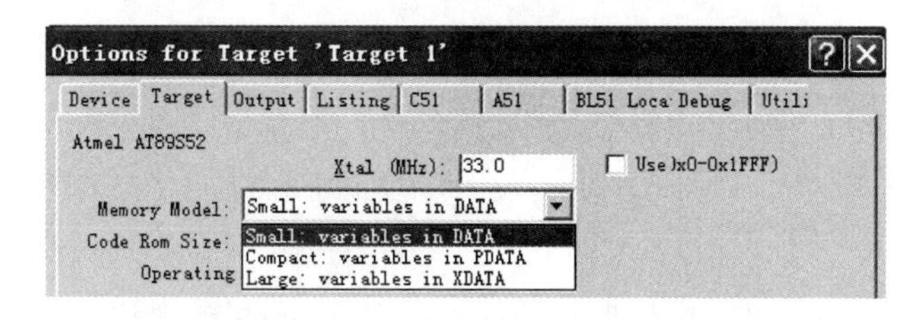

图 2-1 设置存储模式的界面

3. 80C51 硬件结构的 C51 定义

C51 是适合于 80C51 单片机的 C 语言。它对标准 C 语言进行扩展，从而具有对 80C51 单片机硬件结构的良好支持与操作能力。

1）特殊功能寄存器的定义

80C51 单片机内部 RAM 的 80H～FFH 区域有 21 个特殊功能寄存器，为了对它们能够直接访问，C51 编译器利用扩充的关键字 SFR 和 SFR16 对这些特殊功能寄存器进行定义。

SFR 的定义方法如下。

```
sfr 特殊功能寄存器名 = 地址常数
```

例如：

```
sfr P0 = 0x80;               /* 定义 P0 口的地址为 0x80 */
```

注意：关键字 sfr 后面必须跟一个标识符作为特殊功能寄存器名称，名称可以任意选取，但要符合人们的一般习惯。等号后面必须是常数，不允许有带有运算符的表达式，常数的地址范围与具体的单片机型号相对应，通常的 80C51 单片机为 0x80～0xFF。

2）特殊功能寄存器中特定位的定义

在 C51 中可以利用关键字 sbit 定义可独立寻址访问的位变量，如定义 80C51 单片机

SFR 中的一些特定位，定义方法有 3 种。

```
sbit 位变量名 = 特殊功能寄存器名^位的位置(0～7)
sbit 位变量名 = 字节地址^位的位置
sbit 位变量名 = 位地址
```

例如：

```
sfr PSW = 0xD0;                  /* 定义 PSW 寄存器地址为 0xd0 */
sbit OV = PSW ^2;                /* 定义 OV 位为 PSW.2,地址为 0xd2 */
sbit CY = PSW ^7;                /* 定义 CY 位为 PSW.7,地址为 0xd7 */
sbit OV = 0xd0 ^2;               /* 定义 OV 位的地址为 0xd2 */
sbit CF = 0xd0 ^7;               /* 定义 CF 位的地址为 0xd7 */
//注意,字节地址作为基地址,必须位于 0x80～0xFF 之间
sbit OV = 0xd2;                  /* 定义 OV 位的地址为 0xd2 */
sbit CF = 0xd7;                  /* 定义 CF 位的地址为 0xd7 */
//注意,位地址必须位于 0x80～0xFF 之间
```

3) 8051 并行接口及其 C51 定义

(1) 对于 8051 片内 I/O 口用关键字 sfr 来定义。例如：

```
sfr p0 = 0x80;                   /* 定义 P0 口的地址为 0x80 */
sfr p1 = 0x90;                   /* 定义 P1 口的地址为 0x90 */
```

(2) 对于片外扩展 I/O 口，则根据其硬件译码地址，将其视为片外数据存储器的一个单元，使用 define 语句进行定义。例如：

```
#include <absacc.h>
#define PORTA XBYTE [0x78f0]     /* 将 PORTA 定义为外部口,地址为 0x78f0,长度为 8 位 */
```

在头文件或程序中对这些片内外的 I/O 口进行定义以后，在程序中就可以自由使用这些口了。定义口地址的目的是为了便于 C51 编译器按 8051 实际硬件结构建立 I/O 口变量名与其实际地址的联系，以便使程序员能用软件模拟 8051 硬件操作。

4) 位变量(bit)及其定义

C51 编译器支持 bit 数据类型。

(1) 位变量的 C51 定义语法如下。

```
bit dir_bit;                     /* 将 dir_bit 定义为位变量 */
bit lock_bit;                    /* 将 lock_bit 定义为位变量 */
```

(2) 函数可包含类型为 bit 的常数，也可以将其作为返回值。

(3) 对位定义的限制。位变量不能定义为一个指针，如 bit *bit_ptr 是非法的。不存在位数组，例如，不能定义 bit arr[]。

在位定义中允许定义存储类型，位变量都放在一个段位中，此段总位于 8051 片内 RAM 中，因此存储类型限制为 data 或 idata。如果将位变量的存储类型定义成其他类型，编译时将出错。

(4) 可位寻址对象。可位寻址的对象是指可以字节寻址或位寻址的对象，该对象位于8051片内RAM可位寻址RAM区中，C51编译器允许数据类型为idata的对象放入8051片内可寻址的区中。先定义变量的数据类型和存储类型。

2.2.4 步步为营

用不同数据类型控制P2口的8位LED闪烁

1) 任务描述

使用无符号字符型数据和无符号整型数据来设计两个不同的延时时间，控制LED0～LED3和LED4～LED7闪烁，可以看出两组灯闪烁时间是不一样的。

2) 任务实现

(1) 程序设计。先建立文件夹XM10-1，然后建立XM10-1工程项目，最后建立源程序文件XM10-1.c，输入如下代码。

```
#include<reg51.h>                //包含单片机寄存器的头文件
/************ 函数功能：用字符型数据延时一段短时间 ***************/
void delay60(void)
{
      unsigned char i,j;         /*定义无符号字符型数据*/
      for(i=0;i<200;i++)
          for(j=0;j<100;j++)
              ;                  //什么也不做，等待一个机器周期
}
/************* 函数功能：用整型数据延时一段长时间 ****************/
void delay150(void)              /*两个void的意思分别为无需返回值和没有参数传递*/
{
    unsigned int i;              /*定义无符号整型数据，最大取值为65535*/
    for(i=0;i<50000;i++)         //做50000次空循环
        ;                        //什么也不做，等待一个机器周期
}
/**** 函数功能：主函数（C语言规定必须有1个主函数）*********************/
void main(void)
{
    while(1)                     //无限循环
    {
        P2=0xf0;                 //P2=1111 0000B,LED0～LED3灯亮
        delay60();               //延时一段短时间
        P2=0xff;                 //P2=1111 1111B, LED0～LED3灯灭
        delay60();               //延时一段短时间
        P2=0x0f;                 //P2=0000 1111B,LED4～LED7灯亮
        delay150();              //延时一段长时间
```

```
        P2 = 0xff;                  //P2 = 1111 1111B, LED0～LED3 灯灭
        delay150();                 //延时一段长时间
    }
}
```

(2) 用 Proteus 软件仿真。经过 Keil 软件编译通过后，在 Proteus ISIS 编译环境中绘制仿真电路图，将编译好的 XM10-1. hex 文件加载到 AT89C51 里，然后启动仿真，就可以看出两组灯的闪烁时间是不一样的。

2.3 任务 8：运算符

2.3.1 有的放矢

认识 C51 运算符。

2.3.2 知书达理

(1) 掌握算术运算符、关系表达式及优先级。
(2) 掌握关系运算符、关系表达式及优先级。
(3) 掌握逻辑运算符、逻辑表达式及优先级。
(4) 掌握 C51 位操作及其表达式。

2.3.3 厉兵秣马

1. 算术运算符与自增/减运算符

1) 算术运算符

算术运算符如表 2-7 所示。

表 2-7 算术运算符

运 算 符	意 义	实例(设 x=11,y=3)
+	加法运算符	z=x+y; //z=14
-	减法运算符	z=x-y; //z=8
*	乘法运算符	z=x * y; //z=33
/	除法运算符	z=x/y; //z=3
%	模(求余)运算符	z=x%y; //z=2

算术运算符中取负运算的优先级最高，其次是乘法、除法和取余，加法和减法的优先级最低。可以采用括号来改变优先级的顺序。例如：

```
a + b/c;                   //该表达式中,除号优先级高于加号,故先运算 b/c,之后再与 a 相加
```

```
(a + b) * (c - d) - e;    //该表达式中,括号优先级最高,其次是 * ,最后是减号
                          //故先运算(a + b)和(c - d),然后再将两者的结果相乘,最后与 e 相减
```

2）自增/减运算符

自增/减运算符的作用是使变量值自动加 1 或减 1，如表 2-8 所示。

表 2-8　自增/减运算符

运　算　符	意　　义	实例(设 x＝3)
x ＋＋	先用 x 的值，再让 x 加 1	y＝x ＋＋; //y＝3,x＝4
＋＋x	先让 x 加 1，再用 x 的值	y＝＋＋x; //y＝4,x＝4
x－－	先用 x 的值，再让 x 减 1	y＝x－－; //y＝3,x＝2
－－x	先让 x 减 1，再用 x 的值	y＝－－x; //y＝2,x＝2

2. 关系运算符及其优先级

1）关系运算符

关系运算符如表 2-9 所示。

表 2-9　关系运算符

运　算　符	意　　义	实例(设 a＝2,b＝3)
＜	小于	z＝a＜b;　//z＝1
＞	大于	z＝a＞b;　//z＝0
＜＝	小于等于	z＝a＜＝b; //z＝1
＞＝	大于等于	z＝a＞＝b; //z＝0
＝＝	等于	z＝a＝＝b; //z＝0
!＝	不等于	z＝a!＝b; //z＝1

2）关系运算符的优先级

(1) ＜、＞、＜＝、＞＝的优先级相同，＝＝、!＝的优先级相同；前 4 种优先级高于后两种。

(2) 关系运算符的优先级低于算术运算符。

(3) 关系运算符的优先级高于赋值运算符。

例如，c＞a＋b 等效于 c＞(a＋b)；a＞b!＝c 等效于(a＞b)!＝c；a＝b＞c 等效于 a＝(b＞c)。

3）关系运算符的结合性为左结合

例如，a＝4，b＝3，c＝1，则 a＞b 的值为 1，1＞c 的值为 0，因此表达式 f＝a＞b＞c 的值为 0。

3. 逻辑运算符及其优先级

1）逻辑运算符

逻辑运算符如表 2-10 所示。

表 2-10 逻辑运算符

运 算 符	意 义	实例(设 a=2,b=3)
&&	逻辑与	z=a&&b; //z=1
||	逻辑或	z=a||b; //z=1
!	逻辑非	z=!a; //z=0

2) 逻辑运算符的优先级

在逻辑运算中,逻辑非的优先级最高,且高于算术运算符;逻辑或的优先级最低,低于关系运算符,但高于赋值运算符。

4. 位运算符

C51 提供 6 种位运算符,如表 2-11 所示。

表 2-11 位运算符

运 算 符	意 义	实例(设 a=3,b=7)
&	位与	z=a&b; //z=3
|	位或	z=a|b; //z=7
^	位异或	z=a^b; //z=4
~	位取反	z=~a; //z=252
<<	左移	z=a<<2; //z=12
>>	右移	z=a>>2; //z=0

除按位取反运算符~以外,以上位操作运算符都是双目运算符,即要求运算符两侧各有一个运算对象。

1) 位与运算符 &

运算规则:参与运算的两个运算对象,若两者相应的位都为 1,则该位结果为 1;否则为 0。即:0&0=0、0&1=0、1&0=0、1&1=1。

例如,a=45H=01000101B,b=0deH=11011110B,则 c=a&b=44H。

主要用途:

(1) 清零。用 0 去和需要清零的位按位与运算。

(2) 取指定位。

2) 位或运算符|

运算规则:参与运算的两个运算对象,若两者相应的位中有一位为 1,则该位结果为 1;否则为 0。即:0|0=0、0|1=1、1|0=1、1|1=1。

例如,a=30H=00110000B,b=0fH=00001111B,则 c=a|b=3fH。

主要用途:将一个数的某些位置 1,将这些位和 1 按位或,其余的位和 0 进行按位或运算则不变。

3) 位异或运算符^

运算规则:参与运算的两个运算对象,若两者相应的位相同,则结果为 0;若两者相应的位相异,结果为 1。即:0^0=0、0^1=1、1^0=1、1^1=0。

例如，a＝0a5H，b＝3dH，则 c＝a ^ b＝98H。

主要用途：

(1) 特定位翻转。

(2) 不用临时变量而交换两数的值。

4) 位取反运算符～

位取反运算符是一个单目运算符，用来对一个二进制数按位取反，即 0 变 1，1 变 0。

5) 位左移运算符＜＜和位右移运算符＞＞

位左移运算符＜＜和位右移运算符＞＞用来将一个二进制位的全部位左移或右移若干位；移位后，空白位补 0，而溢出的位舍弃。

例如，a＝15H，则 a＜＜2 ＝54H；a＞＞2＝05H。

5. 赋值和复合赋值运算符

符号称为赋值运算符，其作用是将一个数据的值赋予一个变量。赋值表达式的值就是被赋值变量的值。

在赋值运算符的前面加上其他运算符就可以构成复合赋值运算符。在 C51 中共有 11 种复合运算符，这 11 种赋值运算符均为双目运算符，即：

＋＝，－＝，*＝，/＝，%＝，＜＜＝，＞＞＝，&＝，|＝，^＝，～＝。

采用这种复合赋值运算的目的是为了简化程序，提高 C 程序编译效率。例如：

(1) a＋＝b 相当于 a＝a＋b。

(2) a%＝b 相当于 a＝a%b。

6. 其他运算符

(1) [ ]：数组的下标。

(2) ( )：括号。

(3) .：结构/联合变量指针成员。

(4) &：取内容。

(5) ?：三目运算符。

(6) ,：逗号运算符。

(7) sizeof：sizeof 运算符用于在程序中测试某一数据类型占用多少字节。

2.3.4 步步为营

1. 分别用 P2、P3 口显示加、减运算结果

1) 任务要求

(1) 了解加、减运算及编程。

(2) 掌握十进制数、十六进制数、二进制数转换。

(3) 掌握无符号字符型定义。

2）任务描述

分别用 P2、P3 口显示加、减运算结果。把两个数进行加、减运算，即设 52＋48 和 52－48，把加运算结果送 P2 口显示出来，把减运算结果送 P3 口显示出来。

3）任务实现

（1）分析。设置两个无符号字符型变量 a 和 b，分别赋值十进制数 52 和 48，然后进行 a＋b 和 a－b 运算，并把运算结果分别送 P2、P3 口显示。

（2）程序设计。先建立文件夹 XM11-1，然后建立 XM11-1 工程项目，最后建立源程序文件 XM11-1.c，输入如下代码。

```
#include<reg51.h>                    //包含单片机寄存器的头文件
void main(void)
{
  unsigned char a,b;                 //定义无符号字符型变量,最大值为 255
  a = 52;                            //a 赋值为 52
  b = 48;                            //b 赋值为 48
  P2 = a + b;                        /* P2 = 52 + 48 = 100 = 64H = 01100100B,结果为 P2.7、P2.4、
                                        P2.3、P2.1、P2.0 接的 LED 灯亮 */
  P3 = a - b;                        /* P3 = 52 - 48 = 4 = 00000100B,结果为 P3.7、P3.6、P3.5、P3.4、
                                        P3.3、P3.1、P3.0 接的 LED 灯亮 */
  While(1)                           //无限循环
     ;                               //空操作
}
```

2. 用 P1 口显示逻辑与、逻辑或运算结果

1）任务要求

（1）掌握逻辑与、逻辑或运算及编程。

（2）掌握延时程序编程。

2）任务描述

用 P1 口显示逻辑与、逻辑或运算结果。把(6>0x0f)&&(8<0xa)和(6>0x0f)||(8<0xa)的运算结果送 P1 口循环显示出来。

3）任务实现

（1）分析。把(6>0x0f)&&(8<0xa)进行逻辑与运算，即(6>0x0f)&&(8<0xa)＝0&&1＝0(6>0x0f 为假即为 0，8<0xa 为真即为 1)，结果送 P1 口使得 8 只 LED 全亮，然后调用延时；再把(6>0x0f)||(8<0xa)进行逻辑或运算，即(6>0x0f)||(8<0xa)＋0xfe＝0||1＋0xfe＝1＋0xfe＝0xff，结果送 P1 口使得 8 只 LED 全灭，然后调用延时。

（2）程序设计。程序源代码如下。

```
#include<reg51.h>                    //包含单片机寄存器的头文件
void delay(void)
{
    unsigned int i;
    for(i = 0;i < 50000;i++)
      ;
}
```

```
void main(void)
{
    while(1)                          //无限循环
    {
        P1 = (6 > 0x0f)&&(8 < 0xa);    /* 运算结果送 P1 口,P1 = 00000000B,LED0～LED7 灯亮 */
        delay();                      //延时
        P1 = ((6 > 0x0f)||(8 < 0xa)) + (0xfe);  /* 运算结果送 P1 口,P1 = 11111111B,LED0～LED7
                                                灯灭 */
        delay();                      //延时
    }
}
```

(3) 用 Proteus 软件仿真。经过 Keil 软件编译通过后,在 Proteus ISIS 编辑环境中绘制仿真电路图,将编译好的 XM11-2.hex 文件加载到 AT89C51 里,然后启动仿真,就可以看到用 P1 口显示逻辑与、逻辑或运算结果,效果如图 2-2 所示。

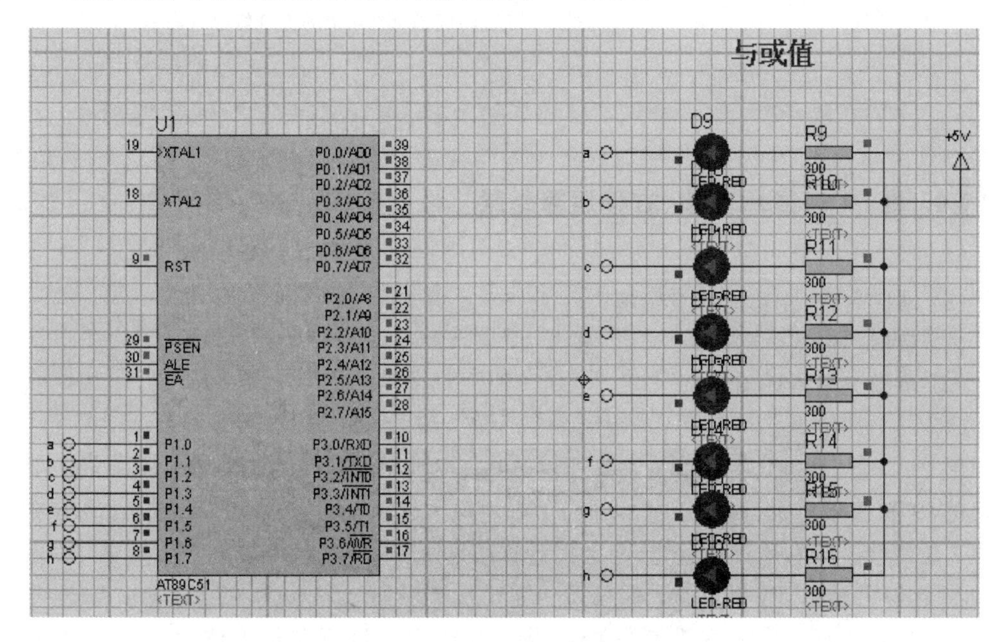

图 2-2 用 P1 口显示逻辑与、逻辑或运算结果

3. 分别用 P2、P3 口显示位与、位或运算结果

1) 任务要求

(1) 掌握位与、位或运算及编程。

(2) 掌握十六进制数、二进制数转换。

2) 任务描述

分别用 P2、P3 口显示位与、位或运算结果。把两个数十六进制数进行位与、位或运算,即把 0x52&0x48 的位与运算结果送 P2 口显示出来,把 0x52|0x48 的位或运算结果送 P3 口显示出来。

3) 任务实现

(1) 分析。两个十六进制数进行位与运算即 0x52&0x48=01010010&01001000=01000000,把运算结果送 P2 口显示出来,0x52|0x48=01010010|01001000=01011010,把运算结果送 P3 口显示出来。

(2) 程序设计。先建立文件夹 XM11-3,然后建立 XM11-3 工程项目,最后建立源程序文件 XM11-3.c,输入如下代码。

```
#include<reg51.h>                    //包含单片机寄存器的头文件
void main(void)
{
    P2 = 0x52&0x48;                  /* P2 = 01010010&01001000 = 01000000B,结果为 P2.7、P2.5、
                                        P2.4、P2.3、P2.2、P2.1、P2.0 接的 LED 灯亮 */
    P3 = 0x52|0x48;                  /* P3 = 01010010|01001000 = 01011010B,结果为 P3.7、
                                        P3.5、P3.2、P3.0 接的 LED 灯亮 */
    While(1);                        //无限循环
    ;                                //空操作
}
```

4. 用 P1 口显示左移、右移运算结果

1) 任务要求

(1) 掌握右移、左移运算及编程。

(2) 掌握二进制数移位。

(3) 掌握无限循环编程。

2) 任务描述

用 P1 口显示左移、右移运算结果。把数 0xaa 进行左移 1 位运算,即 0xaa<<1,把运算结果送 P1 口显示出来,调用延时,再把 P1 口左移 1 位运算,结果送 P1 口显示;然后把刚刚左移 2 位的数进行右移 2 位运算,分别把运算结果送 P1 口显示出来。

3) 任务实现

(1) 分析。将一个十六进制数 0xaa 即 10101010B 进行左移 1 位运算。10101010B→01010100B,规则为高位丢掉,低位添 0,把运算结果送 P1 口显示,再进行左移 1 位运算 01010100B→10101000B,把运算结果送 P1 口显示即 LED6、LED4、LED2、LED1、LED0 亮,LED7、LED5、LED3 灭。然后把这个数据进行右移 2 位运算,即 10101000B→01010100B→00101010B,再把运算结果送 P1 口显示即 LED7、LED6、LED4、LED2、LED0 亮,LED5、LED3、LED1 灭。

(2) 程序设计。先建立文件夹 XM11-4,然后建立 XM11-4 工程项目,最后建立源程序文件 XM11-4.c,输入如下代码。

```
#include<reg51.h>                    //包含单片机寄存器的头文件
void delay(void)                     //两个 void 的意思分别为无需返回值,没有参数传递
{
  unsigned int i;                    //定义无符号整数,最大取值为 65535
```

```
    for(i = 0;i < 50000;i++)            //做 50000 次空循环
        ;                               //什么也不做,等待一个机器周期
}
void main(void)
{
    while(1)                            //无限循环
    {
        P1 = 0xaa << 1;                 /* 运算结果送 P1 口,P1 = 01010100B,LED7、LED5、LED3、LED1、
                                           LED0 亮,LED6、LED4、LED2 灭 */
        delay();                        //延时
        P1 =  P1 << 1;                  /* 运算结果送 P1 口,P1 = 10101000B,LED6、LED4、LED2、LED1、
                                           LED0 亮,LED7、LED5、LED3 灭 */
        delay();                        //延时
        P1 =  P1 >> 1;                  /* 结果送 P1 口,P1 = 01010100B,再把运算结果送 P1 口显示
                                           即 LED7、LED5、LED3、LED1、LED0 亮,LED6、LED4、LED2 灭 */
        delay();                        //延时
        P1 =  P1 >> 1;                  /* 结果送 P1 口,P1 = 00101010B,再把运算结果送 P1 口显示
                                           即 LED7、LED6、LED4、LED2、LED0 亮,LED5、LED3、LED1 灭 */
        delay();                        //延时
    }
}
```

2.4 任务9：流程控制

2.4.1 有的放矢

认识 C51 顺序结构、选择结构、循环结构。

2.4.2 知书达理

（1）掌握 if 语句功能及编程。

（2）掌握 switch 语句功能及编程。

（3）掌握 while 语句功能及编程。

2.4.3 厉兵秣马

1. 概述

C 语言程序可以分为顺序结构、选择结构和循环结构 3 种基本结构，也是 C51 语言程序的 3 种基本构造单元。

选择结构和循环结构 C 语言有如下 9 种流程控制语句。

（1）if-else：条件语句。

（2）for：循环语句。

(3) while：循环语句。
(4) do-while：循环语句。
(5) continue：结束本次循环语句。
(6) break：终止执行循环语句。
(7) switch：多分支选择语句。
(8) goto：跳转语句。
(9) return：从函数返回语句。

2. C51 的顺序结构

顺序结构是一种基本、最简单的编程结构。在这种结构中，程序由低地址向高地址顺序执行指令代码。如图 2-3 所示，程序先执行 A 操作，再执行 B 操作，两者是顺序执行的关系。

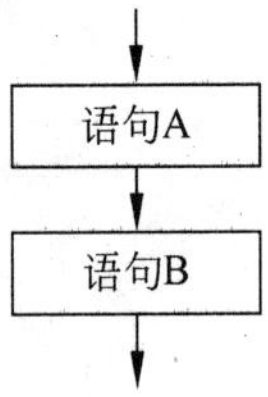

语句A
语句B

图 2-3 顺序结构

3. C51 的选择结构

选择语句就是条件判断语句，首先判断给定的条件是否满足，然后根据判断的结果(真或假)决定执行给出的若干选择之一。在 C51 中，选择语句有条件语句和开关语句两种。

1) 条件语句

条件语句由关键字 if 构成。它的基本结构如下。

```
if (表达式){
    语句;
}
```

如果括号中的表达式成立(为真)，则程序执行花括号中的语句；否则程序将跳过花括号中的语句部分，执行下面的语句，C 语言提供了 3 种形式的 if 语句。

(1) 形式 1

```
if(表达式){
    语句;
}
```

例如：

```
if (S1 == 0)
    P1 = 0x00;
```

这条 if 语句实现的功能是，如果按键 S1 按下(接地)，P1 口 8 只 LED 全部点亮。

(2) 形式 2

```
if(表达式){
    语句 1;
}
```

```
else{
    语句 2;
}
```

例如：

```
if (x > y)
   max = x;
 else
    max = y;
```

(3) 形式 3

```
if(表达式 1){语句 1;}
else if(表达式 2){语句 2;}
else if(表达式 3){语句 3;}
          ⋮
else if(表达式 n){语句 n;}
else {语句 n + 1}
```

例如：

```
if (salary > 1000)           index = 0.4;
else if (salary > 800)       index = 0.3;
else if (salary > 600)       index = 0.2;
else if (salary > 400)       index = 0.1;
else                         index = 0;
```

说明：if 语句的嵌套，在 if 语句中又含一个或多个 if 语句，这种情况称为 if 语句的嵌套。

2) 开关语句

if 语句比较适合于从两者之间选择。当要实现从多种选一时，采用 switch-case 多分支开关语句，可使程序变得更为简洁。其一般形式如下。

```
switch (表达式)
{
   case 常量表达式 1: 语句 1; break;     /* 如果常量表达式 1 满足,则执行语句 1,使用 break 跳
                                          出 switch 结构 */
   case 常量表达式 2: 语句 2; break;     //同上
          ⋮
   case 常量表达式 n: 语句 n; break;     //同上
   default:语句 n + 1;                   //条件都不满足时,执行语句 n + 1
}
```

注意：对于 switch 语句，需要注意两点：①常量表达式的值必须是整型或字符型；②最好使用 break 语句。

4. C51 的循环结构

循环结构是结构化程序设计的 3 种基本结构之一，因此掌握循环结构的概念是程序设计尤其是 C 程序设计最基本的要求。

在 C51 语言中，实现循环的语句主要有 3 种。

1）while 语句

while 语句的一般形式如下。

```
while(表达式)
{
    语句;                              //循环体
}
```

while 语句的执行过程：首先计算表达式的值，当值为真（非 0）时，执行循环体语句；否则，跳出循环体，执行后续操作。

使用 while 语句应注意以下几点。

(1) while 语句中的表达式一般是关系表达式或逻辑表达式，只要表达式的值为真（非 0）即可继续循环。

(2) 循环体如包含一个以上的语句，则必须用“{}”括起来，组成复合语句。

(3) while 循环体中，应有让循环最终能结束的语句，否则将造成死循环。

例：用 while 求 1+2+…+10，程序如下。

```
void main(void)
{
   unsigned char i,sum ;
   sum = 0;
   i = 1;
   while(i <= 10)
   {
        sum = sum + i
        i++;
   }
   P0 = sum;                           //将结果送 P0 口显示
}
```

2）do-while 语句

do-while 语句的一般形式如下。

```
do
{
     语句;                             /* 循环体 */
}while (表达式);
```

do-while 语句的执行过程：首先执行循环体语句一次，再判断表达式的值。如果表达式的值为真（非 0 值），则重复执行循环体语句，直到表达式的值变为假（0 值）时循环结束。

对于这种结构，在任何条件下，循环体语句至少会被执行一次。

注意：

(1) do 是 C 语言关键字，必须和 while 联合使用。

(2) while(表达式)后的分号“;”不能少，它表示整个循环语句的结束。

例：用 do-while 求 1+2+…+10，程序如下。

```
void main(void)
{
    unsigned char i,sum;
    sum = 0;
    i = 1;
    do{                                   //注意{ }不能省略,否则跳不出循环体
          sum = sum + i;
          i++;
     } while(i <= 10);                    //分号";"不能少
     P0 = sum;                            //将结果送 P0 口显示
}
```

3）for 语句

for 语句的一般形式如下。

```
for (表达式 1;表达式 2;表达式 3)
{
     语句;                                //循环体
}
```

for 循环语句结构可使程序按指定的次数重复执行一个语句或一组语句。for 循环语句的执行过程如下。

首先计算表达式 1(表达式 1 实际上是赋初值),然后计算表达式 2,若表达式 2 为真,则执行循环体；否则退出 for 循环,执行 for 后面的语句。如果执行了循环体,每执行循环体一次,都计算表达式 3,然后重新计算表达式 2,以此类推,直至表达式 2 为假,退出循环。

例：用 for 循环语句求 1＋2＋…＋10,程序如下。

```
void main(void)
{
    unsigned char i,sum;
    sum = 0;
    for(i = 1;i <= 10;i++)
       sum = sum + i;
    P0 = sum;                             //将结果送 P0 口显示
}
```

2.4.4 步步为营

1. 用按键 S 控制 P1 口 8 只 LED 的显示状态

1）任务描述

用按键 S 控制 P1 口 8 只 LED 的显示状态。P3.0 接按键 S,P1 口接 8 只 LED。设计程序实现以下功能：S 键按下第 1 次,LED1 发光；S 键按下第 2 次,LED1、LED2 发光；S 键按下第 3 次,LED1、LED2、LED3 发光；……；S 键按下第 8 次,LED1～LED8 都发光；S 键按下第 9 次,LED1 发光；S 键按下第 10 次,LED1、LED2 发光……

2）任务实现

（1）分析。先设置一个变量 i，当 i＝1 时，LED1 发光；当 i＝2 时，LED1、LED2 发光；当 i＝3 时，LED1、LED2、LED3 发光……当 i＝8 时，LED1～LED8 都发光。由 switch 语句根据 i 的值来实现 LED 发光。i 值的改变可以通过 S 键来控制，每按下 S 键一次，i 自增 1，当增加到 9 时，将其值重新置为 1。

（2）程序设计。先建立文件夹 XM12-1，然后建立 XM12-1 工程项目，最后建立源程序文件 XM12-1.c，输入如下代码。

```
#include<reg51.h>                        //头文件
sbit S = P3^0;                           //定义 S 键接入 P3.0 引脚
/****** 函数功能:延时约 150ms ********/
void delay(void)
{
   unsigned char i,j;
   for(i = 0;i<200;i++)
       for(j = 0;j<250;j++)
           ;
}
void main(void)
{
  unsigned char i;
  i = 0;                                 //i 初始化
  while(1)                               //无限循环
  {
        if(S == 0)                       //判断 S 键是否被按下,如果 S = 0 被按下
        {
             delay();                    //150ms 延时,消除键盘抖动
             if(S == 0)                  //再判断 S 键是否被按下,如果 S = 0 确被按下
                i++;                     //i 自增 1
             if(i == 9)                  //如果 i = 9,将其值重新置为 1
                i = 1;
        }
        switch(i)                        //使用多分支语句
        {
            case 1:P1 = 0xfe;            //LED1 发光
                   break;                //退出 switch 语句
            case 2:P1 = 0xfc;            //LED1、LED2 发光
                   break;                //退出 switch 语句
            case 3:P1 = 0xf8;            //LED1、LED2、LED3 发光
                   break;                //退出 switch 语句
            case 4:P1 = 0xf0;            //LED1、LED2、LED3、LED4 发光
                   break;                //退出 switch 语句
            case 5:P1 = 0xe0;            //LED1～LED5 发光
                   break;                //退出 switch 语句
            case 6:P1 = 0xc0;            //LED1～LED6 发光
                   break;                //退出 switch 语句
            case 7:P1 = 0x80;            //LED1～LED7 发光
                   break;                //退出 switch 语句
            case 8:P1 = 0x00;            //LED1～LED8 发光
```

```
                break;                  //退出 switch 语句
            default:                    //默认值,关闭所有 LED
                P1 = 0xff;
        }
    }
}
```

2. 用 for 语句实现蜂鸣器发出 1kHz 音频

1）任务要求

(1) 掌握 for 语句功能及编程。

(2) 掌握延时时间的估算方法。

(3) 掌握 while 语句功能及编程。

2）任务描述

设计一个用 for 语句实现蜂鸣器发出 1kHz 音频的程序,要求如下。

(1) 发出频率为 1kHz 音频。

(2) 蜂鸣器接到 P1.0 引脚上。

3）任务实现

(1) 分析。设单片机晶振频率为 12MHz,则机器周期为 1μs。只要让单片机的 P1.0 引脚的电平信号每隔音频的半个周期取反一次即可发出 1kHz 音频。音频的周期为 $T=1/1000\text{Hz}=0.001\text{s}$,即 1000μs,半个周期为 1000μs/2=500μs,即在 P1.0 引脚上每 500μs 取反一次即可发出 1kHz 音频。而延时 500μs 需要消耗机器周期数 $N=500\mu\text{s}/3=167$,即延时每循环 167 次,就可让 P1.0 引脚上取反一次即可得到 1kHz 音频。

(2) 程序设计。程序源代码如下。

```
#include <reg51.h>                      //包含单片机寄存器的头文件
sbit sound = P1 ^0;                     //将 sound 位定义为 P1.0 引脚
/*************** 函数功能:延时以形成约 1kHz 音频 ***************/
void delay1000Hz(void)
{
    unsigned char i;
    for(i = 0;i < 167;i++)
      ;
}
/************** 函数功能:主函数 *****************************/
void main(void)
{
    while(1)                            //无限循环
    {
       sound  = 0;                      //P1.0 引脚输出低电平
       delay1000Hz();                   //延时以形成半个周期
       sound  = 1;                      //P1.0 引脚输出高电平
       delay1000Hz();                   //延时以形成约周期 1kHz 音频
    }
}
```

(3) 程序说明。消耗机器周期数的计算(近似值)方法如下。

① 一重循环。

```
for(i = 0;i < n;i++)                    //n必须为无符号字符型数据
   ;
```

消耗机器周期数为 $$N=3n$$

式中：N 为消耗机器周期数；n 为需要设置的循环次数。程序中,变量 n 必须为无符号字符型数据。

② 二重循环。

```
for(i = 0;i < n;i++)                    //n必须为无符号字符型数据
    for(i = 0;i < m;i++)                //m必须为无符号字符型数据
        ;
```

消耗机器周期数为 $$N=3nm$$

3. 用 while 语句实现 P1 口 8 只 LED 的显示状态

1) 任务要求

(1) 掌握 while 语句功能及编程。

(2) 掌握延时程序编写。

2) 任务描述

设计一个用 while 语句实现 P1 口 8 只 LED 显示状态的程序,要求如下。

(1) P1 口接 8 只发光二极管,低电平点亮。

(2) 点亮发光二极管间隔为 150ms。

(3) 显示 99 种状态。

3) 任务实现

(1) 分析。根据要求,在 while 语句循环中设置一个变量 i,当 i 小于 0x64(十进制数 100)时,将 i 的值送 P1 口显示,并且 i 自增 1。当 i 等于 0x64 时,就跳出 while 循环。

(2) 程序设计。程序源代码如下。

```
#include <reg51.h>                      //包含单片机寄存器的头文件
/*************** 函数功能：延时约 150ms ****************/
void delay(void)
{
    unsigned char i, j;
    for (i = 0;i < 200;i++)
        for(j = 0;j < 250;j++)
            ;
}
/*************** 函数功能：主函数 ***********************/
void main(void)
{
    unsigned char i;
    while(1)                            //无限循环
```

```
    {
        i = 0;                          //将 i 置为 0,即初始化
        while(i < 0x64)                 //i 小于 100 时执行循环体
        {
            P1 = i;                     //将 i 值送 P1 口显示
            delay();                    //调用延时
            i++;                        //i 自增 1
        }
    }
}
```

4. 用 do-while 语句实现 P1 口 8 只 LED 的显示状态

1）任务要求

(1) 掌握 do-while 语句功能及编程。

(2) 掌握延时时间的估算方法。

(3) 掌握延时程序编写。

2）任务描述

设计一个用 do-while 语句实现 P1 口 8 只 LED 显示状态的程序,要求如下。

(1) P1 口接 8 只发光二极管,低电平点亮。

(2) 点亮发光二极管间隔为 150ms。

(3) 点亮次序：LED1 发光；LED1、LED2 发光；LED1、LED2、LED3 发光……LED1～LED8 都发光；LED1 发光；LED1、LED2 发光……

3）任务实现

(1) 分析。只要在循环体中按照点亮次序依次点亮,再将循环条件设置为死循环即可。点亮 LED 的控制码：LED1 发光控制码为 0xfe；LED1、LED2 发光控制码为 0xfc；LED1、LED2、LED3 发光控制码为 0xf8……LED1～LED8 都发光的控制码为 0x00；LED1 发光的控制码为 0xfe；LED1、LED2 发光的控制码为 0xfc……

(2) 程序设计。程序源代码如下。

```
#include <reg51.h>                      //包含单片机寄存器的头文件
void delay (void)                       //此程序延时约 150ms
{   unsigned char i,j;
    for(i = 0;i < 200;i++)
        for(j = 0;j < 200;j++)
            ;
}
void main(void)
{
    do
    {
        P1 = 0xfe;                      //LED1 点亮
        delay();                        //延时
        P1 = 0xfc;                      //LED1、LED2 点亮
```

```
        delay();                        //延时
        P1 = 0xf8;                      //LED1～LED3 点亮
        delay();                        //延时
        P1 = 0xf0;                      //LED1～LED4 点亮
        delay();                        //延时
        P1 = 0xe0;                      //LED1～LED5 点亮
        delay();                        //延时
        P1 = 0xc0;                      //LED1～LED6 点亮
        delay();                        //延时
        P1 = 0x80;                      //LED1～LED7 点亮
        delay();                        //延时
        P1 = 0x00;                      //LED1～LED8 点亮
        delay();
    }
    while (1)
        ;                               //无限循环,需要注意此句不能少
}
```

2.5 任务10：数组

2.5.1 有的放矢

认识C51的一维数组、二维数组、字符数组。

2.5.2 知书达理

(1) 掌握一维数组。
(2) 掌握二维数组。
(3) 掌握字符数组。

2.5.3 厉兵秣马

1. 概述

在程序设计中,为了处理方便,把具有相同类型的若干变量按有序的形式组织起来。这些按序排列的同类型数据元素的集合称为数组。

因此按数组元素的类型不同,数组又可分为数值数组、字符数组、指针数组、结构数组等。

2. 一维数组

1) 一维数组的定义

一维数组的定义形式如下。

```
类型说明符  数组名[整型常量表达式];
```

例如：

```
int a[10];  /*定义整型数组a,它有a[0]~a[9]共10个元素,每个元素都是整型变量*/
```

说明：

(1) 数组名的命名规则和变量名相同，遵循标识符命名规则。

(2) 数组名后是用方括号括起来的常量表达式，不能用圆括号。

(3) 常量表达式表示元素的个数，即数组的长度。例如在 int a[10]中，10 表示 a 数组有 10 个数据元素，下标从 0 开始，这 10 个元素是 a[0]、a[1]、a[2]、a[3]、a[4]、a[5]、a[6]、a[7]、a[8]、a[9]。

(4) 常量表达式中可以包括常量和符号常量，不能包含变量。也就是说，C51 不允许对数组的大小作动态定义，即数组大小不依赖于程序运行过程中变量的值。

2）一维数组的初始化

对数组元素的初始化可以用以下方法实现。

(1) 在定义数组时对数组元素赋予初值。例如：

```
int a[10] = {0,1,2,3,4,5,6,7,8,9};
```

将数组元素的初值依次放在一对花括号内。经过上面的定义和初始化之后，a[0]=0，a[1]=1，a[2]=2，a[3]=3，a[4]=4，a[5]=5，a[6]=6，a[7]=7，a[8]=8，a[9]=9。

(2) 可以只给一部分元素赋值。例如：

```
int a[10] = {0,1,2,3,4};
```

定义 a 数组有 10 个元素，但花括号内只提供 5 个初值，这表示只给前 5 个元素赋初值，后面的 5 个元素值为 0。

(3) 在对全部数组元素赋初值时，可以不指定数组的长度。例如：

```
int a[5] = {1,2,3,4,5};
```

也可以写成：

```
int a[] = {1,2,3,4,5};
```

3）一维数组元素的引用

数组必须先定义，后使用。C51 规定只能逐个引用数组元素而不能一次引用整个数组。数组元素的表示形式如下。

```
数组名[下标]        //下标可以是整型常量或整型表达式
```

例如：

```
a[0] = a[5] + a[7] - a[2 * 3];
P0 = a[i];                          //依次引用数组元素,并送P0口显示
```

3. 二维数组

1）二维数组的定义

二维数组的定义形式如下。

```
类型说明符  数组名[常量表达式][常量表达式];
```

例如：

```
int a[3][4],b[5][10];
```

定义 a 为 3×4(3 行 4 列)的数组，b 为 5×10(5 行 10 列)的数组。数组元素为 int 整型数据。

注意不能写成：

```
int a[3,4],b[5,10];
```

可以把二维数组看作一种特殊的一维数组，它的元素又是一维数组。例如，把 a 看作一个一维数组，它有 3 个元素：a[0]、a[1]、a[2]，每一个元素又是一个包含 4 个元素，如图 2-4 所示。

```
  ┌a[0]——a[0][0]  a[0][1]  a[0][2]  a[0][3]
a ┤a[1]——a[1][0]  a[1][1]  a[1][2]  a[1][3]
  └a[2]——a[2][0]  a[2][1]  a[2][2]  a[2][3]
```

图 2-4 二维数组

2）二维数组的初始化

(1) 按行赋初值的一般形式如下。

```
数据类型 数组名[行常量表达式][列常量表达式] = {{第 0 行初值表},
                                              {第 1 行初值表},
                                                    ⋮
                                              {最后 1 行初值表}};
```

例如：

```
int a[3][4] = {{0,1,2,3},
               {4,5,6,7},
               {8}};  //最后 3 个元素,a[2][1]、a[2][2]和 a[2][3]被默认为 0
```

(2) 按二维数组在内存中的排列顺序给各元素赋初值的一般形式如下。

```
数据类型  数组名[行常量表达式][列常量表达式] = {初值表};
```

例如：

```
int a[3][4] = {0,1,2,3,4,5,6,7,8,9,10,11};
```

如果是全部元素赋值,可以不指定行数。例如:

```
int a[ ][4] = {0,1,2,3,4,5,6,7,8,9,10,11};
```

4. 字符数组

字符数组就是元素类型为字符型(char)的数组,字符数组是用来存放字符的。在字符数组中,一个元素存放一个字符,可以用字符数组来存储长度不同的字符串。

(1) 字符数组的定义。字符数组的定义和数组定义的方法类似。例如,char str[10],定义 str 为一个有 10 个字符的一维数组。

(2) 字符数组赋初值。最直接的方法是将各字符逐个赋给数组中的各元素。例如:

```
char str[10] = {'M','I','A','N',' ','Y','A','N','G','\0'};   /* '\0'表示字符串的结束标志 */
```

C51 语言还允许用字符串直接给字符数组赋初值,有以下两种形式。

```
char str[10] = {"Cheng Du"};
char str[10] = " Cheng Du";
```

2.5.4　步步为营

用数组实现 P1 口 8 只 LED 的显示状态

1) 任务要求

(1) 掌握 for 语句功能及编程。

(2) 掌握无符号字符型数组的功能及编程。

(3) 掌握 while 语句的功能及编程。

2) 任务描述

设计一个程序,用无符号字符型数组实现以下功能:对于变量 i,当 i=1 时,LED1 发光(被点亮);当 i=2 时,LED1、LED2 发光;当 i=3 时,LED1、LED2、LED3 发光……当 i=8 时,LED1～LED8 都发光;当 i=9 时,LED1～LED8 都熄灭;当 i=1 时,LED1 发光……

3) 任务实现

(1) 分析。用无符号字符型数组来实现,大大简化了程序设计并节约了存储器空间,关键字为 code,其定义如下。

```
unsigned char code Tab[ ] = {0xfe,0xfc,0xf8,0xf0,0xe0,0xc0,0x80,0x00,0xff};
                                        //定义无符号字符型数组,数组元素为点亮 LED 状态控制码
```

(2) 程序设计。程序源代码如下。

```
#include<reg51.h>                     //包含单片机寄存器的头文件
/************** 函数功能:延时约 150ms ***************/
void delay(void)
{
```

```
    unsigned char i, j;
    for (i = 0;i < 200;i++)
        for(j = 0;j < 250;j++)
            ;
}
/************** 函数功能：主函数 *********************/
void main(void)
{
    unsigned char i;
    unsigned char code Tab[ ] = {0xfe,0xfc,0xf8,0xf0,0xe0,0xc0,0x80,0x00,0xff};
                                    //定义无符号字符型数组,数组元素为点亮 LED 状态控制码
    while(1)                        //无限循环
    {
        for(i = 0;i < 9;i++)
        {
            P1 = Tab[i];            //引用数组元素,送 P1 口点亮 LED
            delay();                //延时
        }
    }
}
```

2.6 任务 11：指针

2.6.1 有的放矢

认识 C51 指针。

2.6.2 知书达理

(1) 了解指针的基本概念。

(2) 掌握指针变量的使用。

(3) 掌握数组指针和指向数组的指针变量。

(4) 掌握指向多维数组的指针和指针变量。

(5) 掌握 Keil C51 的指针类型。

2.6.3 厉兵秣马

1. 指针的基本概念

1) 地址

过去,在编程中定义或说明变量,编译系统就为定义的变量分配相应的内存单元,也就是说每个变量都会有固定的位置,这个位置就是地址。

现在要明确两个概念：内存单元的地址及内存单元的内容。前者是内存对该单元的编

号，它表示该单元在整个内存中的位置；后者指的是在该内存单元中存放着的数据。

2）指针

变量的地址称为变量的指针，指针的引入把地址形象化了，地址是找变量值的索引或指南，就像一个指针一样指向变量值所在的存储单元，因此指针即是地址，是记录变量存储单元位置的正整数。

3）指针变量

指针是反映变量地址的整型数据，可以把指针值存放在另一个变量中，以便通过这个变量对存放在其中的指针进行操作，这个变量被称为指针变量。指针变量是专门存放其他变量地址的变量。

如图 2-5 所示，先从指针变量 p 中得到存放在其中的指针，即变量 n 的地址，再根据这个指针（地址）寻址，找到对应的存储单元，实现对变量 n 的访问。

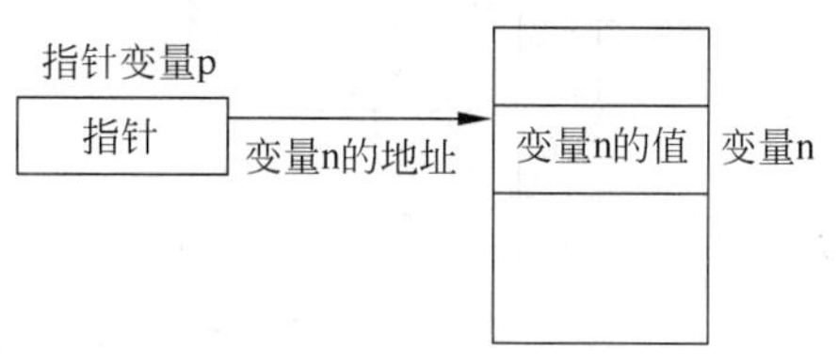

图 2-5 指针与指针变量

2. 指针变量的使用

（1）指针变量的定义。定义指针的一般形式如下。

```
类型识别符 *指针变量名;
```

例如：

```
int *ap;                          //定义整型指针,名字为 ap
```

注意：* 表示该变量为指针变量。但指针变量名是 ap，而不是 * ap。

（2）指针变量的赋值——取地址运算符 &。对指针变量的赋值实质就是要确定指向关系，即指针变量中到底存放了哪个变量的地址。

对指针变量进行赋值的一般形式如下。

```
指针变量名 = & 所指向的变量名;
```

例如，要建立图 2-5 中指针变量 p 与一般变量 n 的指向关系，需要进行如下的定义和赋值。

```
int *p,n = 10;                    //定义整型指针,名字为 p,定义一个整型变量 n
p = &n;                           //"&n"表示取 n 的地址,将 n 的地址存放在指针变量 p 中
```

（3）指针变量的引用——指针运算符 *。

在进行了变量和指针变量的定义之后，如果对这些语句进行编译，C51 编译器就会为每个变量和指针变量在内存中安排相应的内存单元。

例如：

```
int x = 1,y = 2,z = 3;            //定义整型变量 x、y、z
```

```
int  * x_point;                    //定义指针变量 x_point
int  * y_point;                    //定义指针变量 y_point
int  * z_point;                    //定义指针变量 z_point
```

通过编译，C51 编译器就会在变量 x、y、z 对应的地址单元中装入初值 1、2、3，如图 2-6(a)所示(此时，只是分配了地址)。

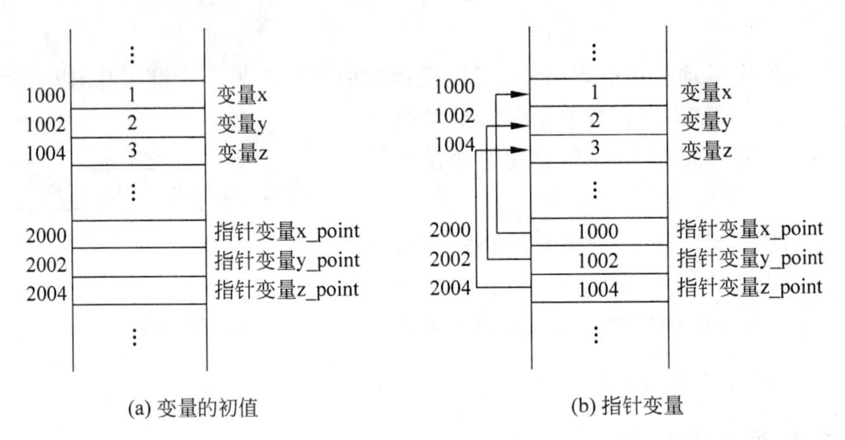

图 2-6　指针变量的引用

此时仍然没有对指针变量 x_point、y_point、z_point 赋值，所以它们所对应的地址单元仍为空白，即仍然没有被装入指针，它们没有指向。当执行 x_point＝&x、y_point＝&y、z_point＝&z 后，指针 x_point 指向 x，即指针变量 x_point 所对应的内存地址单元中装入了变量 x 所对应的内存单元地址 1000；指针变量 y_point 所对应的内存地址单元中装入了变量 y 所对应的内存单元地址 1002；指针变量 z_point 所对应的内存地址单元中装入了变量 z 所对应的内存单元地址 1004，如图 2-6(b)所示。

以通过指针和指针变量来对内存进行间接访问，就要用到指针运算符(又称间接运算符) * 。例如，要把整型变量 x 的值赋给整型变量 a，可使用直接访问方式：

```
a = x;
```

若用指针变量 x_point 进行间接访问，则用以下语句：

```
a = * x_point;
```

注意：* 在指针变量定义时和在指针运算时所代表的含义是不同的。在定义时，* x_point 中的 * 是指针变量的类型说明符；进行指针运算时，a＝ * x_point 中的 * 是指针运算符。

3. 数组指针和指向数组的指针

指针既然可以指向变量，当然也可以指向数组。所谓数组指针，就是数组的起始地址。若有一个变量用来存放一个数组的起始地址(指针)，则称它为指向数组的指针。

(1) 数组指针。定义数组指针的一般形式如下。

```
类型说明符 *数组指针名[元素个数];
```

例如：

```
int *p[2];        //p[2]是含有p[0]和p[1]两个指针的数组指针,指向int型数据
```

数组指针的初始化可以在定义时同时进行。例如：

```
unsigned  char a[ ] = {0,1,2,3};
unsigned  char * p[4] = {&a[0],&a[1],&a[2],&[3]};  //存放的元素必须为地址
```

(2) 指向数组的指针。一个变量有地址,一个数组元素也有地址,所以可以用一个指针指向一个数组元素。如果一个指针存放了某数组的第一个元素的地址,就说该指针是指向这一数组的指针。数组的指针即数组的起始地址。例如：

```
unsigned  char a[ ] = {0,1,2,3};
unsigned  char *p;
p = &a[0];                          //将数组a的首地址存放在指针变量p中
```

经过上面定义后,指针p就是数组a的指针。

C51语言中有以下规定。

① 数组名代表数组的首地址,也就是第一个元素的地址。例如,下面两个语句等价。

```
p = &a[0];
p = a;
```

② p指向数组a的首地址后,p+1就指向数组的第二个元素a[1],p+2指向a[2]。以此类推,p+i指向a[i]。

引用数组元素可以用下标(如a[3]),但使用指针速度更快,且占用内存少。这正是使用指针的优点。

对于二维数组,C51语言规定：如果指针p指向该二维数组的首地址(可以用a表示,也可以用&a[0][0]表示),那么p[i]+j指向的元素就是a[i][j]。这里i、j分别表示二维数组的第i行和第j列。

(3) 指针变量的运算。设指针变量p指向数组a[ ](即p=a),则有以下运算规则。

① p++：该操作使指针变量p指向数组a[ ]的下一个元素,即a[1]。

② *p++：按优先级来看,*和++是同级,结合方向是从右到左,所以先进行++运算,再进行*运算,故等价于*(p++)。其作用是先取*p值,然后再对指针p进行++运算。

③ *p++与*++p的作用：*p++是先取*p值,然后对指针p进行自加1的运算。*++p先对指针p进行自加1的运算,再取*p值。

④ (*p)++：其作用是先取*p的值,然后对取得的*p的值进行自加1运算。

4. 指向多维数组的指针和指针变量

多维数组可以看作一维数组的延伸,多维数组的内存单元也是连续的内存单元。换句

话说,C 语言实际上是把多维数组当成一维数组来处理的。下面以二维数组为例说明这个概念。

比如,现在有一个 int 型的二维数组 a[3][4],计算机认为这是一个一维的数组 a[3],数组的 3 个元素分别是 a[0]、a[1]和 a[2]。其中每个元素又是一个一维数组,如 a[0]又是一个包含 a[0][0]、a[0][1]、a[0][2]和 a[0][3]共 4 个元素的数组。如果要引用数组元素 a[1][2],可以首先根据下标 1 找到 a[1],然后在 a[1]中找到第 3 个元素 a[1][2]。

可定义如下的指针变量:

```
int ( * p)[4];
```

指针 p 为指向一个由 4 个元素所组成的整型数组指针。在定义中,括号是不能少的,否则它是指针数组。p=a[0]或者 p=&a[0],表示指针 p 指向数组 a[3][4]的第 0 行地址 a[0][0]。

*(p+i)+j 等价于 & a[i][0]+j,即数组元素 a[i][j]的地址。

((p+i)+j)等价于(*(p+i))[j],即 a[i][j]的值。

5. C51 的指针类型

C51 支持基于存储器的指针和一般指针两种类型。基于存储器的指针类型由 C 源代码中存储器的类型决定,并在编译时确定。由于不必为指针选择存储器,这类指针的长度可以为 1B(idata *、data *、pdata *)或 2B(code *、xdata *),用这种指针可以高效访问对象。

1) 基于存储器的指针

定义指针变量时,若指定了它所指向的对象的存储变量,该变量就被认为是基于存储器的指针。例如:

```
char xdata * pa;
```

在 xdata 存储器中定义一个指向对象类型为 char 的基于存储器的指针。指针自身在默认的存储器区域(由编译器决定),长度为 2B。

```
float xdata * data pb;
```

在 xdata 存储器中定义一个指向对象类型为 float 的基于存储器的指针。指针自身在 data 区,长度为 2B。

基于存储器的指针产生的代码可以经过编译器优化,运行速度较快。因为指针指向变量的存储位置是知道的,所以编译器在编译的时候可以进行优化。这样程序通过最简洁的方式去寻址,但是代价是降低了程序的灵活性。

2) 一般指针

定义一般指针变量时,若未指定它所指向的对象的存储类型,该指针变量就认为是一个一般指针。这种指针占 3B,第一字节是标识存储类型,是指针指向的变量的数据类型;第二字节是指针存储地址的高位字节;第三字节是指针存储地址的低位字节。

一般指针默认存储在内部存储器 data,即片上 RAM,如果想指定指针的存储位置,可以在 * 后加上存储类型。例如:

```
char * data  ptr;                 //与 char * ptr;等价,即默认的定义方式
char * xdata ptr;                 //指针存储在片外 RAM
char * idata ptr;                 //指针存储在 idata
char * pdata ptr;                 //指针存储在 pdata
```

定义一般指针写的程序最终代码比较长,运行速度相对较慢,因为 Keil 在编译的时候不知道这个指针将要指向的变量的存储位置,只有当程序执行的时候才能知道,所以编译器不能对这段代码进行优化。不过,这样做的优点是此指针可以指向存储在任何位置的变量。

2.6.4 步步为营

1. 用指针数组实现 P1 口 8 只 LED 的显示状态

1) 任务要求

(1) 掌握指针的概念。

(2) 掌握指针运算符 * 的功能及编程。

(3) 掌握无符号字符型数组的功能及编程。

2) 任务描述

用指针数组实现 P1 口 8 只 LED 显示状态。设计一个程序用指针数组实现以下功能:先设置一个变量 i,当 i=1 时,LED1 发光(被点亮);当 i=2 时,LED1、LED2 发光;当 i=3 时,LED1、LED2、LED3 发光……当 i=8 时,LED1～LED8 都发光;当 i=9 时,LED1～LED8 都熄灭;当 i=1 时,LED1 发光……

3) 任务实现

(1) 分析。用无符号字符型数组来定义控制码,其控制码值如下。

```
unsigned char code Tab[ ] = {0xfe,0xfc,0xf8,0xf0,0xe0,0xc0,0x80,0x00,0xff};
```

将其元素的地址依次存入如下指针数组。

```
unsigned char  * p[ ] = {&Tab[0],&Tab[1],&Tab[2],&Tab[3],
                         &Tab[4],&Tab[5],&Tab[6],&Tab[7],&Tab[8]};
```

然后,利用指针运算符 * 取得各指针所指元素的值,送 P1 口 8 只 LED 灯显示。

(2) 程序设计。先建立文件夹 XM14-1,然后建立 XM14-1 工程项目,最后建立源程序文件 XM14-1.c,输入如下代码。

```
#include<reg51.h>                   //包含单片机寄存器的头文件
/********* 函数功能: 延时约 2s ******* /
void delay(void)
{
    unsigned int i;
    for(i = 0;i < 50000;i++)
        ;
```

```
}
/************ 函数功能：主函数 *************/
void main(void)
{
    unsigned char i;                    //定义无符号字符型数据
    unsigned char code Tab [ ] = {0xfe, 0xfc, 0xf8, 0xf0, 0xe0, 0xc0, 0x80, 0x00, 0xff};
                                        //定义无符号字符型数组,数组元素为点亮 LED 状态控制码
    unsigned char * p[] = {&Tab[0], &Tab[1], &Tab[2], &Tab[3], &Tab[4],
                        &Tab[5],&Tab[6], &Tab[7], &Tab[8]};
                                        //取点亮 LED 状态控制码地址,初始化指针数组
    while (1)                           //无限循环
    {
        for (i = 0; i<9;i++)
        {
            P1 = * p[i];                //将指针所指数组元素值,送 P1 口点亮
            delay ();                   //延时
        }
    }
}
```

2. 用指针数组实现多状态显示

1）任务要求

（1）掌握指针运算符 * 的功能及编程。

（2）掌握利用指针数组多状态显示的编程优点。

（3）掌握数组关键字 code 的功能及编程。

（4）掌握 while 语句的功能及编程。

2）任务描述

用指针数组实现多状态显示。①利用 P1 口 8 只 LED 显示状态；②设计程序用指针数组实现以下功能：先设置一个变量 i，当 i=1 时，LED1 发光（被点亮）；当i=2 时，LED1、LED2 发光；当 i=3 时，LED1、LED2、LED3 发光……当 i=8 时，LED1～LED8 都发光；当 i=9 时，LED1～LED8 都熄灭；当 i=10 时，LED1 发光；当 i=11 时，LED2 发光；当 i=12 时，LED3 发光；当 i=13 时，LED4 发光；当 i=14 时，LED5 发光；当i=15 时，LED6 发光；当 i=16 时，LED7 发光；当 i=17 时，LED8 发光；当 i=18 时，LED1～LED4 发光；当 i=19 时，LED5～LED8 发光；当 i=20 时，LED1、LED3、LED5、LED7 发光。

3）任务实现

（1）分析。用无符号字符型数组来定义控制码，其控制码值如下。

```
unsigned char code Tab[ ] = {0xfe,0xfc,0xf8,0xf0,0xe0,0xc0,0x80,0x00,0xff,0xfe,
                            0xfd,0xfb,0xf7,0xef,0xdf,0xbf,0x7f,0xf0,0x0f,0xaa};
```

将其元素的首地址赋给指针，通过指针引用数组元素值，送 P1 口点亮 LED。

(2) 程序设计。程序源代码如下。

```
#include<reg51.h>                   //包含单片机寄存器的头文件
/********* 函数功能：延时约 1.8s ***********/
void delay(void)
{
    unsigned int i;
    for(i=0;i<50000;i++)
        ;
}
void main(void)
{
    unsigned char i;                //定义无符号字符型数据
    unsigned char code Tab[] = {0xfe, 0xfc, 0xf8, 0xf0, 0xe0, 0xc0, 0x80, 0x00, 0xff, 0xfe,
                                0xfd, 0xfb, 0xf7, 0xef, 0xdf, 0xbf, 0x7f, 0xf0, 0x0f, 0xaa};
                               //定义 20 个无符号字符型数组,数组元素为点亮 LED 状态控制码
    unsigned char *p;               //定义无符号字符型指针
    p=Tab;                          //将数组首地址存入指针 p
    while(1)                        //无限循环
    {
        for (i=0;i<20;i++)          //共有 20 个控制码
        {
            P1 = *(p+i);            //[p+i]的值等于 a[i],通过指针引用数组元素值
                                    //送 P1 口点亮 LED
            delay();                //延时
        }
    }
}
```

2.7 任务 12：函数

2.7.1 有的放矢

认识 C51 函数。

2.7.2 知书达理

(1) 了解 C51 的函数。
(2) 了解函数的分类。
(3) 掌握函数的参数传递和函数值。
(4) 掌握函数的调用。
(5) 掌握 C51 函数的定义。

2.7.3 厉兵秣马

1. C51 的函数概述

C51 程序由主函数 main( )和若干个其他函数构成。主函数可以调用其他函数,其他函数也可以互相调用,但其他函数不能调用主函数。

2. 函数的定义

从函数的形式看,函数可分为无参函数和有参函数构成。前者在被调用时没有参数传递,后者在被调用时有参数传递。

1) 无参函数

无参函数定义的一般形式如下。

```
类型说明符  函数名(void)                //用 void 声明函数无参数
{
    声明部分;
    语句部分;
}
```

其中,类型说明符定义了函数返回值的类型。如果要让函数返回一个无符号字符型数据时,须用 unsigned char 来作为类型说明符。如果函数没有返回值,须用 void 作为类型说明符。如果没有类型说明符出现也就是空,函数返回值默认为整型值。例如:

```
void delay(void)                        //第一个 void 声明函数无返回值/
{
  unsigned int n;                       //声明部分
  for(n = 0;n < 50000;n++)              //语句部分
     ;                                  //语句部分
}
```

2) 有参函数

有参函数定义的一般形式如下。

```
函数类型  函数名(形式参数列表)          //形式参数超过一个时,用逗号隔开
{
    声明部分;
    语句部分;
}
```

有参函数在被调用时,主调函数将实际参数传递给这些形式参数。例如:

```
int min(int x,int y)        //函数功能:计算 x 和 y 中的最小值,定义整型函数,x 和 y 为形式参数
{
    int z;                  //声明部分
    z = x < y?x:y;          //语句部分
```

```
    return(z);              //语句部分,如果要返回一个数值给主调函数需要关键字 return
}
```

关于返回值的说明如下。

(1) 返回值是通过 return 语句获得的。

(2) 返回值的类型必须与函数定义的类型一致。

(3) 如果函数无返回值,需要用 void 声明无返回值。

3. 局部变量与全局变量

在函数内部定义的变量称为局部变量。局部变量只在该函数内有效。例如,一个函数定义了变量 x 为整型数据,另一个函数则把变量 x 定义为字符型数据,两者之间互不影响。

全局变量也称为外部变量,它定义在函数的外部,最好在程序的顶部。它的有效范围为从定义开始的位置到源文件结束。全局变量可以被函数内的任何表达式访问。如果全局变量和某一函数的局部变量同名时,在该函数内,只有局部变量被引用,全局变量被自动屏蔽。

局部变量和全局变量如下。

```
全局变量声明;
main( )                    /* 主函数 */
{
    局部变量声明;
    执行语句;
}
function_1 (形式参数列表)
{
    局部变量声明;
    执行语句;
    …
}
```

4. 指针变量作为函数参数

函数的参数不仅可以是数据,也可以是指针,它的作用是将一个变量的地址传送到另一个函数中。例如:

```
int sum(int *p1,int *p2)          //函数功能: 计算两个整数的和,定义整型函数 sum()
                                  //形参为两个整型指针 p1 和 p2
{
   int z;                         //定义整型变量 z
   z = *p1 + *p2;                 //用指针运算符 *,取得两个指针所指变量的值,求和后存入 z
   return (z);                    //返回计算结果给主调函数
}
void main(void)                   //函数功能: 主函数
{
   int u,v,w;                     //定义整型变量
   int *pointer_1, *pointer_2;    //定义两个整型指针 pointer_1 和 pointer_2
```

```
    u = 1234;
    v = 5678;
    pointer_1 = &u;                    //将 pointer_1 指向变量 u
    pointer_2 = &v;                    //将 pointer_2 指向变量 v
    z = sum(pointer_1, pointer_2);     //将两个指针 pointer_1 和 pointer_2 作实参传送
}
```

5. 数组作为函数参数

一个数组的名字表示该数组的首地址，所以用数组名作为函数的参数时，被传递的就是数组的首地址，被调用函数的形式参数必须定义为指针型变量。例如：

```
int sum(int a[])  //函数功能：计算 10 个整数的总和，定义整型函数 sum()
                  //形参为整型数组的首地址
{
   int total;                                  //定义整型变量 total
   unsigned char i;
   total = 0;
   for(i = 0; i<10; i++)
      total + = i;
   return (total);                             //返回计算结果
}
void main(void)                                //函数功能：主函数
{
   int x;                                      //定义整型变量
   int b[10] = {1,2,3,4,5,6,7,8,9,10};         //定义整型数组 b
   x = sum(b);            //将整型数组 b 的名字作为实际参数传递给函数 sum()，并把返回值存入 x
}
```

6. 函数型指针

在 C 语言中，指针变量除能指向数据对象外，也可以指向函数。一个函数在编译时，分配了一个入口地址，这个入口地址就称为函数的指针。可以用一个指针变量指向函数的入口地址，然后通过该指针变量调用此函数。

定义指向函数的指针变量的一般形式如下。

```
类型说明符  (*指针变量名)(形式参数列表)
```

函数的调用可以通过函数名调用，也可以通过函数指针来调用。要通过函数指针调用函数，只要把函数的名字赋给该指针就可以了。例如：

```
int max(int x,int y)          //函数功能：求两个整数中的最大值，定义整型函数 max()
                              //形参为两个整型数 x 和 y
{
    int z;                    //定义整型变量 z
    z = x > y?x: y;
    return (z);               //返回计算结果给主调函数
```

```
}
void main(void)                    //函数功能：主函数
{
    int ( * p)(int a, int b);      //定义指向函数型指针变量 p,形参为 a 和 b
    int u,v,w;
    u = 1234;
    v = 5678;
    p = max;                       //把被调函数的名字(地址)赋给指针变量 p,即 p 指向被调函数
    w = ( * p)(u,v);               //通过函数型指针调用函数 max(),并把返回值存入 w
}
```

2.7.4 步步为营

1. 用有参函数控制 8 位 LED 灯的闪烁时间

1）任务要求

（1）掌握有参函数的应用及编程。

（2）掌握 LED 灯控制码设置。

（3）掌握延时程序的编程与循环次数的计算。

（4）掌握无限循环的编程。

2）任务描述

用有参函数控制 P1 口 8 位 LED 灯的闪烁时间，快速闪烁时相邻 LED 的点亮间隔为 90ms，慢速闪烁时点亮间隔为 300ms。

3）任务实现

（1）分析。设晶振频率为 12MHz，一个机器周期为 1μs，如果把内层循环次数设为 m=100 时，则要延时 90ms，外循环次数为 90000÷(3×100)=300。如果要延时 300ms，用前面的公式同样可以计算出，外循环次数应为 1000。

（2）程序设计。程序源代码如下。

```
#include<reg51.h>
/******** 函数功能：用整型参数延时一段时间 **********/
void delay (unsigned int y)                          //有参数传递
{
    unsigned int n, m;
    for(m = 0;m < y;m++)
    for(n = 0;n < 100;n++)
        ;
}
void main(void)
{
    unsigned char i;
    unsigned char code Tab[ ] = {0x7f,0xbf,0xdf,0xef,0xf7,0xfb,0xfd,0xfe,0xaa,
                                 0xfe,0xfd,0xfb,0xf7,0xef,0xdf,0xbf,0x7f};  //LED 灯控制码
    while (1)
```

```
    {
        for(i = 0;i < 17;i++)                        //共 17 个 LED 灯控制码
        {
            P1 = Tab[i];
            delay (110);
            //延时约 90ms (3 * 300 * 100 = 90000μs = 90ms)
        }
        for (i = 0;i < 17;i++)                       //共 17 个 LED 灯控制码
        {
            P1 = Tab[i];
            delay (330);
            //延时约 300ms (3 * 1000 * 100 = 300000μs = 300ms)
        }
    }
}
```

2. 用数组作为函数参数控制 8 位 LED 的点亮状态

1）任务要求

（1）掌握有参函数的应用及编程。

（2）掌握数组的应用及编程。

（3）掌握 LED 灯控制码的设置。

2）任务描述

用数组作为函数参数控制 8 位 LED 的点亮状态，要求如下。

（1）用单片机的 P1 口。

（2）使用数组作为参数。

（3）设置 17 个 LED 灯控制码。

（4）延时采用 150ms。

3）任务实现

（1）分析。先定义 17 个 LED 灯控制码数组，再定义 LED 灯点亮函数，使其形参为数组，并且数据类型和实参数组（LED 灯控制码数组）的类型一致。

（2）程序设计。程序源代码如下。

```
#include <reg51.h>                   //函数功能：延时约 150ms
void delay (void)                    //两个 void 的意思分别为无需返回值和没有参数传递
{
    unsigned int n;                  //定义无符号整数，最大取值为 65535
    for (n = 0; n < 50000; n++)      //做 50000 次空循环
        ;                            //什么也不做，等待一个机器周期
}
void led_flow(unsigned char a[17])
{
    unsigned char i;
    for(i = 0;i < 17;i++)
```

```
    {
      P1 = a[i]; delay ();           //取值送 P1 口显示
    }
}
void main (void)
{
    unsigned char code Tab[ ] = {0x7f,0xbf,0xdf,0xef,0xf7,0xfb,0xfd,0xfe,0xaa,
                                 0xfe,0xfd,0xfb,0xf7,0xef,0xdf,0xbf,0x7f};  //LED 灯控制码
    led_flow(Tab);                  //将数组名作实参传给被调函数
}
```

3. 用指针作为函数参数控制 8 位 LED 的点亮状态

1）任务要求

（1）掌握有参函数的应用及编程。

（2）掌握指针的应用及编程。

（3）掌握数组的应用及编程。

（4）掌握 LED 灯控制码设置。

2）任务描述

用指针作为函数参数控制 P1 口 8 位 LED 的点亮状态，要求如下。

（1）用单片机的 P1 口。

（2）使用指针作为函数参数。

（3）设置 20 个 LED 灯控制码。

（4）延时采用 150ms。

3）任务实现

（1）分析。因为存储 LED 控制码的数组名即表示该数组的首地址，所以可以定义一个指针指向该首地址，然后用这个指针作为实际参数传递给被调用函数的形参。因为该形参也是一个指针，该指针也指向流水控制码的数组，所以只要用指针引用数组元素的就可以实现控制 P1 口 8 位 LED 的点亮状态。

（2）程序设计。程序源代码如下。

```
#include<reg51.h>                   //函数功能：延时约 150ms
void delay (void)                   //两个 void 的意思分别为无需返回值和没有参数传递
{
    unsigned int n;                 //定义无符号整数，最大取值为 65535
    for (n = 0; n<30000; n++)       //做 30000 次空循环
        ;                           //什么也不做，等待一个机器周期
}
void led_flow(unsigned char *p)     //形参为无符号字符型指针
{
    unsigned char i;
    while(1)
    {
        i = 0;                      //将 i 置为 0，指向数组第一个元素
```

```
        while( *(p+i)!='\0')        //只要没有指向数组的结束标志,就继续
        {
            P1 = *(p+i);            //取的指针所指数组元素的值,送 P1 口显示 /
            delay();                //调用 150ms 延时函数
            i++;                    //指向下一个数组元素
        }
    }
}
/************** 函数功能: 主函数 ***********************************/
void main(void)
{
    unsigned char code Tab[] = {0xfe,0xfc,0xf8,0xf0,0xe0,0xc0,0x80,0x00,0xff,0xfe,
                                0xfd,0xfb,0xf7,0xef,0xdf,0xbf,0x7f,0xf0,0x0f,0xaa};
                                  //定义 20 个无符号字符型数组,数组元素为点亮 LED 状态控制码
    unsigned char *pointer;       //定义无符号字符型指针 pointer
    pointer = Tab;                //将数组的首地址赋给指针 pointer
    led_flow(pointer);            //调用 LED 灯控制函数,指针为实际参数
}
```

4. 用函数型指针控制 8 位 LED 的点亮状态

1）任务要求

(1) 掌握 LED 灯作为点亮函数的使用方法。

(2) 掌握函数型指针的应用及编程。

(3) 掌握 LED 灯控制码的设置。

2）任务描述

用函数型指针控制 8 位 LED 的点亮状态,要求如下。

(1) 用单片机的 P1 口。

(2) 使用 LED 灯作为点亮函数。

(3) 用函数型指针控制 8 位 LED 的点亮状态。

(4) 延时采用 150ms。

3）任务实现

(1) 分析。先定义 LED 灯点亮函数,再定义函数型指针,然后将 LED 灯点亮函数的名字(入口地址)赋给函数型指针,就可以通过该函数型指针调用 LED 灯点亮函数。

注意:函数型指针的类型说明必须和函数的类型说明一致。

(2) 程序设计。程序源代码如下。

```
#include<reg51.h>                   //包含 51 单片机寄存器定义的头文件
unsigned char code Tab [] = {0xfe,0xfc,0xf8,0xf0,0xe0,0xc0,0x80,0x00,0xff,0xfe,
                             0xfd,0xfb,0xf7,0xef,0xdf,0xbf,0x7f,0xf0,0x0f,0xaa};
                                    //定义 20 个无符号字符型数组,数组元素为点亮 LED 状态控制码
                                    //该数组被定义为全局变量延时约 150ms
void delay (void)
{
    unsigned int n;                 //定义无符号整数,最大取值为 65535
    for (n=0; n<30000; n++)         //做 30000 次空循环
```

```
        ;                        //什么也不做,等待一个机器周期
}
void ledflow(void)               //函数功能: 点亮 P1 口 8 位 LED
{
    unsigned char i;
    for (i = 0; i < 20; i++)     //20 位 LED 控制码
    {
        P1 = Tab[i];             //取数组值送 P1 口显示
        delay ();                //延时 150ms
    }
}
void main (void)
{
    void ( * p) (void);          //定义函数型指针,所指函数无参数,无返回值
    p = ledflow;                 //将函数的入口地址赋给函数型指针 p
    while (1)
        ( * p)( );               //通过函数的指针 P 调用函数 led_flow()
}
```

登高望远

拓展 3　单片机控制 LED 显示二进制加 1

1）任务要求

（1）理解二进制的计算。

（2）掌握循环次数的设置及编程。

（3）掌握延时的编程。

2）任务描述

用 P2 口控制 8 只 LED 做二进制加法。

3）任务实现

```
#include <reg52.h>              //定义特殊功能寄存器和位寄存器; 包含 51 单片机寄存器的头文件
void delay(unsigned int i);     //声明延时函数
main()
{
    unsigned char Num = 0xff; //所占 8 个位数的无符号字符类型变量 Num 赋初值为十六进制数 ff
    while (1)                   //无限循环
    {
        P2 = Num;
        delay(1000);            //调用延时函数
        Num -- ;                //变量 Num 做自减直至减到 0
    }
}
/******* 延时函数 *************/
void delay(unsigned int i)
```

```
{
    unsigned char j;
    for(i; i > 0; i-- )          //进行 255×1000 次循环
        for(j = 255; j > 0; j-- );
}
```

借题发挥

1. 将 8 只 LED 使用共阴极的连接方式，用 P3 口控制实现 D1～D8 依次点亮的效果，时间间隔为 1s。使用 Keil C51 编程并软件仿真，在 Proteus 中画出相应电路并模拟仿真。

2. 将 16 只 LED 使用共阴极的连接方式，用 P0、P1 口控制实现 D1～D16 依次点亮、逆向点亮、从中间展开、从两端向中间点亮的连续工作效果，时间间隔为 1s。使用 Keil C51 编程并软件仿真，在 Proteus 中画出相应电路并模拟仿真。

项 目 3

单片机的I/O接口应用

饮水思源

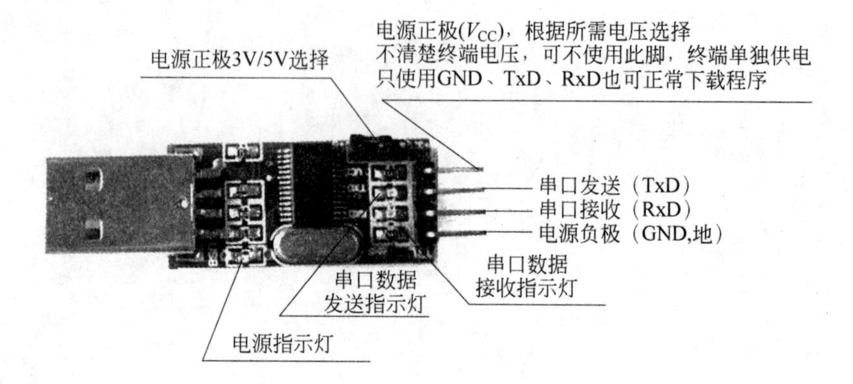

见多识广

(1) 了解单片机的接口知识。

(2) 掌握单片机的 I/O 接口的应用方法。

(3) 掌握单片机的 I/O 接口驱动 LED 的编程方法。

(4) 掌握单片机控制蜂鸣器发声的编程方法。

游刃有余

(1) 能够根据任务要求正确使用单片机的 I/O 接口驱动发光元件。

(2) 能够根据任务要求正确使用单片机的 I/O 接口产生音频信号。

庖丁解牛

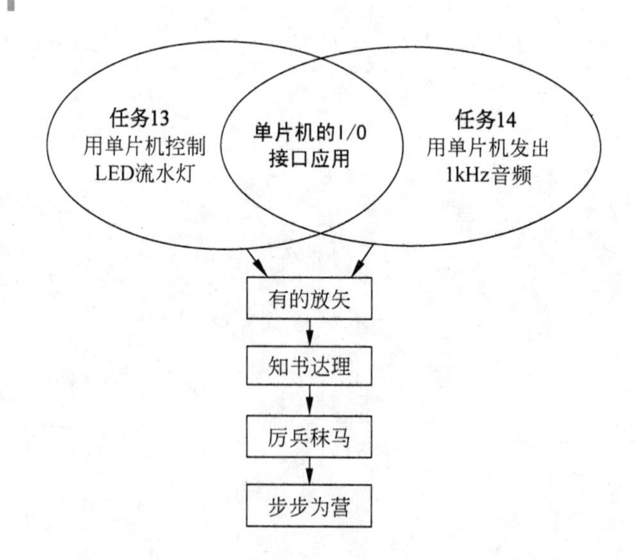

3.1 任务13：用单片机控制LED流水灯

3.1.1 有的放矢

通过前面的学习，对单片机的结构和工作原理有了初步的认识，可以看出单片机要控制外围电路，必须通过I/O接口电路实现。由此可见，单片机的接口电路非常重要。所以，在本节中，通过学习使用单片机的I/O接口控制8个LED呈流水效果点亮，来熟悉其基本使用方法。

3.1.2 知书达理

1. 单片机内部的并行I/O口

MCS-51单片机内部有4个8位的并行I/O口：P0、P1、P2和P3。这4个接口既可以作为输入接口，也可以作为输出接口；可按字节方式(8位)来处理数据，也可按位方式(1位)来使用。每一个I/O口的结构和使用方法都有所不同，下面分别介绍这4个I/O口。

1）P0口的特性与结构

(1) 特性。双向I/O口(内置场效应管上拉)寻址外部程序存储器时分时作为双向8位数据口和输出低8位地址复用口；不接外部程序存储器时可作为8位准双向I/O口使用，作输入口时应写1。

(2) 结构。其结构如图3-1所示。

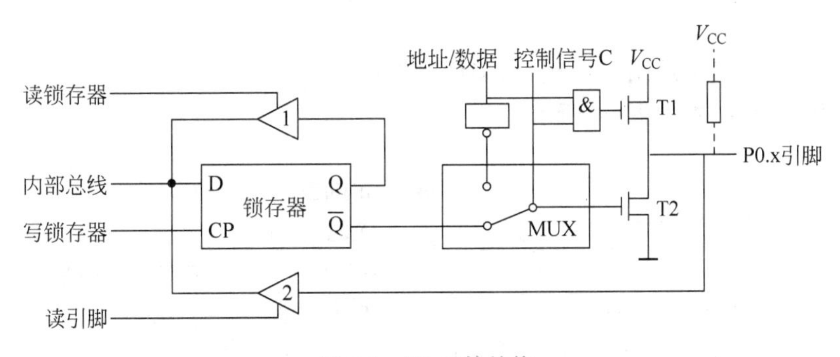

图3-1 P0口的结构

2）P1口的特性与结构

(1) 特性。P1口通常作为通用I/O口使用，准双向口。

P1口与P0口的不同：不再需要MUX；有内部上拉电阻。

P1口与P0口的相同：作输入口时，也须先向其锁存器写入1。工作过程中无高阻悬浮状态，也就是该口不是输入态就是输出态，具有这种特性的口不属于“真正”的双向口，而被称为“准”双向口。

（2）结构。其结构如图 3-2 所示。

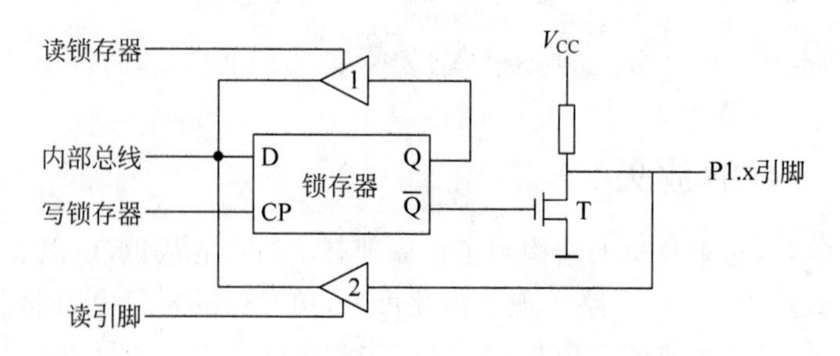

图 3-2 P1 口的结构

3）P2 口的特性与结构

（1）特性。P2 口是通用数据 I/O 端口和高 8 位地址总线端口。

（2）结构。其结构如图 3-3 所示。

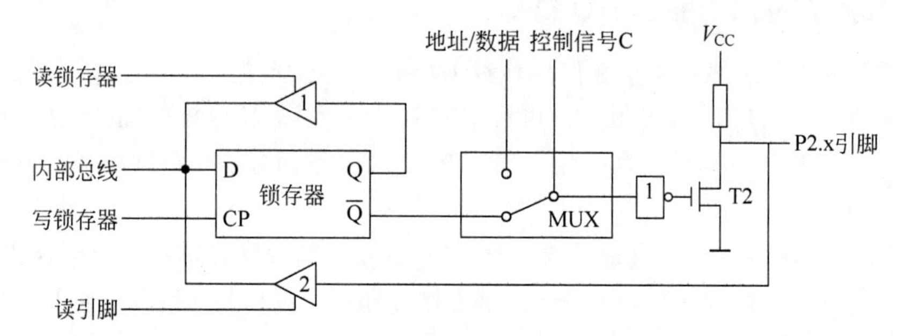

图 3-3 P2 口的结构

4）P3 口的特性与结构

（1）特性。P3 口是通用 I/O 端口、多用途端口。

（2）结构。其结构如图 3-4 所示。

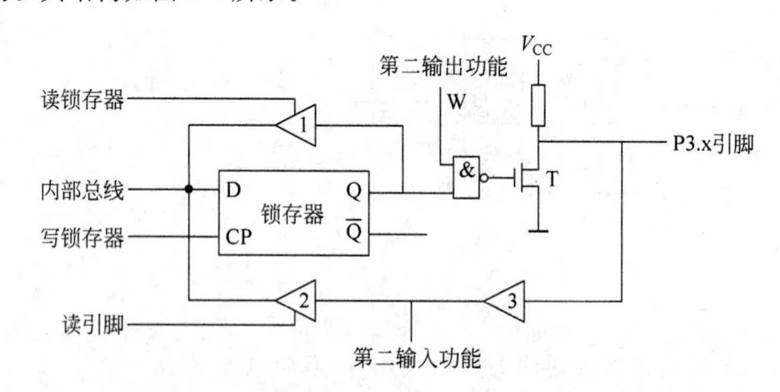

图 3-4 P3 口的结构

表 3-1 是 P3 口的第二功能。

表 3-1　P3 口第二功能

引　　脚	第 二 功 能
P3.0	RxD：串行口接收数据输入端
P3.1	TxD：串行口发送数据输出端
P3.2	$\overline{\text{INT0}}$：外部中断申请输入端 0
P3.3	$\overline{\text{INT1}}$：外部中断申请输入端 1
P3.4	T0：外部计数脉冲输入端 0
P3.5	T1：外部计数脉冲输入端 1
P3.6	$\overline{\text{WR}}$：写外设控制信号输出端
P3.7	$\overline{\text{RD}}$：读外设控制信号输出端

2. LED 相关知识

发光二极管(Light Emitting Diode，LED)，是一种能把电能转化为光能的固体器件，其实物如图 3-5 所示。作为半导体二极管的一种，它的结构主要由 PN 结芯片、电极和光学系统等组成，主要功能就是把电能转化为光能。其工作电压为 2～3V，工作电流为 10～30mA，一般取额定条件 20mA。如电源为 5V，则限流电阻，可以根据下列参考值计算其阻值。

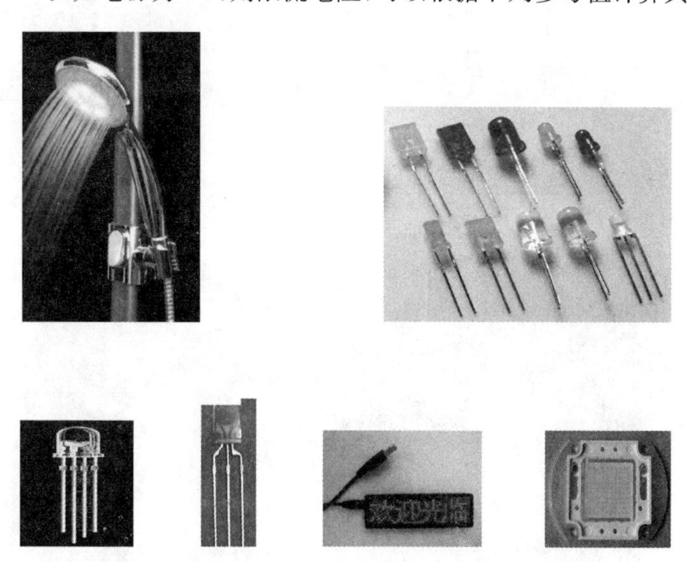

图 3-5　常见的 LED

(1) 普通发光二极管正偏压降：红色为 1.6V，黄色为 1.4V 左右，蓝白至少为 2.5V。工作电流 5～10mA。

(2) 超亮发光二极管：主要有 3 种颜色，然而 3 种发光二极管的压降都不相同，具体压降参考值如下。

红色发光二极管的压降为 2.0～2.2V；

黄色发光二极管的压降为 1.8～2.0V；

绿色发光二极管的压降为 3.0～3.2V；
正常发光时的额定电流约为 20mA。

3.1.3 厉兵秣马

1. LED 流水灯的设计思路

图 3-6 所示为 LED 流水灯仿真效果图。

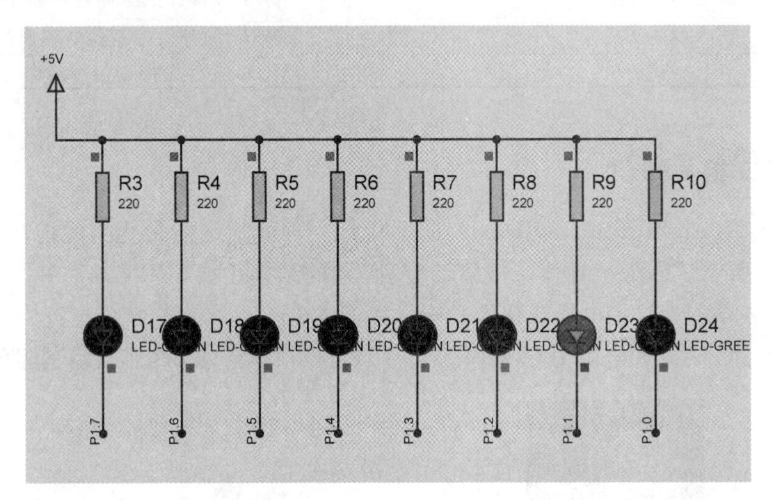

图 3-6 LED 流水灯仿真效果

图 3-7 所示为 LED 流水灯的实物。

图 3-7 LED 流水灯的实物

1）算法分析

(1) 开始时所有 I/O 口均为高电平，全灭。

(2) 使第一个 LED 所对应的 I/O 口为低电平，点亮一个灯。

(3) 轮流使 8 个 LED 对应的 I/O 口为低电平，则可以使灯轮流点亮。

(4) 注意流水灯控制数据一般选 0x01 流动,所以使用时要取反。

(5) 需要时要用到延时程序。

2) 硬件电路

根据需要,本产品所用硬件设备主要有以下两部分。

(1) 单片机最小系统,包括单片机微处理器 AT89S52、电源电路、时钟电路、复位电路等。

(2) LED 显示电路,主要由 8 只发光二极管(LED)组成,如图 3-7 所示。

2. 单片机资源调配

基于以上思路,分配单片机的输入和输出接口资源:选用 P1 口控制 8 只 LED 的显示。

3. 系统工作原理

在主程序中,使控制数据 0x01 循环左移 8 次,每次移动后取反送到 P1 口,点亮 LED 并延时;再向右移 8 次。不断循环。下面进入到设计过程中,并通过电路图和软件进行软件仿真和模拟仿真,完成软件仿真、模拟仿真、实物仿真、实际应用 4 个过程中的前两个重要的步骤。

3.1.4 步步为营

1. 在 Proteus 中绘制电路图

本阶段要画出变速 LED 流水灯的仿真电路图,如图 3-8 所示。

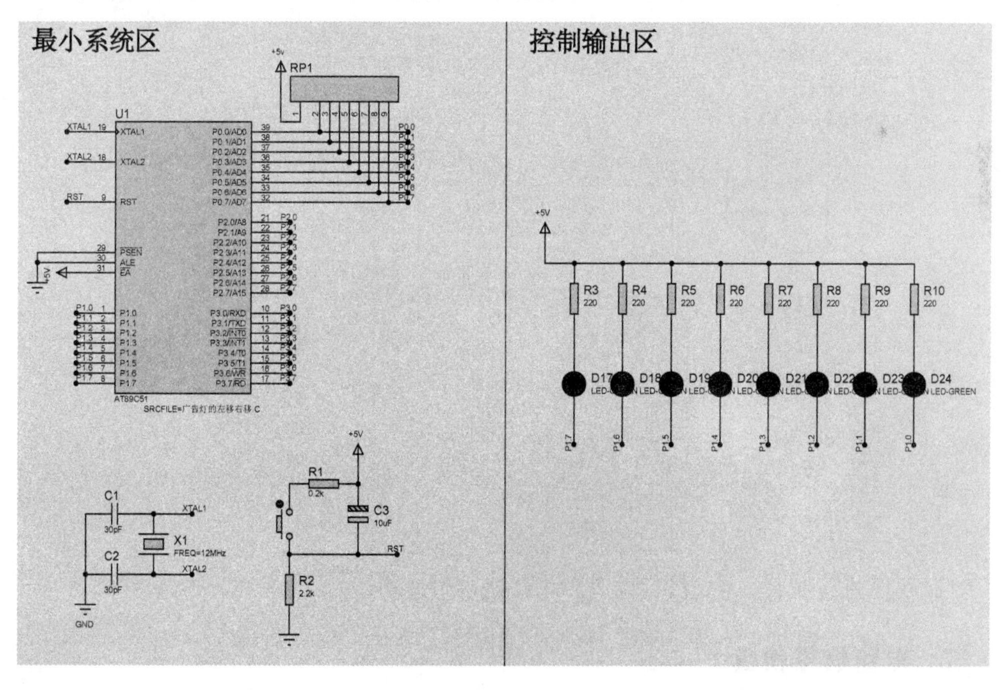

图 3-8 LED 流水灯的仿真电路图

2. 使用 Keil C51 编写程序

使用 Keil C51 新建工程项目，建立“LED 流水灯.c”的文件，输入以下代码。

```
/ * 程序名称: LED 流水灯
  * 程序说明: LED 灯左右循环显示
  * 作者: gas
  * 日期: 2017/4/1 * /
#include <AT89X51.H>
unsigned char i;
unsigned char temp;
unsigned char a,b;

void delay(void)
{
    unsigned char m,n,s;
      for(m = 20;m > 0;m -- )
        for(n = 20;n > 0;n -- )
          for(s = 248;s > 0;s -- );
}

void main(void)
{
    while(1)
    {
        temp = 0x01;
        P1 = ~temp;
        delay();
        for(i = 1;i < 8;i++)
        {
            temp = temp << 1;
            P1 = ~temp;
            delay();
        }
        for(i = 1;i < 7;i++)
        {
            temp = temp >> 1;
            P1 = ~temp;
            delay();
        }
    }
}
```

对源程序进行编译，生成目标文件“LED 流水灯.hex”。

3. 电路模拟仿真

将“LED 流水灯.hex”加载到模拟仿真电路中进行仿真，仿真效果如图 3-9 所示。

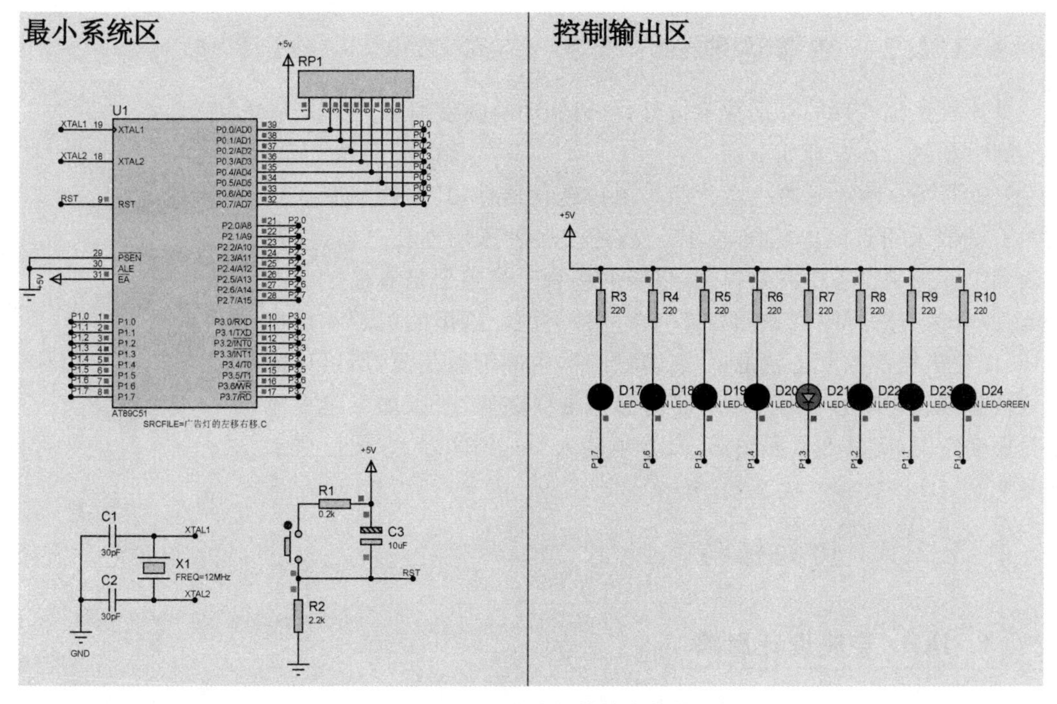

图 3-9 LED 流水灯的仿真效果

3.2 任务 14：用单片机发出 1kHz 音频

3.2.1 有的放矢

通过前面 LED 流水灯的制作，掌握了 I/O 的基本用法，知道其在工作时，主要用一定频率的高低电平来控制 LED，使其按要求点亮。现在可以拓展一下思路，这个高低电平在某一条 I/O 线上即是一定频率的方波信号，能不能达到音频范围而驱动喇叭发声呢？本节将用单片机的 I/O 口来产生 1kHz 的方波信号，驱动蜂鸣器发声，从而进一步熟悉其基本使用方法。图 3-10 所示的三种波形都可以驱动蜂鸣器发声，只要频率在一定范围内。

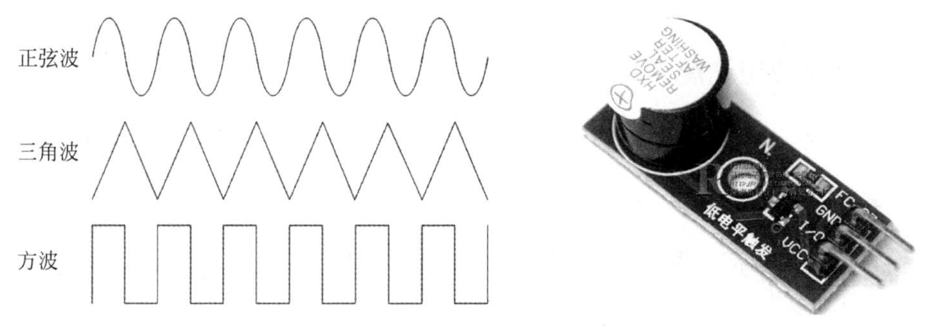

图 3-10 三种波形与蜂鸣器

3.2.2 知书达理

单片机系统处理的都是数字信号，可以驱动蜂鸣发声。

蜂鸣器的工作原理如下。

蜂鸣器是一种常见的一体化结构电声转化器件，其实物如图3-11所示。一般采用直流电压供电，广泛应用于各种家用办公电器、仪器仪表和工业控制设备中需要提示、报警的场合。蜂鸣器是有极性的电子元件，分为有源蜂鸣器和无源蜂鸣器两种类型。这里的“源”不是指电源，而是指振荡源。也就是说，有源蜂鸣器内部带振荡源，所以只要一通电就会发出声音；无源蜂鸣器内部不带振荡源，所以如果用直流信号驱动它时，无法令其发出声音，必须输入2～5kHz的方波信号来驱动它。

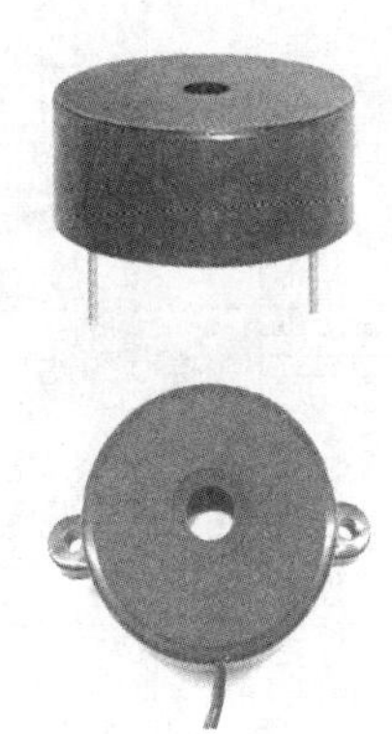

图3-11 蜂鸣器

3.2.3 厉兵秣马

1. 1kHz音频设计思路

1）算法分析

要使用单片机作为1kHz音频发生器，必须在某条I/O线产生一定频率的方波信号，而不是其他波形。

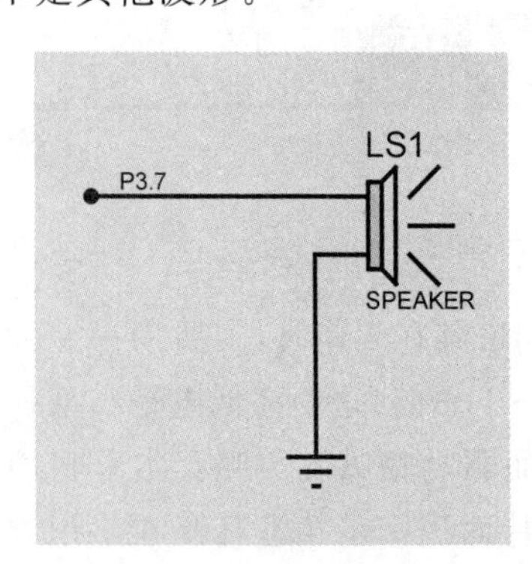

图3-12 1kHz音频仿真电路

（1）确定用取反的方式产生方波。

（2）计算取反的时间周期。

（3）注意取反的周期为1kHz音频信号的半个周期。

2）硬件电路

根据需要，本产品所用硬件设备主要有以下两部分。

（1）单片机最小系统，包括单片机微处理器AT89S52、电源电路、时钟电路、复位电路等。这一部分是核心处理电路。在前面章节已作描述。

（2）蜂鸣器电路，由蜂鸣器构成，仿真电路如图3-12所示。

2. 单片机资源调配

基于以上思路，分配单片机的输入和输出接口资源，选用P3.7为波形切换控制端口。

3. 系统工作原理

单片机开始工作后，主程序不断循环进行以下动作，即在P3.7上交替出现高低电平，转换频率为2kHz，即为0.5ms。

下面进入设计过程中，并通过软件进行软件仿真和模拟仿真，完成软件仿真、模拟仿真的步骤。

3.2.4 步步为营

1. 在 Proteus 中绘制仿真电路图

用单片机产生 1kHz 音频并输出，仿真电路如图 3-13 所示。

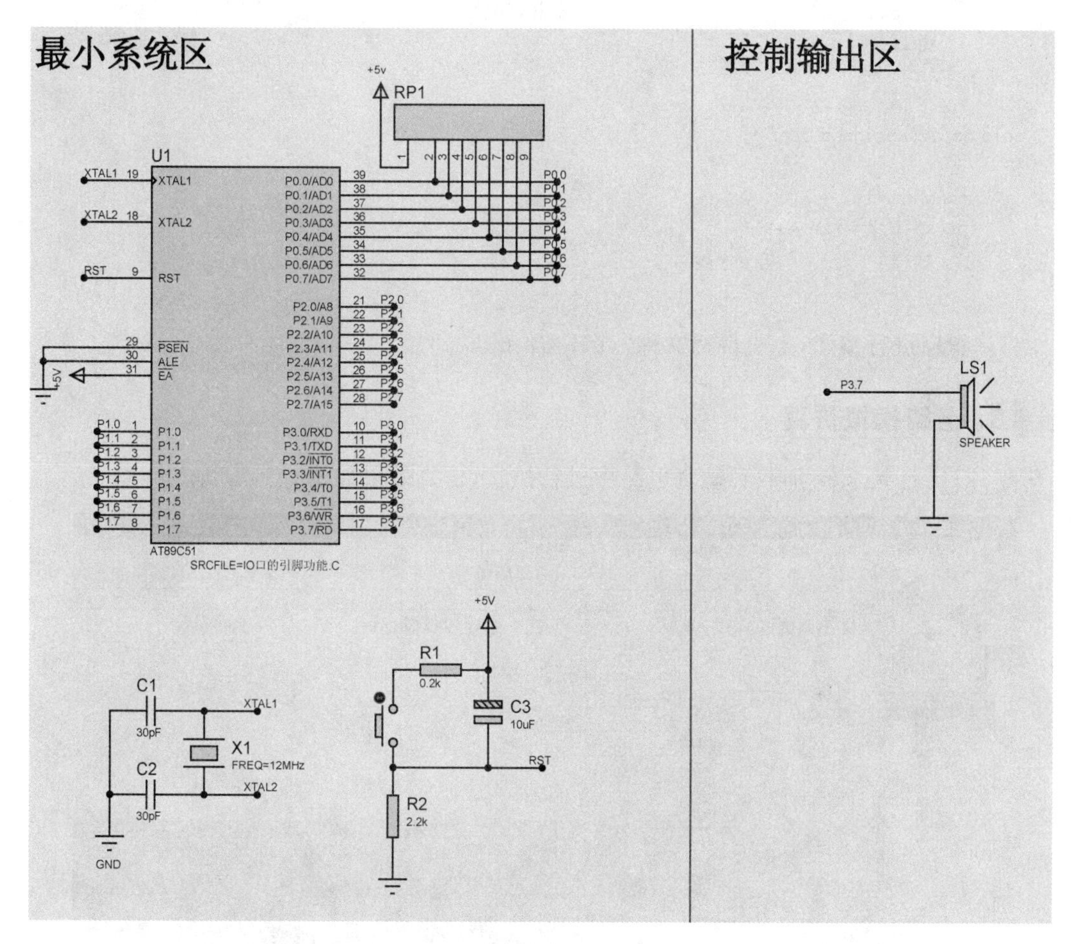

图 3-13 1kHz 音频仿真电路图

2. 使用 Keil C51 编写程序

使用 Keil C51 新建工程项目，建立“1kHz 音频. c”的文件，输入以下代码。

```
/* 程序名称: 1kHz 音频发生器
 * 程序说明: P3.7 接蜂鸣器
 */

#include <at89x52.h>                //包含头文件 reg52.h
```

```
sbit speaker = P3^7;                        //定义位名称
void delay(unsigned char i);
void main()                                 //主函数
{
    while(1)
    {
        speaker = 0;                        //输出低电平
        delay(1);                           //调用延时函数
        speaker = 1;                        //输出高电平
        delay(1);
    }
}
void delay(unsigned char i)
{
    unsigned char j,k;
    for(k = 0;k < i;k++)
        for(j = 0;j < 250;j++);
}
```

将源程序进行编译，生成目标文件“1kHz 音频.hex”。

3. 电路模拟仿真

将 1kHz 音频.hex 加载到仿真电路中进行仿真，仿真效果如图 3-14 所示。

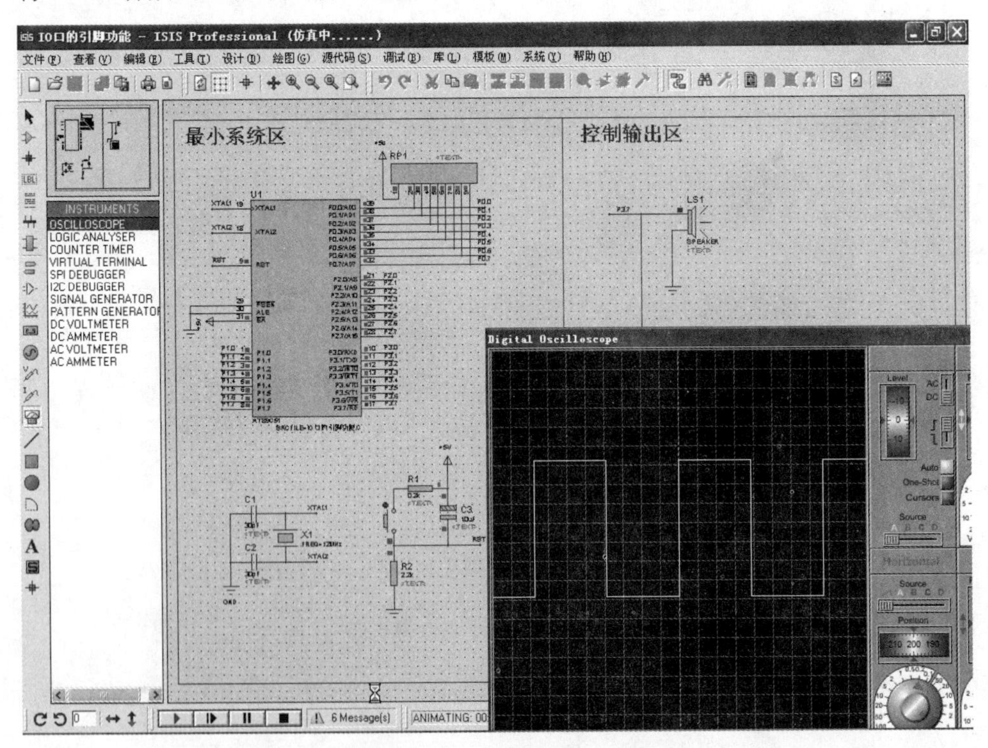

图 3-14　1kHz 音频仿真效果

登高望远

拓展4　用单片机控制LED二进制手表

根据前面所学的知识和方法，发挥主观能动性，用单片机来控制LED二进制手表。

拓展5　用单片机模拟双音门铃

根据前面所学的知识和方法，发挥主观能动性，用单片机来模拟双音门铃。

借题发挥

1. 编程实现简易红绿灯，即只有红绿双色灯。使用Keil C51编程并软件仿真，在Proteus中画出相应的电路并模拟仿真。

2. 编程实现音阶1～7的连续发音。使用Keil C51编程并软件仿真，在Proteus中画出相应的电路并模拟仿真。

项　目　4

定时器/计数器的应用

饮水思源

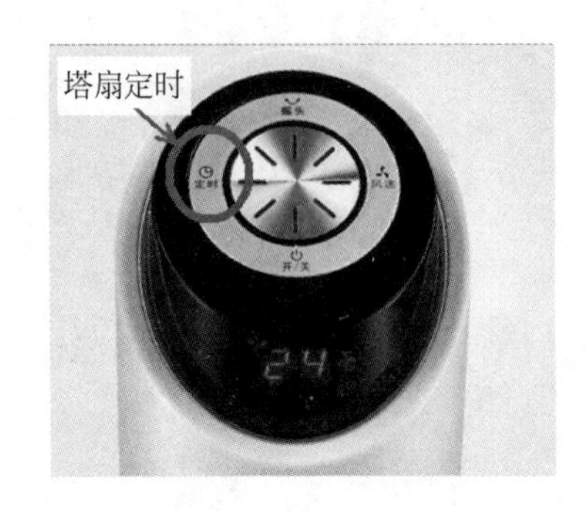

见多识广

（1）了解 80C51 定时器/计数器的结构。
（2）掌握定时器/计数器方式寄存器 TMOD 设置。
（3）掌握定时器/计数器控制寄存器 TCON 设置。
（4）掌握定时器/计数器的初始化步骤。
（5）掌握定时或计数初值的计算。
（6）掌握 80C51 定时器/计数器的编程方法。

游刃有余

（1）能根据任务对定时器/计数器进行初始化、初值计算、寄存器设置。
（2）能独立进行零件计数器的设计应用。
（3）能完成给定频率信号的发生实验。
（4）能完成定时器/计数器在音乐程序的实验。

庖丁解牛

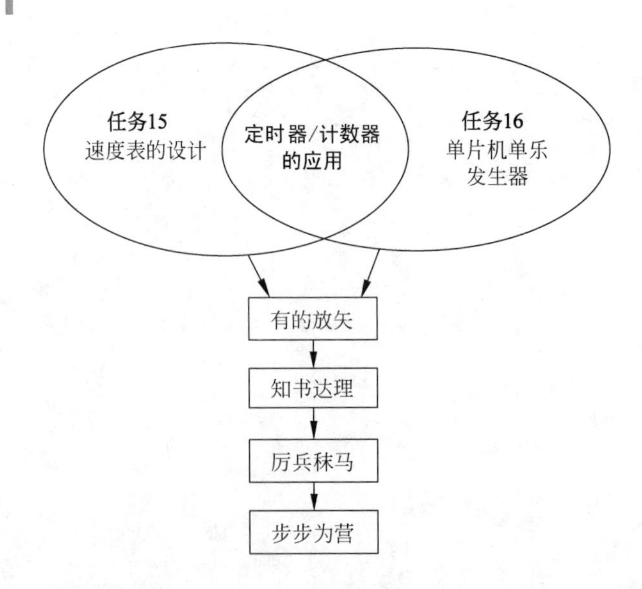

4.1 任务15：速度表的设计

4.1.1 有的放矢

老K是一个自行车骑行爱好者，略懂单片机的应用知识。老K为了享受骑行乐趣的同时，也享受一下DIY电子产品的乐趣，准备自己用AT89S51单片机设计一款简单实用的多功能数显速度表，既能指示骑行速度，通过改进后也能显示如时间、温度之类的信息，甚至还考虑用太阳能作为电源。

4.1.2 知书达理

老K先要做出这个产品的基本功能型，即只显示行车速度。那么，他应该具有哪些知识准备呢？

1. AT89S51单片机的定时器

从经常见到的红绿灯可以理解，数码倒计时器既在计数也在定时，所以很多时候，定时和计数功能是同一个过程。在单片机中，定时器和计数器也是通用的。AT89S51单片机内部有两个16位可编程的加1定时器/计数器，既可以计数到最大值65535，也可以与机器周期配合计时，即

$$T_{机} = 12/f_{OSC}$$

$$T = T_{机} \times N$$

式中，T为计时时间；N为计数值；$T_{机}$为机器周期；f_{OSC}为晶振频率。

定时器/计数器两大功能如下。

(1) 计数：最大值$N_{max}=2^{16}-1=65535$，从0开始计数到65536。

(2) 定时：和单片机的执行速度相关，加1一般为一个机器周期。

思考：晶振为12MHz的单片机在定时一次可定时多长时间呢？

2. 定时器/计数器的结构和应用方法

老K既然懂得应用AT89S51单片机的定时器，也必然知道定时器/计数器的结构和它们的应用方法，下面就介绍他所掌握的相关知识——51单片机的定时器/计数器的结构与应用方法。

1) 定时器/计数器的结构

如图4-1所示，单片机内部的定时器/计数器大体可分为4部分。

两组可编程定时器/计数器T0、T1，含有4个8位寄存器，可以灵活运用，提供8位、

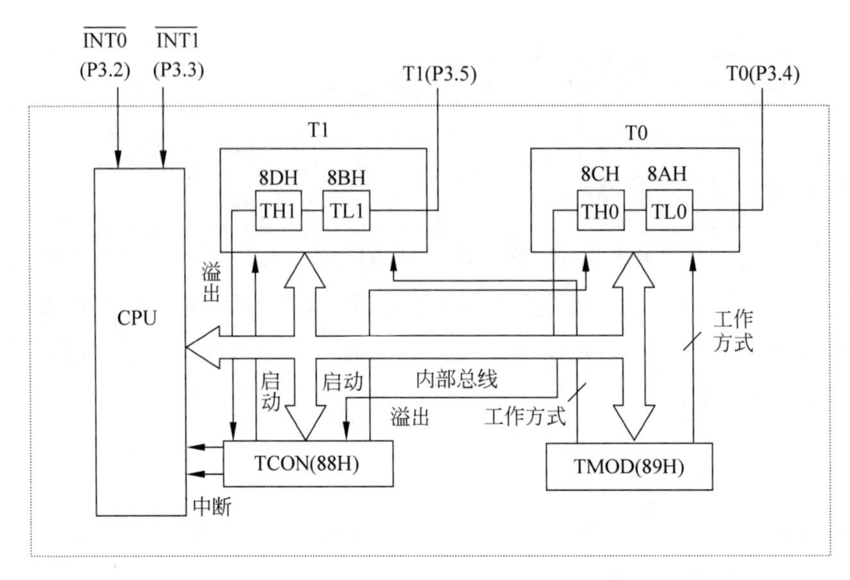

图 4-1　51 单片机的定时器/计数器逻辑结构图

13 位、16 位工作方式。

两个控制寄存器，一个控制其工作方式（TMOD），另一个控制其启动以及停止（TCON）。

6 个寄存器的地址为 88H～8DH，下面分别说明其功能。

（1）定时器/计数器 T0、T1

定时器/计数器 T0、T1 分别由两个 8 位寄存器组成，即 T0 由 TH0 和 TL0 构成，T1 由 TH1 和 TL1 构成。地址按 TL0、TL1、TH0、TH1 依次为 8AH、8BH、8CH、8DH。它们的主要作用为存放定时/计数初值，均可单独访问。

如果定时器/计数器工作于计数状态时，即可对芯片引脚 P3.4 或 P3.5（P3 口第二功能 T0 和 T1）上输入的脉冲计数，输入一个脉冲则计数器加 1。如果定时器/计数器工作于定时状态时，则是对内部机器周期脉冲（$T_{机}$）计数，因 $T_{机}$ 是固定值，故计数时所延时间也确定了。

（2）工作方式控制寄存器 TMOD

工作方式控制寄存器 TMOD 由两部分构成，分别控制 T1、T0 的工作方式。控制字由 M1、M0 设定，并且 TMOD 只能字节控制。其控制方式如图 4-2 所示。

（3）运行控制寄存器 TCON

定时器/计数器运行控制寄存器 TCON 由两部分组成，低 4 位是控制中断的，高 4 位是控制定时器/计数器的，其控制功能如图 4-3 所示。

2）定时器/计数器的工作原理

定时器/计数器的基本工作原理为“加 1 计时，溢出计数”，即单片机在加 1 计数的同时起到延时（$T_{机}$）的作用，当定时器/计数器加 1 超过最大值溢出时，记下所加 1 的数值 N，即可计算出相应的延时时间 T。

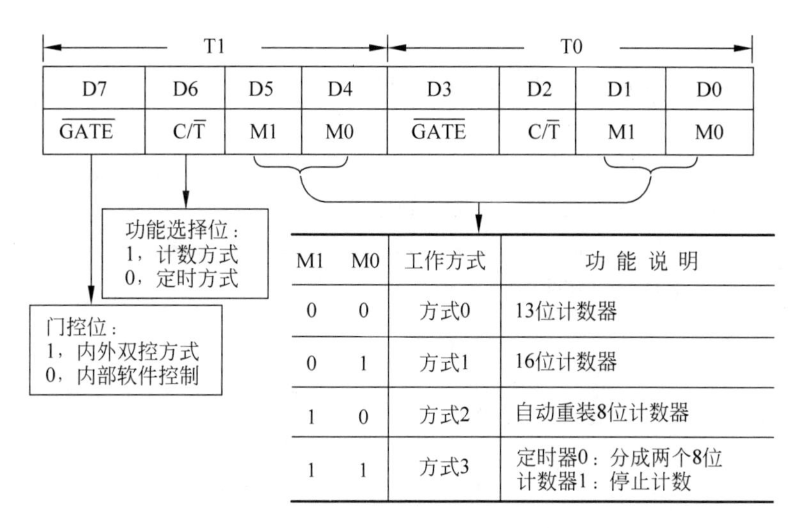

M1	M0	工作方式	功 能 说 明
0	0	方式0	13位计数器
0	1	方式1	16位计数器
1	0	方式2	自动重装8位计数器
1	1	方式3	定时器0：分成两个8位 计数器1：停止计数

图 4-2　定时器/计数器方式控制寄存器 TMOD 的功能图

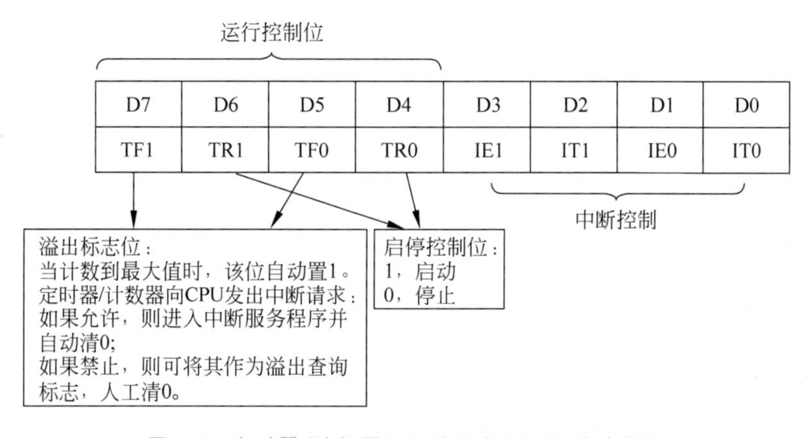

图 4-3　定时器/计数器运行控制字 TCON 的功能图

要注意的是，定时器/计数器可以从某一初值开始加 1 计时，这样就可以得到需要的延时时间。所以，有如下计算公式：

$$T = T_{机} \times N = T_{机} \times (N_{max} - N_0)$$

式中，T 为计时时间；$T_{机}$ 为机器周期；N_{max} 为计数最大值，与定时器/计数器的位数有关；N_0 为计数初值，关键值。

例如，某系统需要 1s 的时间，如选用 16 位定时器/计数器，则计数最大值为 $2^{16}=65536$，机器周期为 1μs，则加 1 所需要的时间也为 1μs。可选用初值为 15536，则定时器开始后可计数 50000，可计算出延时时间为 50000μs＝50ms。再通过 20 次循环，即可得到 1s 时间。循环初值的赋值可以是人工方式和自动方式两种。

3）定时器/计数器的应用方法

从上面的例子可以看出，定时器/计数器的使用方法有以下几步。

（1）所需数值计算。

① 确定定时器/计数器的工作方式 TMOD 值，即用多少位的定时器/计数器以及执行方式，将写在程序初始化阶段。

② 计算单片机的机器周期 $T_{机}$。

③ 计算定时器/计数器所需要的单次计数值 N。

④ 计算定时器/计数器所需要的单次计数初值 N_0，将在程序初始化阶段赋给定时器/计数器。初值计算方法如表 4-1 所示。

表 4-1 定时器/计数器初值计算方法

工作方式	计数位数	最大计数值 N_{max}	最大定时时间 $T_{max}=N_{max}\times T_{机}$（取 12MHz 晶振）	所需计数值 N	所需计数初值 N_0
方式 0	13	$N_{max}=2^{13}=8192=2000H$	$8192\mu s=8.19ms$	$N=T/T_{机}$	$N_0=N_{max}-N$
方式 1	16	$N_{max}=2^{16}=65536=10000H$	$65536\mu s=65.5ms$	$N=T/T_{机}$	$N_0=N_{max}-N$
方式 2	8 位自动	$N_{max}=2^{8}=256=100H$	$256\mu s=0.256ms$	$N=T/T_{机}$	$N_0=N_{max}-N$
方式 3	TL0	$N_{max}=2^{8}=256=100H$	$256\mu s=0.256ms$	$N=T/T_{机}$	$N_0=N_{max}-N$
（T0）	TH0	$N_{max}=2^{8}=256=100H$	$256\mu s=0.256ms$	$N=T/T_{机}$	

注：① $T_{机}$为机器周期，$T_{机}=12/f_{OSC}$。

② 计数值为脉冲个数。

③ 方式 3 中只有 T0 工作，TL0 和 TH0 独立工作，TL0 既可定时也可计数，而 TH0 只能内部定时，不能对外计数。

例：要求用定时器延时 500ms，采用 12MHz 的晶振、双控模式，计算 TMOD 的值以及定时器的单次计数初值 N_0。

解 分析题目要求，本题可任选定时器/计数器 T0 或 T1，并且要选用双控模式，所以可选用定时器/计数器 T0，工作在定时和双控模式。T1 不用时全赋 0，所以

$$TMOD=00001001B=09H$$

由晶振频率可计算出：

$$T_{机}=12/f_{OSC}=1(\mu s)$$

如用单次定时方式，几种工作方式皆不可能，故只能用循环方式。选用单次定时较长的工作方式 1，并且选用单次定时为整数，这里选 50ms，即可计算出所需计算初值为

$$N_0=N_{max}-T/T_{机}=65536-50ms/1\mu s=15536=3CB0H$$

（2）定时器/计数器初始化。

① 声明工作方式 TMOD 值。

② 写入定时器/计数器所需要的初值到 TH1、TL1 或 TH0、TL0。

③ 如果需要，则置位中断总开关$\overline{EA}$以及分开关 ET1 或 ET0。

④ 置位 TR1 或 TR0。如果定时器/计数器所用控制方式是单控方式（软件控制），则定时器/计数器直接启动；如果定时器/计数器所用控制方式是双控方式（外部按键与软件同时控制），则定时器/计数器会在外部按键按下后才会启动。

按上例要求可写定时器/计数器初始化程序如下。

```
TMOD = 0x09;                          //T0 定时双控方式
TH0 = (65536 - 50000)/256;            //取初值高 8 位,也可直接写出计算值:TH0 = 0x3c;
TL0 = (65536 - 50000) % 256;          //取初值低 8 位,也可直接写出计算值:TL0 = 0xb0;
EA = 1;                               //根据需要写或不写
ET0 = 1;                              //根据需要写或不写
TR0 = 1;                              //启动定时器
```

4.1.3　厉兵秣马

1. 速度表设计思路

1）算法分析

(1) 用霍尔元件将车轮转速信息转换成数字脉冲信号。

(2) 将转速信号送入单片机，单片机在单位时间内(如 1min)对其计数，则可得车轮转速 n，单位为 r/min。

(3) 以车轮转速 n 乘以车轮触地周长，即可得 1min 内车行距离，由此可计算出自行车的速度，单位可根据需要换算。

2）硬件电路

根据需要，本产品所用硬件设备主要有以下 3 部分。

(1) 单片机最小系统，包括单片机微处理器 AT89S52、电源电路、时钟电路、复位电路等。这一部分是车速信号的核心处理电路。

(2) 车速检测电路，主要就是霍尔传感器检测电路。这一部分是车速信号输入电路。图 4-4 所示是车速表的组成框图。

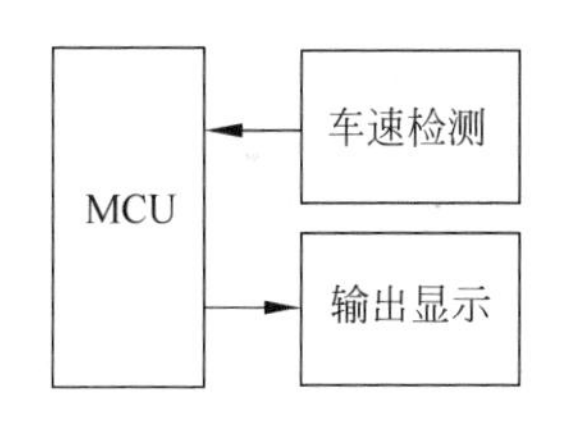

图 4-4　单片机车速表的组成框图

① 霍尔传感器的工作原理。霍尔传感器是根据霍尔效应制作的一种磁场传感器。霍尔效应是磁电效应的一种，这一现象是霍尔(A. H. Hall，1855—1938)于 1879 年在研究金属的导电机构时发现的。后来发现半导体、导电流体等也有这种效应，而半导体的霍尔效应比金属强得多，利用这种现象制成的各种霍尔元件，广泛地应用于工业自动化技术、检测技术及信息处理等方面。霍尔效应是研究半导体材料性能的基本方法。通过霍尔效应实验测定的霍尔系数，能够判断半导体材料的导电类型、载流子浓度及载流子迁移率等重要参数。

② 霍尔效应。如图 4-5 所示，在半导体薄片两端通以控制电流 I，并在薄片的垂直方向施加电磁感应强度为 B 的匀强磁场，则在垂直于电流和磁场的方向上，将产生电势差为 U_H 的霍尔电压。

③ 霍尔元件。如图 4-6 所示，根据霍尔效应，人们用半导体材料制成的元件叫霍尔元件。它具有对磁场敏感、结构简单、体积小、频率响应宽、输出电压变化大和使用寿命长等优点。因此，在测量、自动化、计算机和信息技术等领域得到广泛的应用。

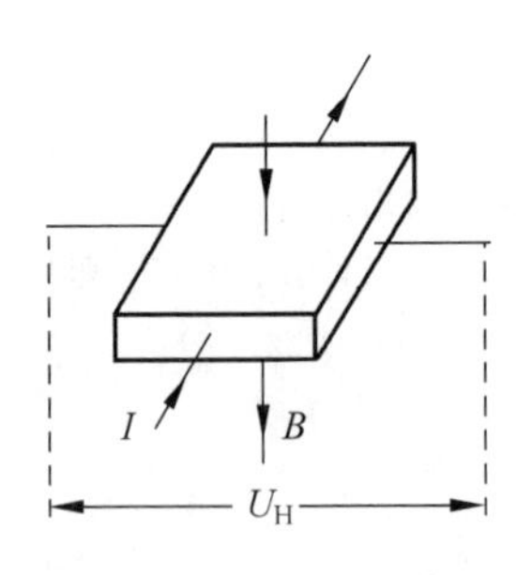

图 4-5　霍尔效应示意图

图 4-6　霍尔元件外形图

④ 特点。

a. 内置斩波放大器。

b. 可选范围广，支持各种应用：检测两极、检测 S 极、检测 N 极、动态 L、动态 H、Nch 开路漏极输出、CMOS 输出。

c. 宽电源电压范围：2.4～5.5V。

d. 低消耗电流：典型值 5.0μA、最大值 8.0μA。

e. 工作温度范围：－40～＋85℃，磁性的温度依赖性较小。

f. 采用小型封装：SNT-4A、SOT-23-3。

g. 无铅产品。

⑤ 标准电路。如图 4-7 所示，当霍尔元件通电不动时，只要磁场运动，就可以产生霍尔电压信号。所以，可以用小磁体贴在车轮上相应位置，当小磁体经过霍尔元件附近时，就可以在霍尔元件中产生一个脉冲。为了使测量更为精确，可以多布置几个小磁体。本设计中可以均匀布置 1 个小磁体，即轮子转一圈霍尔传感器发送 1 个脉冲，如图 4-8 所示。

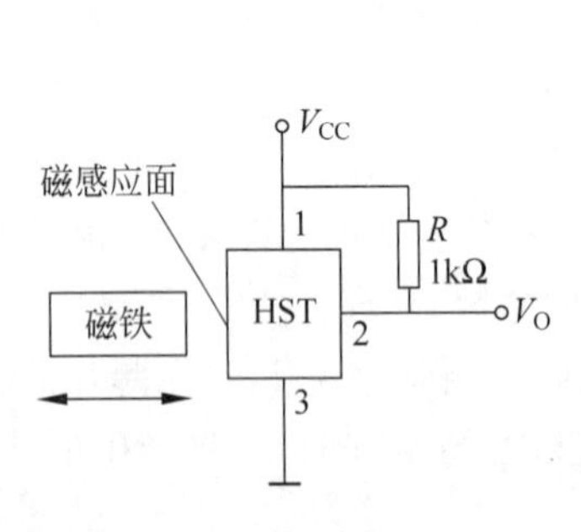

图 4-7　霍尔效应原理图

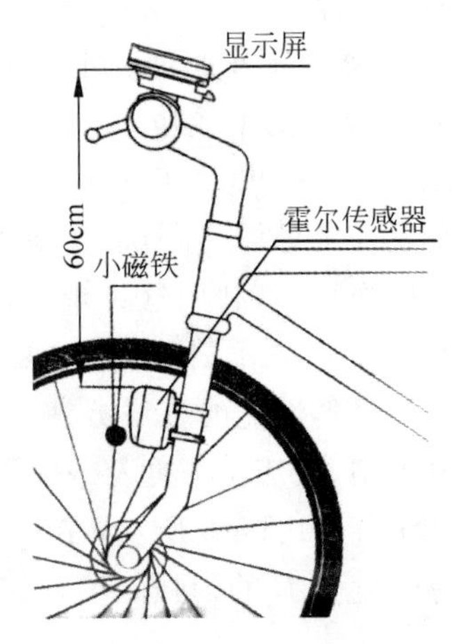

图 4-8　自行车速度表的安装示意图

(3) 输出显示电路，主要包括输出驱动电路，显示元件，如发光二极管(LED)、七段数码管、液晶显示屏(LCD)等。这里选用七段数码管来显示车速。

2. 单片机资源调配

基于以上思路，分配单片机的输入和输出接口资源：选用 T0 作为定时器，产生 1s 标准时间；T1 为计数器，P3.5 为脉冲输入端；P1 口输出处理后的车速数据。

3. 系统工作原理

首先，启动定时器/计数器 T0、T1 开始工作，在 T0 定时 1s 时间内，P3.5 接收脉冲信号并使 T1 计数加 1，当查询到 T0 定时器对应的溢出标志 TF0 为 1 时，则停止 T1 计数，并将计数值通过计算，得到车行速度。

注意：

(1) 因为用了 1 个小磁体，所以检测 1s 时间内脉冲的个数，就刚好是 1s 时间的车行圈数。

(2) 在计算车轮的周长时可以用标准值，也可以自己测量轴心到地的距离作为半径来计算。

下面进入到设计过程中，并通过电路图和软件进行软件仿真和模拟仿真，完成软件仿真、模拟仿真、实物仿真、实际应用 4 个过程中的前两个重要的步骤。

4.1.4 步步为营

1. 在 Proteus 中绘制电路图

本阶段用模拟脉冲来仿真霍尔元件输出的电压信号，用 LED 数码管来显示输出。仿真电路图如图 4-9 所示。

2. 使用 Keil C51 编写程序

使用 Keil C51 新建工程项目，建立"速度表.c"的文件，输入以下代码。

```
/* 程序名：速度表.c,即 AT89X51 速度表,以 m/s 为单位,精确到 1 位小数
 * T0 定时 1s,方式 1; T1 统计外部脉冲数,方式 2; 可根据需要扩展其他功能 */
#include <AT89X51.H>                                //包含 51 单片机头文件
#define uchar unsigned char                         //定义字符
#define uint unsigned int                           //定义字符
uchar code table[] = {0xc0,0xf9,0xa4,0xb0,0x99,
                     0x92,0x82,0xf8,0x80,0x90};     //0～9 段码
uchar code table1[] = {0x40,0x79,0x24,0x30,0x19,
                      0x12,0x02,0x78,0x00,0x10};    //0～9 段码,含小数点
uint Count = 0;                                     //定义定时循环计数器
uchar temp,a;                                       //定义脉冲计数值,动态显示循环控制次数

void disp(void)                                     //显示函数,3 位数拆数显示
{
    for(a = 0;a < 10;a++)
    {
```

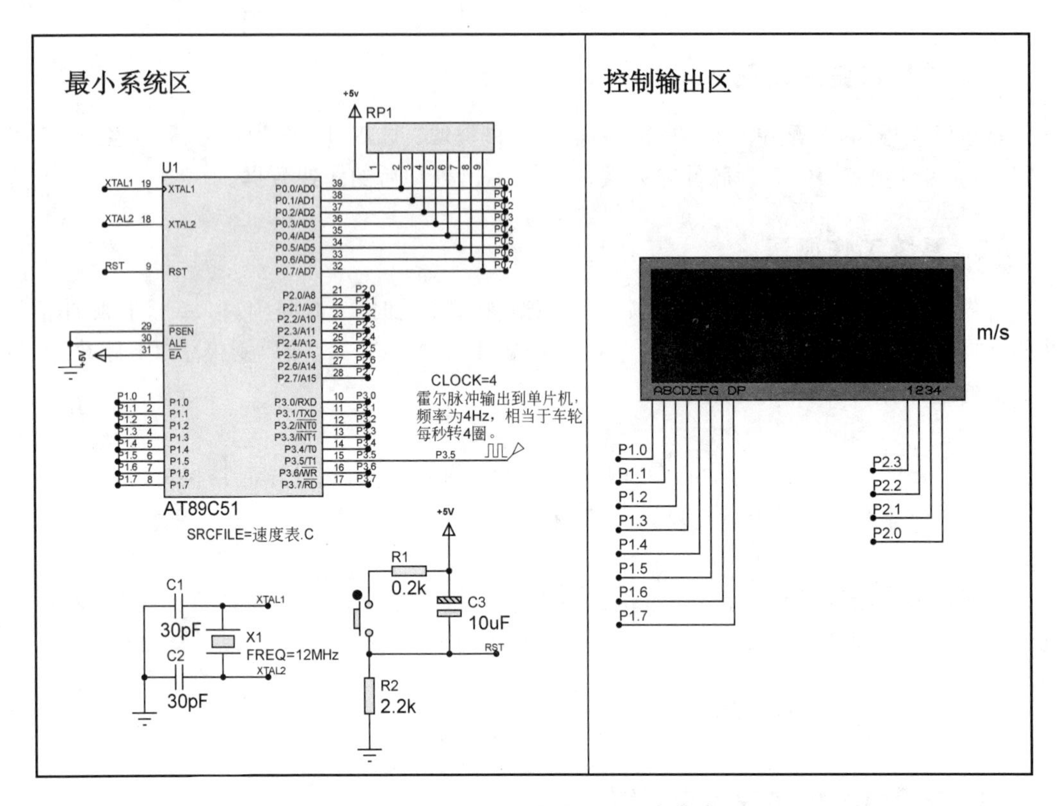

图 4-9　自行车速度表的模拟仿真电路图

```
        P1 = 0xff;P2 = 0;P2_2 = 1; P1 = table[temp/100];
        P1 = 0xff;P2 = 0;P2_1 = 1; P1 = table1[temp % 100/10];
        P1 = 0xff;P2 = 0;P2_0 = 1; P1 = table[temp % 100 % 10];
    }
}

/* ------ 主函数,定时以及计数显示 --------- */
void main(void)
{
  TMOD = 0x61;                        //TMOD = 01100001B,T0 方式 1 定时,T1 方式 2 计数
  TH0 = (65536 - 50000)/256;          //定时器 T0 高 8 位赋初值
  TL0 = (65536 - 50000) % 256;        //定时器 T0 低 8 位赋初值,定时 50ms
  TR0 = 1;                            //启动 T0
  temp = 0;                           //计数值初值为 0
  while(1)                            //无限循环,1s 计数计算,以及显示
  {
    disp();                           //显示初值
    TR1 = 1;                          //启动计数器 T1
    if(TF1 == 1)                      //判断 T1 是否溢出
      TF1 = 0;                        //如果溢出则标志位清 0
    if(TF0 == 1)                      //判断 T0 是否溢出,如是则执行以下程序
    {
```

```
        TF0 = 0;                            //标志位清 0
        Count++;                            //定时循环计数,须计 20 次
        TH0 = (65536 - 50000)/256;          //定时器 T0 高 8 位赋初值
        TL0 = (65536 - 50000) % 256;        //定时器 T0 低 8 位赋初值
        if(Count == 20)                     //判断 20 次是否已满,即 1s 到执行以下程序
        {
          TR1 = 0;                          //停止计数
          Count = 0;                        //循环计数清 0
          temp = TL1 * 2.1 * 10;            //计算 1s 车行距离,取某型自行车外周长 2.1m
          disp();                           //显示
          TH1 = 0;                          //计数器 T1 高 8 位重赋初值
          TL1 = 0;                          //计数器 T1 低 8 位重赋初值
        }
      }
    }
}
```

将源程序进行编译,生成目标文件“速度表.hex”。

3. 电路模拟仿真

将“速度表.hex”加载到模拟仿真电路中进行仿真,仿效效果如图 4-10 所示。

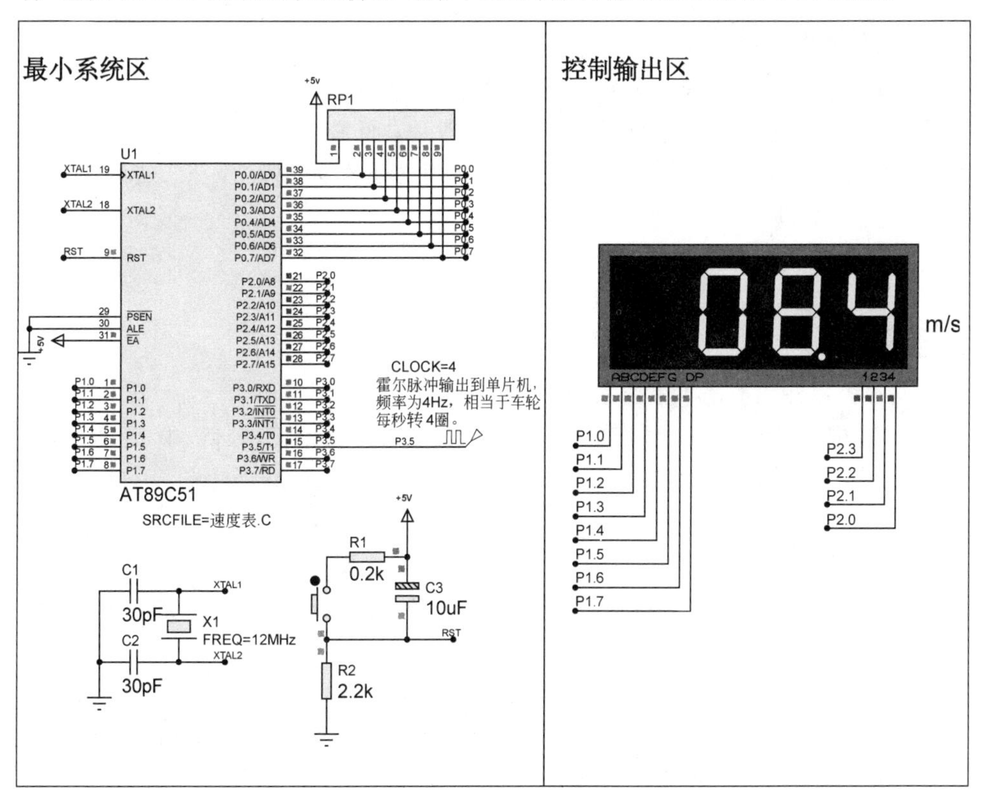

图 4-10 自行车速度表的模拟仿真效果

4.2 任务16：单片机音乐发生器

4.2.1 有的放矢

音乐无国界，也无种族、民族之界，生活之中，到处都充满了音乐。音乐也是非常好的工具，可以在很多方面影响人们的生活。音乐是一门艺术，是以音为载体，升华灵魂的艺术，有层次之分，而且永无止境。音乐之艺术，初级即可使人动听，中级则是情感共鸣，高级则达灵魂深处，至高则是天人合一。

在学习单片机的同时，用音乐的形式来追求知识的进步，未尝不是一段快乐的过程。下面要学习用单片机来制作音乐发生器，使单片机产生从低音1到高音7的音符。在此基础上，制作播放完整歌曲的单片机产品。

4.2.2 知书达理

要单片机播放低音1至高音7的音符，先来了解一下音乐的相关知识。

1. 音乐作品四要素

音乐作品一般有四个要素，即音高、音长、音色、力度。

(1) 音高实际是音符的频率高低。琴键上一般是左低右高。

(2) 音长构成旋律，是音乐作品与其他作品不同之处的重要标志。

(3) 音色也称音质，与发声物体特征有关。

(4) 力度是音乐情感的体现。

2. 简谱

简谱基本可以标注上面4个要素，有一些特别的名词需要了解。

(1) 音符，记录音的高低与长短的符号。用1～7来作为标记，分低、中、高等音阶，和音高紧密相关。它们的写法为1、2、3、4、5、6、7，读法为do、re、mi、fa、sol、la、si(哆、来、咪、发、唆、拉、西)。

(2) 音高，是指人耳对声音调子高低的主观感觉，主要取决于频率的高低与响度的大小。频率低的调子给人以低沉、厚实、粗犷的感觉；频率高的调子给人以亮丽、明亮、尖刻的感觉。

(3) 音长，是指声音的长短，它决定于发音体振动时间的长短。发音体振动持续久，声音就长，反之则短。音长与音高、音色共同构成音乐的基本要素。所用到的时间单位一拍子，是表示音符长短的重要术语。分全音符、二分音符、四分音符、八分音符、十六分音符、三十二分音符。最基本的参考是四分音符，即为一拍。要注意的是，这里的一拍是相对时间单位，没有时间限制。可以是1s或2s或0.5s等，如5音。

四分音符为一拍，记为 5，则二分音符为 5 —，全音符为 5 — — —，八分音符为$\underline{5}$，十六分音符为$\underline{\underline{5}}$，三十二分音符为$\underline{\underline{\underline{5}}}$。

(4) 休止符，表示声音休止的符号，用 0 表示，对应音长，每增加一个 0，表示增加一个四分音长时间。

(5) 全音与半音，音符与音符之间是有“距离”的，这个距离是一个相对可计算的数值。在音乐中，相邻的两个音之间最小的距离叫半音，两个半音距离构成一个全音。表现在钢琴上就是钢琴键盘上紧密相连的两个键就构成半音，而隔一个键的两个键就是全音。白键位置上的 3 和 4 音、7 和音之间构成半音；而 1 和 2 之间，2 和 3 之间，以及 4 和 5、6 和 7 之间构成是全音。而 1 和 2 之间隔着一个黑键，1 和 2 与这个黑键都构成半音。

(6) 变化音，将基本音级升高或降低所得来的音，叫作变化音。变化音级有：升音级、降音级、重升音级、重降音级 4 种。升音级用升号“♯”表示，降音级用降号“♭”表示，重升音级用重升号“𝄪”表示，重降音级用重降号“♭♭”表示，还原音级用“♮”标注。

(7) 附点音符，在音符右边记上小圆点，表示增加前面音符时值的一半。带附点的音符叫附点音符。

(8) 节拍，在曲中，声音的强弱有规律地循环出现，形成节拍，分单拍和复拍。单拍即一小节中有一个强拍，复拍每一小节含一个强拍和若干个次强拍。

(9) 调式音阶，按照一定关系连接在一起的许多音(一般不超过 7 个)组成一个体系，并以一个音为主音，这个体系就叫作调式。把调式中的个音，从主音到主音，按一定的音高关系排列起来的音列，叫调式音阶。通常由于大小调式体系的调式主音完全等同于音阶主音，因此，其调式音阶也可简称为音阶。

(10) 大调式，为西方传统调式之一，由 7 个音组成，共有 3 种，即自然大调、和声大调、旋律大调。其中用得最多也是最基本的形式叫作自然大调。凡是音阶排列符合全、全、半、全、全、全、半结构的音阶，就是自然大调。

(11) 小调式，小调式是由 7 个音组成的又一种调式，简称小调。小调也有 3 种对应形式，这 3 种形式运用都比较普遍。最基本的形式是自然小调。凡是音阶符合全、半、全、全、半、全、全结构的音阶，叫自然小调。

(12) 反复记号为𝄆 𝄇，表示记号内的曲调反复唱(奏)。如果从头反复，前面的𝄆可省略。

(13) 装饰音，装饰音就是用来装饰主旋律的。它们用记号或小音符表示，时值很短，分倚音、颤音、波音、滑音。

(14) 顿音，用黑色实心倒三角形标在音符之上，表示访音要短促、跳跃。

(15) 连音线，用上弧线标在音符之上，表示延音或连贯演唱(奏)。

(16) 重音记号，用＞、^或 sf 标在音符之上，表示坚强有力。当＞和^同时出现，表示应更强。

(17) 保持音标记，用-标记在音符的上面，表示这个音在唱(奏)时要保持足够的时值和一定的音量。

(18) 小节线，用竖线将每一小节划分开，叫小节线。

4.2.3 厉兵秣马

1. 音乐发生器设计思路

1）算法分析

(1) 要使单片机能发出单音符声音信号，可以使用定时器/计数器，在音符半周期对 I/O 输出信号取反，即可得到相应音符频率的发音。

(2) 新切换音符，即要改变定时器的初值，可以通过定义音符定时初值表，通过查表来给定时重新赋初值，使定时器工作的初值发生改变，以达到切换音符的目的。

(3) 每个音符发音时需要一定的持续时间，即相应的初值要循环使用多次。特别要注意这一点。

表 4-2 是简谱中音名与频率、*N* 值的关系表。

表 4-2 简谱中音名与频率、*N* 值的关系

音符	频率(Hz)	*N* 值	音符	频率(Hz)	*N* 值	音符	频率(Hz)	*N* 值
低 1	262	63628	中 1	523	64580	高 1	1046	65058
低 2	294	63835	中 2	587	64684	高 2	1175	65110
低 3	330	64021	中 3	659	64777	高 3	1318	65157
低 4	349	64103	中 4	698	64820	高 4	1397	65178
低 5	392	64260	中 5	784	64898	高 5	1568	65217
低 6	440	64400	中 6	880	64968	高 6	1760	65252
低 7	494	64524	中 7	988	65030	高 7	1976	65283

2）硬件电路

根据需要，本产品所用硬件设备主要有以下两部分。

(1) 单片机最小系统，包括单片机微处理器 AT89S52、电源电路、时钟电路、复位电路等。这一部分是音频发生器的核心处理电路。

(2) 音频输出电路，主要包括电平隔离、音量调节和功率放大电路，还可以加入其他电路使其具有更多的功能。图 4-11 是单片机直接驱动功放仿真电路图。

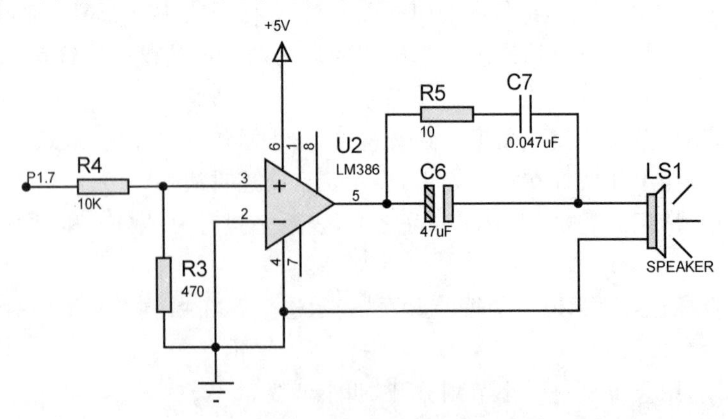

图 4-11 单片机直接驱动功放仿真电路图

2. 单片机资源调配

基于以上思路，分配单片机的输入和输出接口资源：选用 T0 作为定时器，控制音符发音，P1.7 为音频输出端。

3. 系统工作原理

首先有一个很关键的任务，就是定义音符的初值表，分别定义从低 1 至高 7 的高 8 位初值和低 8 位初值。这需要通过计算或查找确定。

单片机开始工作后，启动定时器/计数器 T0 并查表取“低音 1”的定时初值，在 T0 定时第一个音符(即低音 1)的半周期时，输出端 P1.7 取反，并让定时器循环一定次数，发出“低音 1”的声音，再用软件延时一段时间，保证音符之间的时间间隔。

当第一个音符发音完毕后，计数变量加 1，查表取第二个音符的 N 值赋给定时器。开始第二个音符的工作过程。用 for 循环即可完成相关动作。

重复以上过程，从“低音 1”一直到“高音 7”依次发出声音。

注意：因为每个音符用了固定延时，而且随着音阶的升高，音符初值会越来越大，故定时循环会加快，听到的音符声音会越来越短促、急切。在实际运用中，还要想办法克服这个问题。

下面进入到设计过程中，并通过电路图和软件进行软件仿真和模拟仿真，完成软件仿真、模拟仿真的步骤。

4.2.4 步步为营

1. 在 Proteus 中绘制电路图

本阶段用蜂鸣器直接来发声，模拟输出。仿真电路图如图 4-12 所示。

2. 使用 Keil C51 编写程序

使用 Keil C51 新建工程项目，建立“音乐发生器.c”的文件，输入以下代码。

```
/* 程序名称：音乐发生器.c
 * 从单片机 P1.7 口输出“低音 1”到“高音 7”共 21 个音符
 * 使用 AT89X51 定时器/计数器 T0,方式 1 定时 */
#include <reg51.h>
#define uchar unsigned char
#define uint unsigned int
sbit speaker = P1^7;

//频率——半周期数据表,高八位
uchar code FREQH[] = {
    0xF2, 0xF3, 0xF4, 0xF5, 0xF6, 0xF7, 0xF8,   //低音 1234567
    0xF9, 0xF9, 0xFA, 0xFA, 0xFB, 0xFB, 0xFC,   //中音 1234567
    0xFC,0xFC, 0xFD, 0xFD, 0xFD, 0xFD, 0xFE;    //高音 1234567
}
```

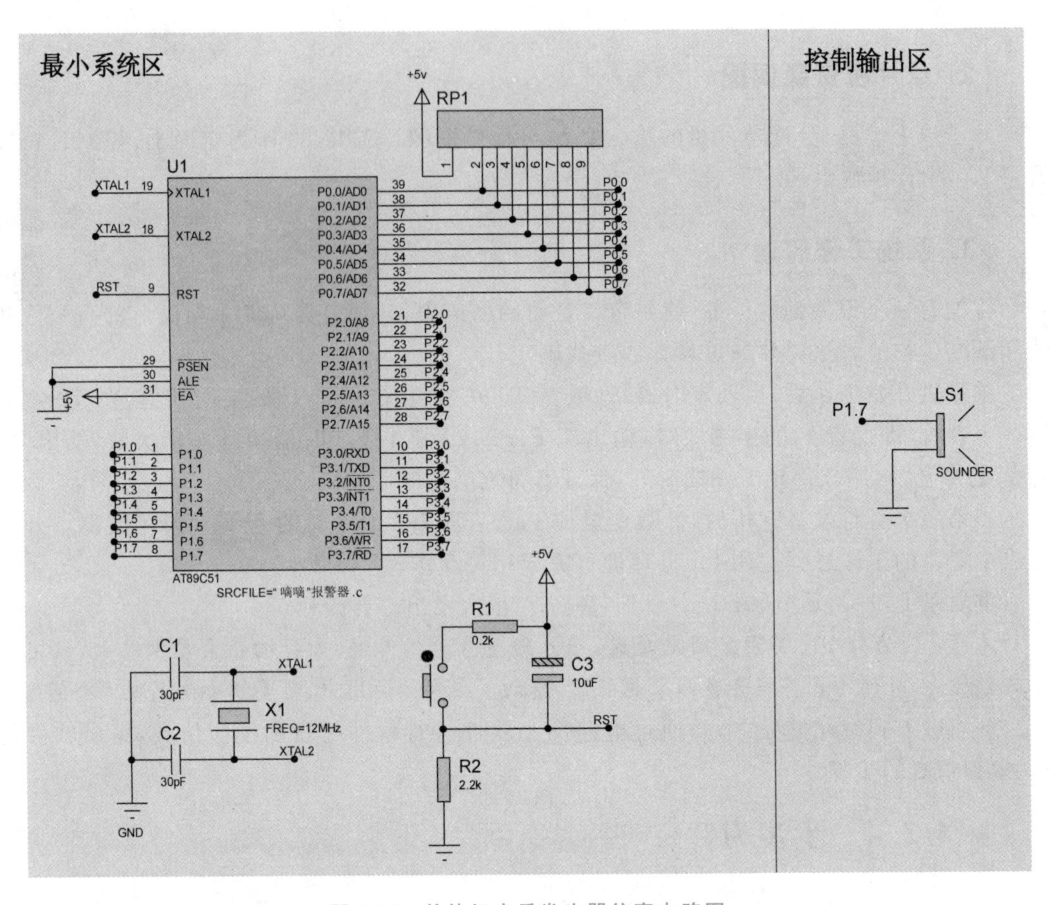

图 4-12　单片机音乐发生器仿真电路图

```
//频率——半周期数据表,低八位
uchar code FREQL[ ] = {
    0x42,0xC1,0x17,0xB6,0xD0,0xD1,0xB6,        //低音 1234567
    0x21,0xE1,0x8C,0xD8,0x68,0xE9,0x5B,        //中音 1234567
    0x8F,0xEE,0x44,0x6B,0xB4,0xF4,0x2D
};                                             //高音 1234567
void delay(uchar t)                            //延时程序
{
    uchar t1,t2;
    for(t1 = 0;t1 < t;t1++)
        for(t2 = 0;t2 < 167;t2++);
}
void main(void)
{
    uchar i;                                   //音符计数变量
    uint a;                                    //发音时长循环变量
    TMOD = 1;                                  //置 T0 定时工作方式 1
    TR0 = 1;                                   //启动 T0
    for(i = 0;i < 21;i++)                      //音符控制
        for(a = 0;a < 300;a++)                 //时长控制
        {
```

```
            TH0 = FREQH[i];                        //从数据表中读出频率数值
            TL0 = FREQL[i];                        //实际上，是音符发音
            while(TF0 == 0);                       //定时时间未到，等待
            TF0 = 0;                               //标志位清 0
            speaker = !speaker;                    //输出方波，单音发音
        }
        delay(20);                                 //音符间隔时间
}
```

将源程序进行编译，生成目标文件“音乐发生器.hex”。

3. 电路模拟仿真

将“音乐发生器.hex”加载到模拟仿真电路中进行仿真，仿真效果如图 4-13 所示。

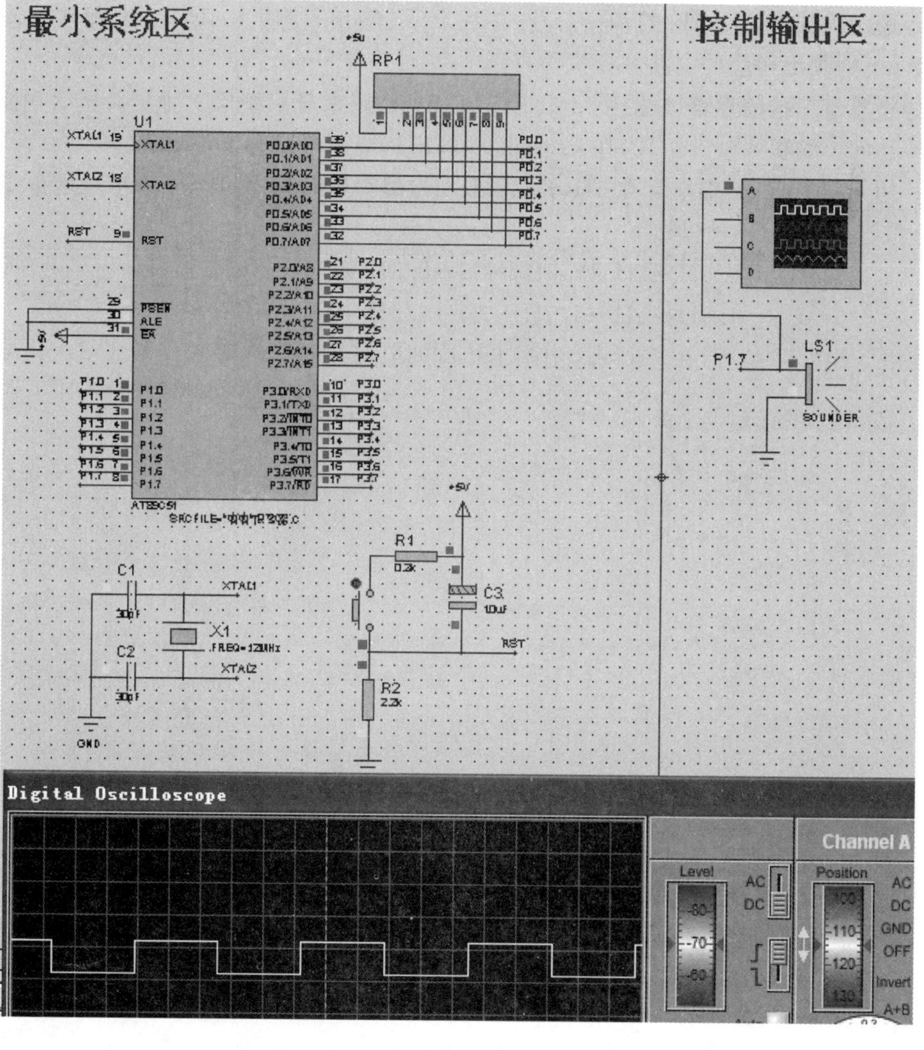

图 4-13 单片机音乐发生器仿真效果

登高望远

拓展6 用单片机产生音乐

根据前面所学的知识和方法，发挥主观能动性，用单片机播放一首自己喜欢的歌曲。

借题发挥

1. 用定时器控制P1输出，使LED流水灯以1s时间间隔左右往返流动。使用Keil C51编程并软件仿真，在Proteus中画出相应的电路并模拟仿真。

2. 用定时器产生1kHz的音频信号，并从P1.0输出，使用Keil C51编程并软件仿真，在Proteus中画出相应的电路并模拟仿真。

3. 将4.1节的程序修改为用12只LED以BCD码来显示结果。每4只显示一位数字。使用Keil C51编程并软件仿真，在Proteus中画出相应的电路并模拟仿真。

4. 用4只LED分别指示0.5H、1H、2H、4H，编写延时程序组合成半小时增量定时器，用一个按键控制，循环过程如下。

0.5H→1H→1.5H→2H→2.5H→3H→3.5H→4H→
4.5H→5H→5.5H→6H→6.5H→7H→7.5H→停止

使用Keil C51编程，在Proteus中画出相应的电路并模拟仿真。

项 目 5

中断的应用

饮水思源

见多识广

(1) 理解中断的基本概念。

(2) 掌握单片机 C51 语言中断控制设计的方法。

(3) 掌握单片机中断系统的结构与原理。

(4) 熟悉单片机的中断寄存器。

游刃有余

(1) 能分析设计任务,掌握中断控制电路的工作原理及控制方法。

(2) 能使用 Protues 软件绘制"变速风火轮"(LED 旋转灯)、"跳动的心"仿真电路图。

(3) 能使用 Keil 软件编译程序对"变速风火轮""跳动的心"电路进行控制,并与 Protues 软件联调,实现"变速风火轮""跳动的心"电路仿真。

庖丁解牛

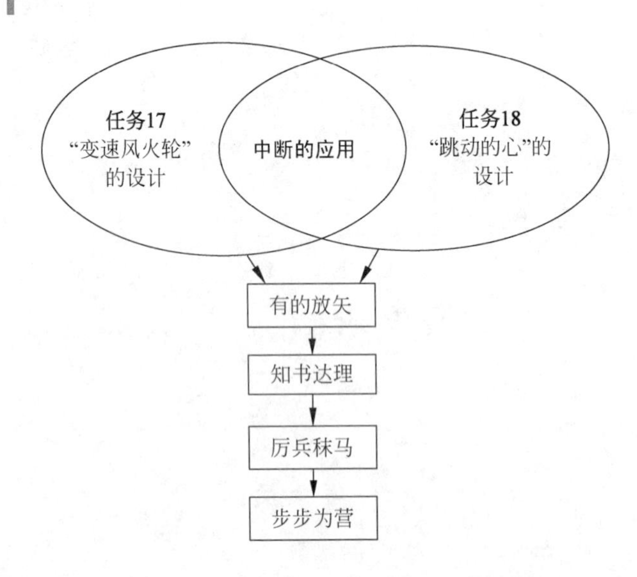

5.1 任务17："变速风火轮"的设计

5.1.1 有的放矢

在前面的项目中，老K做了一个多功能数显速度表，激发了再次加装新功能的兴趣，他要给自行车加上夜行"变速风火轮"，即绕轮子一周装上一圈LED，并使LED流水发光显示，让自行车通过旋转时产生的脉冲控制LED的点亮速度。这样，自行车行驶越快，LED灯的旋转速度越快，起到夜间警示作用。

5.1.2 知书达理

老K思考了这个问题，根据CPU执行程序的时序顺序，在产生"变速风火轮"旋转效果的同时，CPU还要定时地去查询脉冲信号是否到来，这是一种"主动"的判断，势必消耗CPU的工作时间，降低其工作效率。那有没有一种办法，让CPU"被动"地等待脉冲信号的到来呢？当接收到脉冲到来的提示(请求)后，再去执行相应的动作呢？通过查阅资料，老K发现MCS-51单片机确实有这个功能，那就是"中断"。

1. AT89S51单片机中断的概念

在日常生活中，有很多这样的例子，比如"看书"和"钓鱼"。

例：室内看书。如果某人正在室内专心地学习看书，以下情况可能导致他中止看书：①有事，电话铃响或是有人找等；②看书时间到；③计划部分内容已看完。当这几种情况发生，看书的人一般都会停下看书的动作，去做其他事，比如接电话或是休息，这就发生了一个"中断"，一般对应如下过程。

某人看书	执行主程序	日常事务
电话铃响	中断信号INT=0	中断请求
暂停看书	暂停执行主程序	中断响应
书中做记号	当前PC入栈	保护断点
电话谈话	执行I/O程序	中断服务
继续看书	返回主程序	中断返回

例：野外钓鱼。观察图5-1和图5-2中钓鱼者的表现，可以发现前者一直盯着钓竿，而后者却在玩手机。他们的区别就在于后者可能只关注浮标是否动了，而不关心其他。

从上面两个例子可以看出，当看书过程和钓鱼等待过程被中止后，会有新的动作被执行，而后又会返回原来的动作，这个过程是顺序执行的。如果将这个过程运用到单片机上，即单片机停止正在运行的顺序执行的程序，而转向执行突发的随机事件的程序，处理完后又返回被中止的程序断点继续执行先前程序的过程。这个过程称为"中断"，其过程模型如图5-3所示。

图 5-1　盯着鱼上钩，上钩起鱼

图 5-2　看浮标动没动，上钩起鱼

中断可以完成实时控制、人机对话、内外同步、故障处理等功能。

实现中断功能的硬件称中断系统。中断系统涉及以下几个概念。

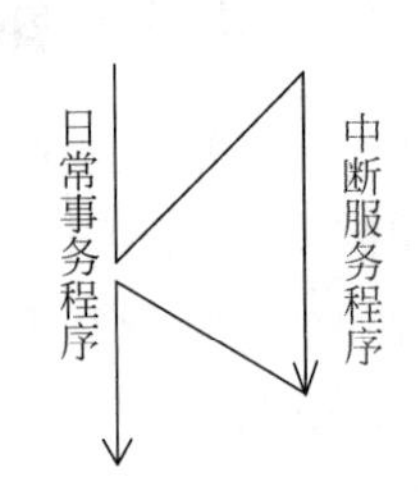

图 5-3　51 单片机中断模型

(1) 中断源及中断请求。CPU 在执行程序时是严格按照时序执行的，如果要中断正在执行的程序，则要向 CPU 发出一个信号，告知其有另外的程序需要执行，这个信号称为中断请求。中断源是产生中断请求的事件或原因，可分为软件中断和硬件中断，也可分为内部中断和外部中断。CPU 响应某个中断后，应及时撤除中断请求。

(2) 中断允许及中断优先级。当 CPU 正在执行某一程序时，是否接受中断请求取决于 CPU 对该中断的允许开关是否打开。如果该开关关闭，则屏蔽此中断，CPU 不会响应该中断请求。

当有多个中断请求同时出现，CPU 会根据中断优先级控制器的设置，按优先级顺序响应中断请求。

(3) 中断响应及中断返回。当 CPU 允许某个中断产生，该中断又发出中断请求的情况下，CPU 会响应并进入中断所要求的程序执行，即执行中断服务程序。但此时 CPU 一定要先保存返回后要执行的程序地址，以及当时的程序现场，然后进入服务程序所指定的地址(修改程序指针 PC)，开始执行服务程序。

当 CPU 执行完服务程序后，会在返回指令的引导下返回断点位置，恢复现场，继续执行先前的程序。

2. 中断的内部结构

1) MCS-51 单片机的中断源

80C51 单片机具有如下 5 个中断源(52 子系列单片机具有 6 个中断源)。

(1) 外中断：由外部信号触发的中断，80C51 有两个外部中断($\overline{\text{INT0}}$——P3.2 引脚)和

($\overline{INT1}$——P3.3引脚)。

(2) 定时中断：由单片机的定时器/计数器的溢出标志(TF0、TF1)触发的中断，80C51单片机有T0和T1两个定时中断。

(3) 串行口中断：为单片机的串行数据传输设置的中断，80C51单片机有1个串行口中断。

2) MCS-51单片机中断系统内部结构

MCS-51单片机的中断系统内部结构如图5-4所示，主要有5个中断源和4个控制寄存器。外中断具有触发方式的设置，串行口中断收发中断请求二合一。定时控制寄存器TCON和串行控制寄存器SCON控制发出请求的中断类型，IE控制中断允许开关，IP控制中断源的优先级。

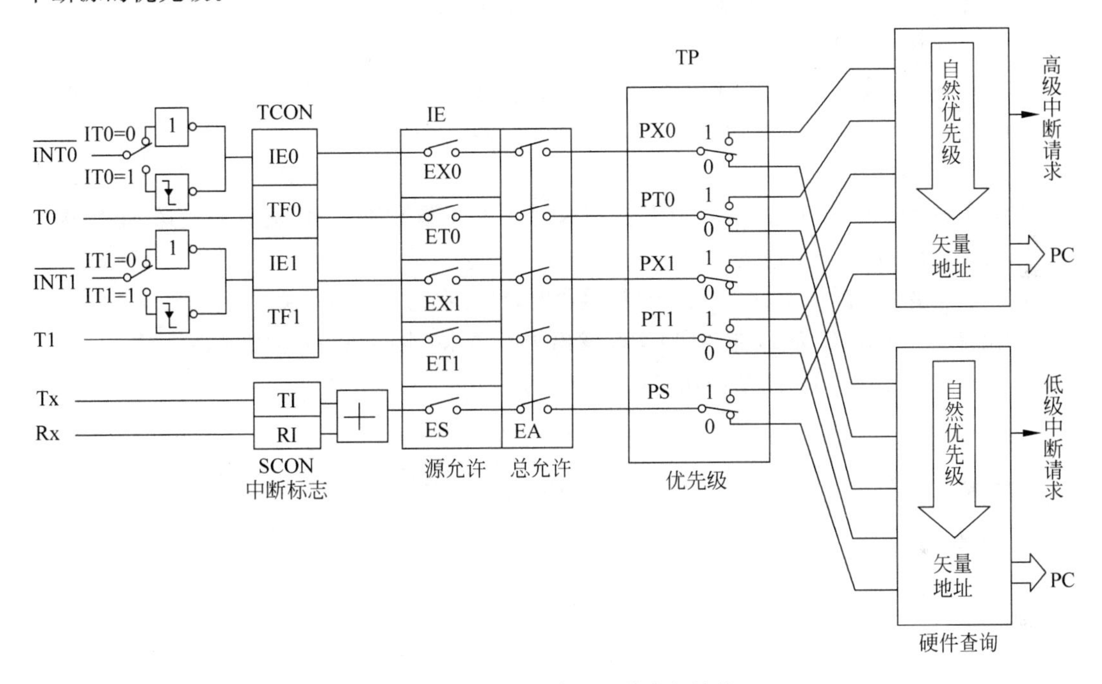

图5-4　51单片机中断系统内部结构

3. 中断源和相关寄存器

1) 外中断$\overline{INT0}$和$\overline{INT1}$

外部中断主要用于自动控制、实时处理、掉电处理以及故障处理等情形。

$\overline{INT0}$和$\overline{INT1}$分别通过P3.2以及P3.3输入。有两种触发方式，即电平触发方式和边沿触发方式，通过TCON中的IT0、IT1选择。当ITi=0(i=0,1)时，外部中断1/0为电平触发方式；当ITi=1时，外部中断1/0为边沿触发方式。控制寄存器TCON的结构功能如表5-1所示。

表 5-1　TCON 寄存器的结构功能

TCON(88H)	D7	D6	D5	D4	D3	D2	D1	D0
位地址	8FH	8EH	8DH	8CH	8BH	8AH	89H	88H
位名称	TF1	TR1	TF0	TR0	IE1	IT1	IE0	IT0
功能	T1 溢出中断标志	T1 启停控制位	T0 溢出中断标志	T0 启停控制位	$\overline{\text{INT1}}$ 中断标志	$\overline{\text{INT1}}$ 触发方式	$\overline{\text{INT0}}$ 中断标志	$\overline{\text{INT0}}$ 触发方式

IE1/IE0：外部中断标志。IEi=1，外部中断向 CPU 申请中断。在电平触发方式下，只要 CPU 检测到$\overline{\text{INT}i}=0$，就会使 IEi=1，向 CPU 发出中断请求，为避免返回时请求信号仍在，需在返回时使$\overline{\text{INT}i}=1$；在脉冲触发方式下，只要 CPU 检测到$\overline{\text{INT}i}=1$ 变为$\overline{\text{INT}i}=0$，并且两个状态各占至少一个机器周期时间，也会使 IEi=1，向 CPU 发出中断请求。

2）定时中断 T0 和 T1

当定时器/计数器 T0、T1 计数溢出时，由硬件置 TF0 或 TF1 为 1，向 CPU 发出中断请求，当 CPU 响应中断以后，将由硬件自动清除 TF0 或 TF1。

3）串行口中断

TI：串行发送中断标志，CPU 将数据写入发送缓冲器 SBUF 时，就启动发送，每发送完一个串行帧，硬件将使 TI 置位。

RI：串行接收中断标志，在串行口允许接收时，每接收完一个串行帧，硬件将使 RI 置位。

无论是 TI 还是 RI 为 1，都会向 CPU 发出中断请求，中断执行后，需由软件对 RI 或 TI 清零。控制寄存器 SCON 的结构功能如表 5-2 所示。

表 5-2　SCON 寄存器的结构功能

SCON(98H)	D7	D6	D5	D4	D3	D2	D1	D0
位名称	—	—	—	—	—	—	TI	RI
位地址	—	—	—	—	—	—	99H	98H
功能	—	—	—	—	—	—	串行发送中断标志	串行接收中断标志

4）中断允许控制寄存器 IE

MCS-51 单片机对多个中断源的中断允许和屏蔽由 SFR 的中断允许控制寄存器 IE 控制。其内部结构功能如表 5-3 所示。IE 寄存器可以位寻址，各位定义如表 5-3 所示。各有效位为 1 时，表示 CPU 允许其对应的中断请求；各有效位为 0 时，表示 CPU 屏蔽其对应的中断请求。

表 5-3　IE 寄存器的结构功能

IE(A8H)	D7	D6	D5	D4	D3	D2	D1	D0
位名称	EA	—	—	ES	ET1	EX1	ET0	EX0
位地址	AFH	—	—	ACH	ABH	AAH	A9H	A8H
中断源	总允许	—	—	串行口	T1	$\overline{\text{INT1}}$	T0	$\overline{\text{INT0}}$

5）中断优先级控制寄存器 IP

MCS-51 单片机 5 个中断源的优先级分别由 PS、PT1、PX1、PT0、PX0 控制。其内部结构功能如表 5-4 所示。如果某位设置为 1，则该中断源进入高优先级。对于同一优先级的中断源，采用默认的优先顺序，即在表 5-4 中从左至右优先级降低，可以表示为

$$PS>PT1>PX1>PT0>PX0$$

表 5-4 IP 寄存器的结构功能

IP	D7	D6	D5	D4	D3	D2	D1	D0
位名称	—	—	—	PS	PT1	PX1	PT0	PX0
位地址	—	—	—	BCH	BBH	BAH	B9H	B8H
中断源	—	—	—	串行口	T1	$\overline{\text{INT1}}$	T0	$\overline{\text{INT0}}$

例：如果将$\overline{\text{INT1}}$的优先级控制位 PX1 设为 1，其余的不变，则新的排序为

$$PX1>PS>PT1>PT0>PX0$$

通过优先级的控制，可以实现中断的嵌套使用，但有如下规定。

(1) CPU 先响应高优先级的中断请求。

(2) 正在执行的中断不能被低优先级的中断请求中断，但在中断执行完毕，回到主程序执行一条指令后能响应该中断。

(3) 正在执行的中断能被高优先级的中断请求中断，从而实现中断嵌套。

表 5-5 所示的是各中断源的入口地址。

表 5-5 中断源入口地址

中断源名称	对 应 引 脚	中断入口地址	C 语言中断号	自然优先级
外部中断$\overline{\text{INT0}}$	P3.2	0003H	0	高
定时器 T0 溢出	P3.4	000BH	1	
外部中断$\overline{\text{INT1}}$	P3.3	0013H	2	↓
定时器 T1 溢出	P3.5	001BH	3	
串行口中断 S	P3.0	0023H	4	低
	P3.1			

4. 中断响应处理过程

1）中断响应条件

(1) 有中断源发出中断请求，即相应的位为 1 或 0。

(2) CPU 允许中断，即 IE 中的$\overline{\text{EA}}=1$。

(3) 申请中断的中断源相应的位允许中断，即相应位为 1。

2）中断处理

单片机一旦响应中断请求，就由硬件完成以下功能。

(1) 根据响应的中断源的中断优先级，使相应的优先级状态触发器置 1。

(2) 执行硬件中断服务子程序调用，并把当前程序计数器 PC 的内容压入堆栈。

(3) 清除相应的中断请求标志位(串行口中断请求标志 RI 和 TI 除外)。

(4) 把被响应的中断源所对应的中断服务程序的入口地址(中断矢量)送入 PC,从而转入相应的中断服务程序。

中断响应处理流程如图 5-5 所示。

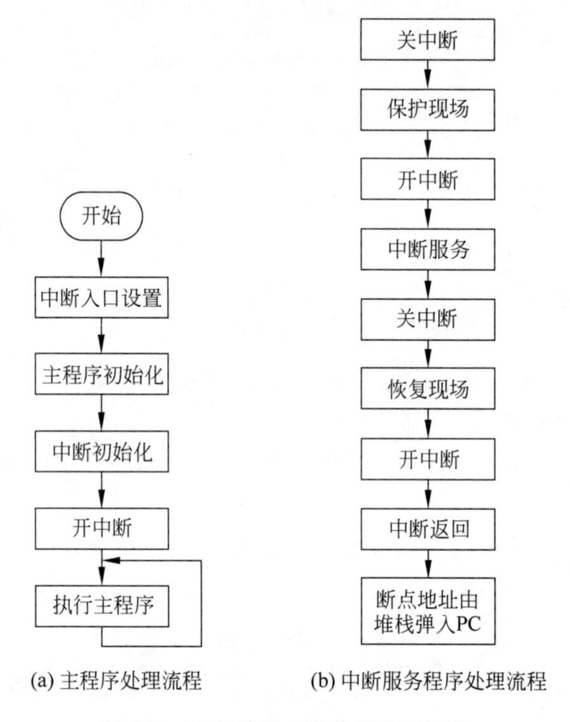

(a) 主程序处理流程　　(b) 中断服务程序处理流程

图 5-5　51 单片机中断响应处理流程

3) 暂时搁置中断请求

(1) 同级或高优先级的中断已在进行中。

(2) 当前的机器周期还不是正在执行指令的最后一个机器周期(换言之,正在执行的指令完成前,任何中断请求都得不到响应)。

(3) 正在执行的是一条返回指令或者访问特殊功能寄存器 IE 或 IP 的指令,不会马上响应中断请求,而至少执行一条其他指令之后才会响应。

4) 中断请求的撤销

CPU 响应某中断请求后,在中断返回之前,该中断请求应该撤销,否则会引起另一次中断。

MCS-51 各中断源请求撤销的方法各不相同。

(1) T0 和 T1 的溢出中断,CPU 在响应中断后,就由硬件自动清除了 TF0 或 TF1 标志位。

(2) 外部中断请求的撤销与设置的中断触发方式有关。对于边沿触发方式,CPU 响应中断后，由硬件自动将 IE0 或 IE1 标志位清除，无须采取其他措施。对于电平触发方式，单片机无法控制中断请求，须由外部控制。

(3) 串行口的中断，CPU 响应后，硬件不能自动清除 TI 和 RI 标志位，必须用软件来清除。

5) 中断响应时间

中断响应时间是指从查询中断请求标志位到转向中断服务入口地址所需的机器周期数。

(1) 最短时间：3 周期＝查询指令 1 周期＋长调指令 2 周期。

(2) 最长时间：8 周期＝当前指令 2 周期＋乘除指令 4 周期＋长调指令 2 周期。

5. 中断服务程序的设计

MCS-51 单片机的中断采用两级控制，并且主程序和中断程序中对中断的控制要一致。在主程序中一定要打开中断总开关及相关分开关，称“开总”和“开中”。在子程序中，正确定义关键字 interrupt 及中断号(见表 5-5)，其格式如下。

```
void 中断函数名() interrupt 中断号 [using n]
{
  程序声明部分;
  程序执行部分;
}
```

using n 是指使用第几组工作寄存器。默认使用第 0 组时可以不写该定义。

例如，如要在$\overline{\text{INT1}}$中断时对 P1.0 取反，则中断函数如下。

```
void INT1_int() interrupt  2
{
  P1_0 = ! P1_0;
}
```

说明：

(1) 中断没有返回值。

(2) 中断函数名称一般以中断名称命名，如上例。

(3) 中断号为该中断的使能端，写错后中断无效。

(4) 如果指定 using n 后，速度会快一些。如果不指定，编译器会自动产生和保护第 0 组工作寄存器内容。主程序和低优先级中断使用同一组工作寄存器，而高优先级的中断使用 using n 指定工作寄存器。

(5) 中断不能进行参数传递和声明；无返回值；不能直接调用。

程序主要结构如下。

```
void main()
{
    EA = 1;                          //开总允许
    EX0 = 1;IT0 = 1;                 //开外中断 0,脉冲方式
```

```
    ET0 = 1;                              //开定时中断 0
    EX1 = 1;IT1 = 1;                      //开外中断 1,脉冲方式
    ET1 = 1;                              //开定时中断 1
    ES = 1;                               //开串行中断
    TR0 = 1;                              //如需要则开启定时器 T0
    TR1 = 1;                              //如需要则开启定时器 T1
while(1){...}                             //执行时等待中断
}
void INT0_int() interrupt 0{...}          //外中断 0 服务程序
void T0_int() interrupt 1{...}            //T0 中断服务程序
void INT1_int() interrupt 2{...}          //外中断 1 服务程序
void T1_int() interrupt 3{...}            //T1 中断服务程序
void ES_int() interrupt 4{...}            //串行中断服务程序
```

5.1.3 厉兵秣马

1. “变速风火轮”设计思路

图 5-6 中的效果是由多圈 LED 灯产生的。现在试着完成只有一个控制按钮,8 只 LED 组成的单圈“变速风火轮”。

图 5-6 “变速风火轮”效果及实物

1) 算法分析

(1) 用 P3.2 上所接开关产生中断信号,作为“变速风火轮”流水显示速度的触发信号,使其在每次触发后 LED 灯就改变一次显示状态。

(2) 需要注意的是,开关可以用霍尔元件等传感器替代,即通过实现自动检测车速等实现触发控制。

2) 硬件电路

根据需要,本产品所用硬件设备主要有以下 3 部分。

(1) 单片机最小系统,包括单片机微处理器 AT89S52、电源电路、时钟电路、复位电路等。这一部分是核心处理电路。

(2) 中断控制电路,主要就是按钮电路,由一个电阻和一个按钮构成。

(3) 输出显示电路,主要由 8 只发光二极管(LED)组成一个圆圈。

2. 单片机资源调配

基于以上思路，分配单片机的输入和输出接口资源：选用 P3.2 作为中断输入口，按中断控制按钮，每按按钮一次，产生 1 次中断请求，CPU 在响应中断时切换 LED 显示的方式；P1 口控制 8 只 LED 的显示状态。

3. 系统工作原理

在主程序中，开放总允许以及外中断 0 的允许，点亮第一个 LED，并且判断按钮按下次数，如未按则等待，如有按下则执行相应的 LED 驱动程序。CPU 在这里是“日常工作”。

在中断服务程序中，主要完成对按键资料加 1 的操作。当按下按钮，CPU 响应中断后，回到主程序时，按钮次数已发生变化，即会在主程序中执行相应的驱动程序。CPU 在这里是“临时工作”，但这个“临时工作”会直接影响“日常工作”。

下面进入设计过程，并通过电路图和软件进行软件仿真和模拟仿真，完成软件仿真、模拟仿真、实物仿真、实际应用 4 个过程中的前两个重要的步骤。

5.1.4 步步为营

1. 在 Proteus 中绘制电路图

本阶段要画出“变速风火轮”的仿真电路图，如图 5-7 所示。

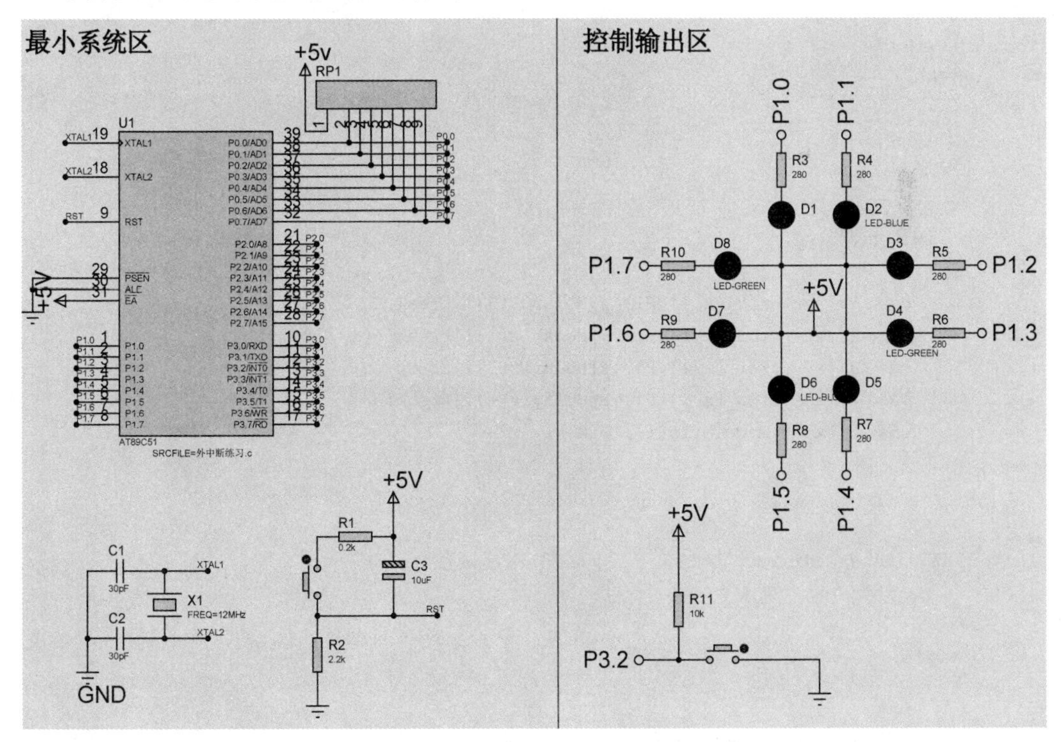

图 5-7 “变速风火轮”的仿真电路图

2. 使用 Keil C51 编写程序

使用 Keil C51 新建工程项目，建立“变速风火轮.c”的文件，输入以下代码。

```
/* 名称: 变速风火轮
 * 说明: 外部中断 0 控制圆形排列 LED,第一次启动慢速顺时针点亮,第二次加速,
 * 第三次慢速逆时针点亮,第四次加速,第五次闪烁工作 */
#include<reg51.h>                    //包含头文件
#include<intrins.h>                  //包含特殊函数头文件
#define uchar unsigned char          //自定义数据类型 uchar
#define uint unsigned int            //自定义数据类型 uint
uchar x,a=0;

void delay1s(unsigned char t)        //误差 0μs
{  unsigned char a,b,c;
   for(c=0;c<t;c++)
    for(b=0;b<100;b++)
       for(a=0;a<167;a++);
    _nop_();                         //if Keil,require use intrins.h
}
void main()                          //主程序
{
  EA=1;
  EX0=1;
  IT0=1;
  x=0xfe;
  while(1)
  {
      if(a==6)
        a=1;
      P1=x;
      switch(a)
      {
        case 1:{x=_crol_(x,1);P1=x;delay1s(3);}break;
        case 2:{x=_crol_(x,1);P1=x;delay1s(1);}break;
        case 3:{x=_cror_(x,1);P1=x;delay1s(3);}break;
        case 4:{x=_cror_(x,1);P1=x;delay1s(1);}break;
        case 5:{x=~x;delay1s(1);}break;
      }
  }
}
void INT0_int() interrupt 0          //INT0 中断函数
{
  a++;
  x=0xfe;
}
```

将源程序进行编译，生成目标文件“变速风火轮.hex”。

3. 电路模拟仿真

将“变速风火轮.hex”加载到模拟仿真电路中进行仿真，仿真效果如图 5-8 所示。

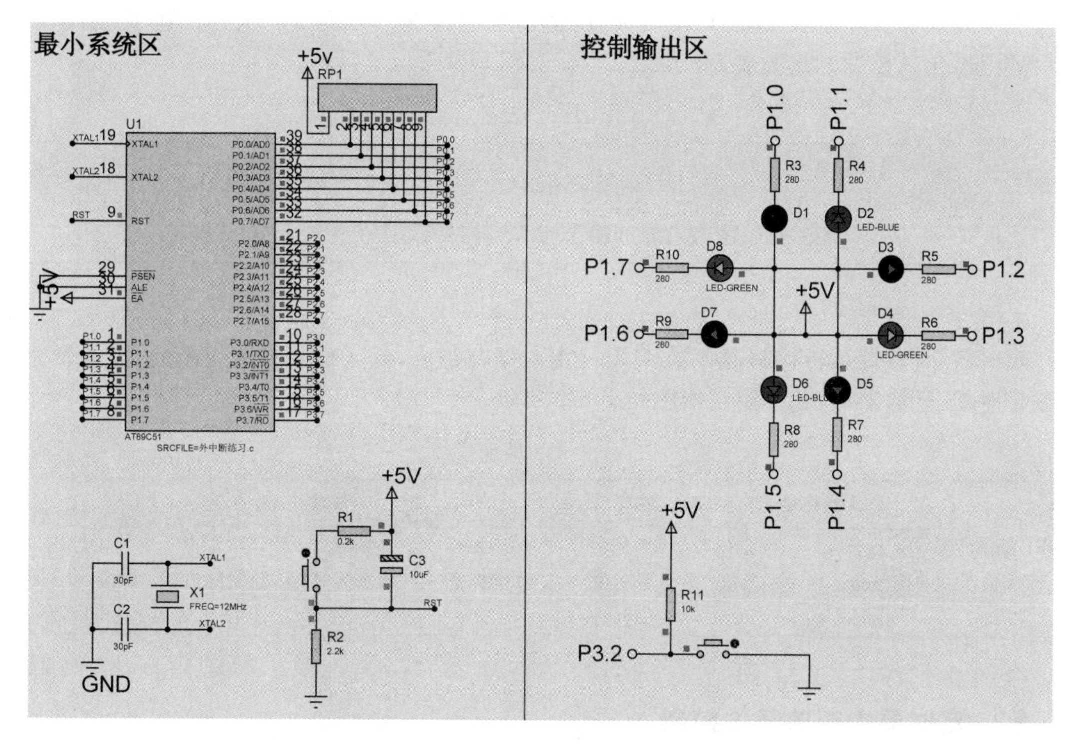

图 5-8 “变速风火轮”的模拟仿真效果

5.2 任务 18：“跳动的心”的设计

5.2.1 有的放矢

音乐无国界，爱心也一样。只要人人都献出一点爱，世界将变成美好的人间。爱心无限，幸福无边。古人云：爱民而安，好士而荣；爱人者人恒爱之，敬人者人恒敬之。

在学习单片机的同时，也不要让爱心疏远。下面学习用单片机定时中断功能实现一颗“跳动的心”，让爱心跳动不止，多样展现，提醒大家无论在何时何地都不能忘了“爱的奉献”。

5.2.2 知书达理

要使用定时器作为中断源，先回忆一下定时器的知识。

1. 定时器的工作方式和运行控制寄存器

1) 工作方式 TMOD

工作方式控制寄存器 TMOD 由两部分构成，分别控制 T1、T0 的工作方式。控制字由 M1、M0 设定，其控制方式如表 5-6 所示。

表 5-6　TMOD 寄存器的结构功能

高 4 位控制 T1				低 4 位控制 T0			
门控	计数/定时	工作方式		门控	计数/定时	工作方式	
G	$C/\overline{T}$	M1	M0	G	$C/\overline{T}$	M1	M0

2) 运行控制 TCON

定时器/计数器运行控制寄存器 TCON 由两部分组成，低 4 位是控制中断的，高 4 位是控制定时器/计数器的，其控制功能图如表 5-7 所示。

表 5-7　TCON 寄存器的结构功能

定时器控制位				中断控制位			
T1 溢出标志位	T1 启停控制位	T0 溢出标志位	T0 启停控制位	外中断 1 触发标志	外中断 1 触发方式	外中断 0 触发标志	外中断 0 触发方式
TF1	TR1	TF0	TR0	IE1	IT1	TE0	IT0

2. 定时器中断的开关控制

定时器中断的开关控制是使用 EA 开放总允许，使用 ET1、ET0 对 T1、T0 分别进行中断允许，使用 IP1 及 IP0 对其优先级进行控制。具体的内容见前面的任务知识。

3. 定时器中断的程序设计

1) 主程序

主程序的功能主要是对定时器的工作方式进行设置，并启动定时器，开放其相应的中断，运行常态程序等待中断的到来。

2) 定时中断服务程序

定时中断服务程序的功能主要是对定时器在定时时间结束时向 CPU 发出中断请求，运行相应的中断服务程序。其格式如下。

```
void main()
{
    TMOD = 0xXX;
    TH1 = 0xXX;                    //可以用表达式对其赋值
    TL1 = 0xXX;
    TH0 = 0xXX;
    TL0 = 0xXX;
```

```
    EA = 1;                         //开总允许
    ET0 = 1;                        //开定时中断 0
    ET1 = 1;                        //开定时中断 1
    TR0 = 1;                        //如需要则开启定时器 T0
    TR1 = 1;                        //如需要则开启定时器 T1
    while(1){...}                   //执行时等待中断
}
void T0_int() interrupt 1{...}      //T0 中断服务程序
void T1_int() interrupt 3{...}      //T1 中断服务程序
```

5.2.3 厉兵秣马

1. “跳动的心”设计思路

1) 算法分析

(1) 使单片机能够输出 32 位 LED 的控制信号,这需要将 4 个 I/O 口全部用上,并用子函数形式编写相应的控制程序,以使 32 个 LED 组合成不同的效果。

(2) 切换显示效果。通过定时器中断控制计数器值的改变,在主程序中先进行判定,再调用相应控制函数驱动相关 LED,即可达到切换显示效果的目的。

(3) 每个控制函数控制时需要一定的持续时间,即定时器的定时时间不能太短,特别要注意这一点。

2) 硬件电路

根据需要,本产品所用硬件设备主要有以下两部分。

(1) 单片机最小系统,包括单片机微处理器 AT89S52、电源电路、时钟电路、复位电路等。

(2) LED 控制电路,主要包括组成心形的 32 只 LED 以及 4 个 8 位限流排阻。左侧从上至下为 P0、P1 控制,右侧从上至下为 P2、P3 控制,仿真电路图如图 5-9 所示。

2. 单片机资源调配

基于以上思路,分配单片机的输入和输出接口资源:选用 T0 作为定时器,控制切换显示效果,P1～P3 为 32 位 LED 阴极控制端口。

3. 系统工作原理

单片机开始工作后,主程序根据计数器初值,调用相应的效果函数进行 LED 显示,并启动定时器/计数器 T0,在 T0 定时时间到时中断主程序,进行中断服务程序,修改计数器的值。当中断结束回到主程序后,主程序所查询判定的计数器发生改变,故调用的效果函数也会发生变化。

下面进入设计过程,并通过电路图和软件进行软件仿真和模拟仿真,完成软件仿真、模拟仿真的步骤。

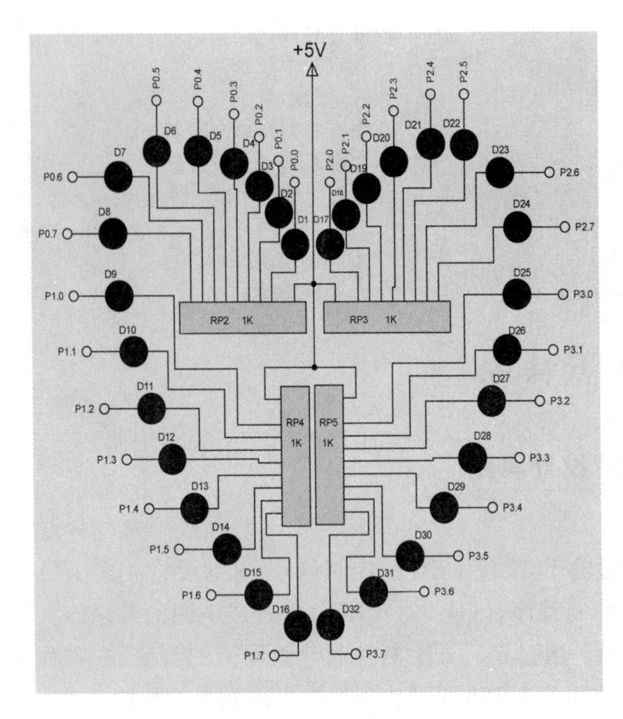

图 5-9 “跳动的心”仿真电路图

5.2.4 步步为营

1. 在 Proteus 中绘制电路图

本阶段将用定时器控制 LED 的效果改变，模拟输出。仿真电路图如图 5-10 所示。

2. 使用 Keil C51 编写程序

使用 Keil C51 新建工程项目，建立“定时中断控制跳动的心.c”的文件，输入以下代码。

```
#include<reg52.h>
#define uint unsigned int
#define uchar unsigned char
uchar code able0[ ] = {0xfe,0xfd,0xfb,0xf7,0xef,0xdf,0xbf,0x7f};
                                        //LED 从低位往高位移
uchar code table1[ ] = {0x7f,0xbf,0xdf,0xef,0xf7,0xfb,0xfd,0xfe};
                                        //LED 从高位往低位移
uchar code table2[ ] = {0xfe,0xfc,0xf8,0xf0,0xe0,0xc0,0x80,0x00};
                                        //LED 从 1 个点亮到 8 个都点亮(从低位往高位)
uchar code table3[ ] = {0x7f,0x3f,0x1f,0x0f,0x07,0x03,0x01,0x00};
                                        //LED 从 1 个点亮到 8 个都点亮(从高位往低位)
uchar code table4[ ] = {0x00,0x01,0x03,0x07,0x0f,0x1f,0x3f,0x7f,0xff};
                                        //LED 从 8 个全亮到一个都不亮(从低位往高位)
```

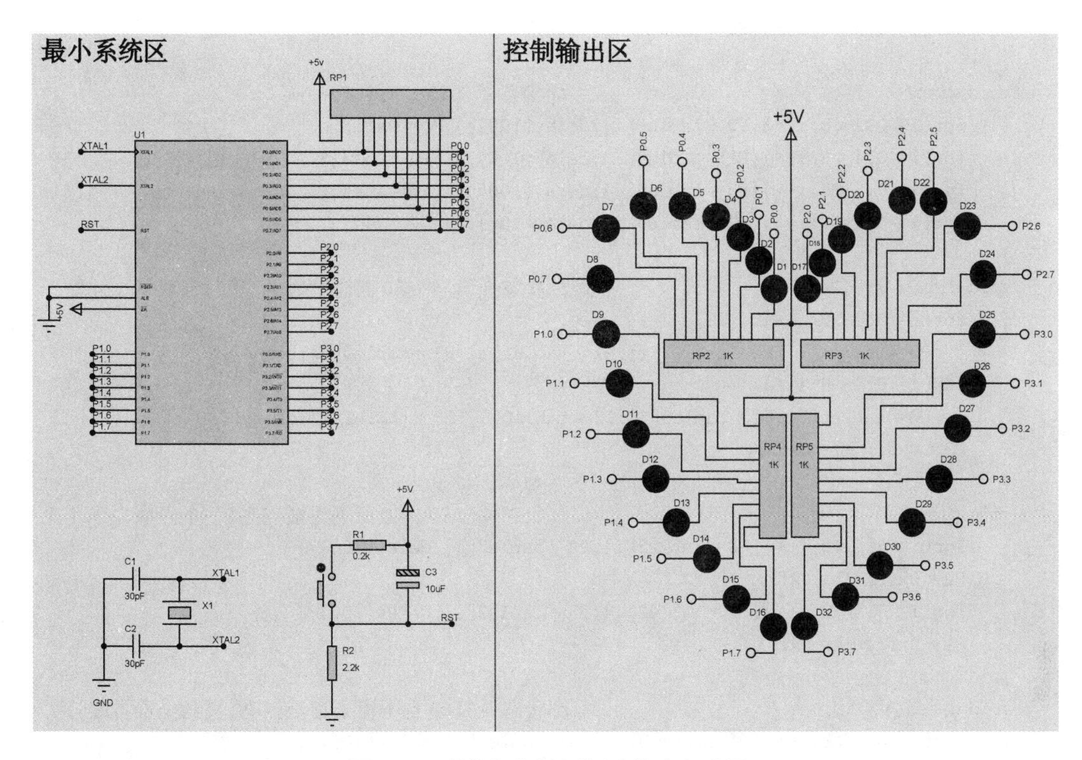

图 5-10 单片机“跳动的心”仿真电路图

```
uchar code table5[ ] = {0x00,0x80,0xc0,0xe0,0xf0,0xf8,0xfc,0xfe,0xff};
                                                    //LED 从 8 个全亮到一个都不亮(从高位往低位)
uchar code table6[ ] = {0xfe,0xfc,0xfa,0xf6,0xee,0xde,0xbe,0x7e};
                                                    //LED 从低位往高位移(最低位始终为 0)
uchar code table7[ ] = {0x7f,0x3f,0x5f,0x6f,0x77,0x7b,0x7d,0x7e};
                                                    //LED 从高位往低位移(最高位始终为 0)
uchar i,j,num,Tnum;                                 //定义循环变量
uint tt = 70;                                       //定义时间指数
void delay(uint time)                               //延时函数
{    uint x,y;
     for(x = time;x > 0;x -- )
     for(y = 110;y > 0;y -- );
}
void disp0()                                        //状态 0: 所有 LED 闪烁 3 次
{    for(i = 0;i < 3;i++)
     {   P0 = 0x00; P2 = 0x00; P3 = 0x00; P1 = 0x00; delay(300);
         P0 = 0xff; P2 = 0xff; P3 = 0xff; P1 = 0xff; delay(300);
     }
}
void disp1()                                        //状态 1: LED 顺时针转一圈
{    for(i = 0;i < 8;i++){P2 = table1[i];delay(100);}   P2 = 0xff;
     for(i = 0;i < 8;i++){P3 = table1[i];delay(100);}   P3 = 0xff;
     for(i = 0;i < 8;i++){P1 = table1[i];delay(100);}   P1 = 0xff;
```

```
    for(i = 0;i < 8;i++){P0 = table0[i];delay(100);}  P0 = 0xff;
}
void disp2()                          //状态 2: LED 逆时针转一圈
{   for(i = 0;i < 8;i++){P0 = table1[i];delay(100);} P0 = 0xff;
    for(i = 0;i < 8;i++){P1 = table0[i];delay(100);}  P1 = 0xff;
    for(i = 0;i < 8;i++){P3 = table0[i];delay(100);}  P3 = 0xff;
    for(i = 0;i < 8;i++){P2 = table0[i];delay(100);}  P2 = 0xff;
}
void disp3()                          //状态 3: 4 个 LED 同时顺时针、逆时针移动 1/4 圈
{   for(i = 0;i < 8;i++)
    {  P0 = table1[i];P1 = table1[i];P2 = table1[i];P3 = table0[i];delay(100);}
    for(i = 0;i < 8;i++)
    {  P0 = table0[i];P1 = table0[i];P2 = table0[i];P3 = table1[i];delay(100);}
    P3 = 0xff; P0 = 0xff;
}
void disp4()                          //状态 4: LED 自上而下逐渐点亮(一半点亮一半不亮)
{   for(i = 0;i < 8;i++){P0 = table3[i];P2 = table3[i];delay(100);}
    P0 = 0xff; P2 = 0xff;
    for(i = 0;i < 8;i++){P1 = table2[i];P3 = table3[i];delay(100);}
    P1 = 0xff; P3 = 0xff;
}
void disp5()                          //状态 5: LED 自下而上逐渐点亮(直到全部点亮)
{   for(i = 0;i < 8;i++){P1 = table3[i];P3 = table2[i];delay(100);}
    for(i = 0;i < 8;i++){P0 = table2[i];P2 = table2[i];delay(100);}
}
void disp6()                          //状态 6: 间断 8 格的 4 个 LED 亮并逆时针旋转
{   for(j = 0;j < 2;j++)
    {  for(i = 0;i < 8;i++)
       {  P0 = table1[i];P2 = table0[i];P1 = table0[i];P3 = table0[i];delay(100);}
       P0 = 0xff; P2 = 0xff; P1 = 0xff; P3 = 0xff;
       for(i = 0;i < 8;i++)
       {  P0 = table1[i];P2 = table0[i];P1 = table0[i];P3 = table0[i];delay(100);}
       P0 = 0xff; P2 = 0xff; P1 = 0xff; P3 = 0xff;
    }
}
void disp7()                //状态 7: 间断 8 格的 4 个 LED 亮,然后逆时针逐渐点亮(直到全部点亮)
{   for(i = 0;i < 8;i++)
    {  P0 = table3[i];P2 = table2[i];P1 = table2[i];P3 = table2[i];delay(100);}
    delay(500);
}
void disp8()                //状态 8: 从 LED 全部亮到全不亮(间断 8 格的 4 个 LED 开始逆时针熄灭)
{  for(i = 0;i < 9;i++)
   {  P0 = table5[i];P2 = table4[i];P1 = table4[i];P3 = table4[i];delay(100);}
   delay(300);
}
void disp9()                //状态 9: 从 LED 全部亮到全不亮(间断 8 格的 4 个 LED 开始顺时针熄灭)
{  for(i = 0;i < 9;i++)
   {  P0 = table4[i];P2 = table5[i];P1 = table5[i];P3 = table5[i];delay(100);}
```

```
    delay(300);
}
void disp10()              //状态 10: 从 LED 不亮到全亮(从 P0.0、P1.0、P2.0、P3.7 开始逐步点亮)
{    for(i = 0;i<8;i++)
     {  P0 = table2[i];P1 = table2[i];P2 = table2[i];P3 = table3[i];delay(100);}
}
void disp11()              //状态 11: 从 LED 全亮到全不亮(从 P0.7、P1.7、P2.7、P3.0 开始逐步熄灭)
{    for(i = 0;i<9;i++)
     {  P0 = table5[i];P1 = table5[i];P2 = table5[i];P3 = table4[i];delay(100);}
     delay(300);
}
void disp12()              //状态 12: LED 灯交替闪烁(频率由慢变快)
{  for(i = 0;i<5;i++)
   {  P0 = 0xaa; P1 = 0xaa; P2 = 0xaa; P3 = 0xaa;delay(100);
      P0 = ~P0; P1 = ~P1; P2 = ~P2; P3 = ~P3;delay(100);}
   for(i = 0;i<5;i++)
  {P0 = 0xaa;P1 = 0xaa;P2 = 0xaa;P3 = 0xaa;delay(200);
   P0 = ~P0;P1 = ~P1;P2 = ~P2;P3 = ~P3;delay(200);}
   for(i = 0;i<5;i++)
   {  P0 = 0xaa;P1 = 0xaa;P2 = 0xaa;P3 = 0xaa;delay(300);
      P0 = ~P0;P1 = ~P1;P2 = ~P2;P3 = ~P3;delay(300);}
   P0 = 0xff; P2 = 0xff; P1 = 0xff; P3 = 0xff;delay(300);
}
/******** 主程序 *******/
void main()
{  num = 0;
   TMOD = 0x01;
   TH0 = (65536 - 10000)/256;
   TL0 = (65536 - 10000) % 256;
   EA = 1;
   ET0 = 1;
   TR0 = 1;
   while(1)
   {  switch(num){
      case 0:disp0();
      case 1:disp1();
      case 2:disp2();
      case 3:disp3();
      case 4:disp4();
      case 5:disp5();
      case 6:disp6();
      case 7:disp7();
      case 8:disp8();
      case 9:disp9();
      case 10:disp10();
      case 11:disp11();
      case 12:disp12();
```

```
        }
    }
}
void T0_INT() interrupt 1
{
    TF0 = 0;
    Tnum++;                                  //时间循环计数器加 1
    if(Tnum == 200)
    {   Tnum = 0;
        num++;
        if(num == 13)
            num = 0;
    }
    TH0 = (65536 - 10000)/256;
    TL0 = (65536 - 10000) % 256;             //重赋初值
}
```

将源程序进行编译，生成目标文件“定时中断控制跳动的心.hex”。

3. 电路模拟仿真

将“定时中断控制跳动的心.hex”加载到模拟仿真电路中进行仿真，仿真效果如图 5-11 所示。

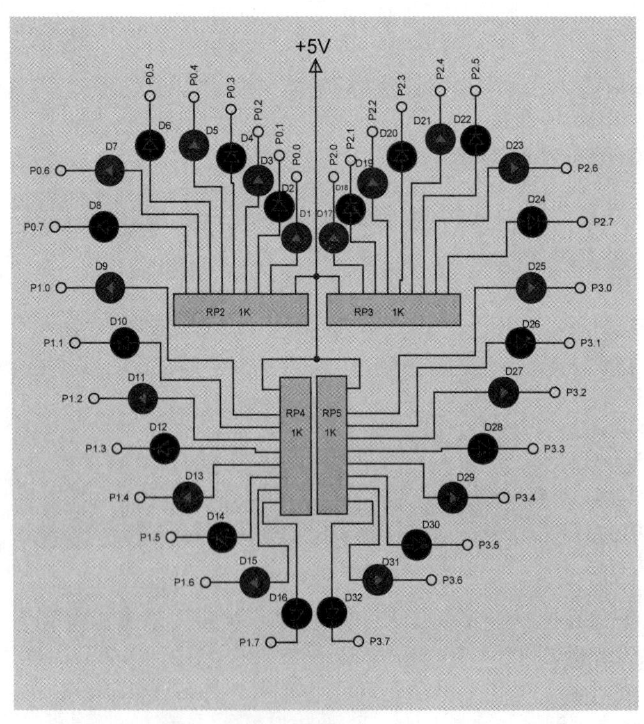

图 5-11 单片机“跳动的心”仿真效果

登高望远

拓展7 通过中断制作频率计

根据前面所学到的知识和方法,发挥主观能动性,用单片机来模拟频率计。

借题发挥

1. 用定时器中断控制P1输出,使LED流水灯以1s时间间隔左右往返流动。使用Keil C51编程并软件仿真,在Proteus中画出相应的电路并模拟仿真。

2. 用定时器中断产生1kHz的音频信号,并从P1.0输出,使用Keil C51编程并软件仿真,在Proteus中画出相应的电路并模拟仿真。

3. 用定时器中断产生1kHz以及500Hz的双音频信号,并从P1.0输出,使用Keil C51编程并软件仿真,在Proteus中画出相应的电路并模拟仿真。

4. 用双定时器中断产生1kHz以及500Hz的双音频信号,并从P0.0、P1.0输出,用电容对声音进行混音后,接SOUNDER扬声器。使用Keil C51编程并软件仿真,在Proteus中画出相应的电路并模拟仿真。

项 目 6

80C51的串行接口与串行通信

饮水思源

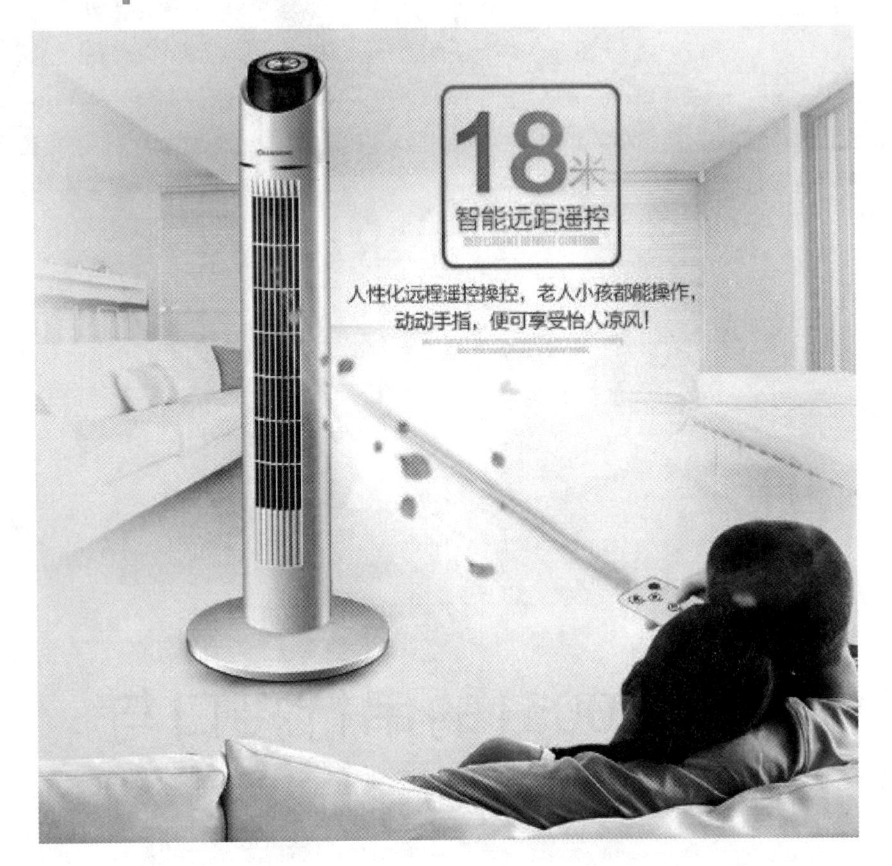

见多识广

(1) 了解串行通信与并行通信的定义、数据通信的传输方式。

(2) 了解串行接口标准。

(3) 掌握波特率的概念，波特率的计算方法。

(4) 掌握特殊功能寄存器 SCON 和 PCON 的 SMOD 位。

(5) 掌握串行口的 4 种工作方式。

(6) 掌握单片机与 PC 通信电路的设计。

(7) 掌握单片机与 PC 通信的软件设计以及上位机软件的简单编程。

游刃有余

(1) 能熟练编写单片机串行口通信的发送和接收数据程序。

(2) 能完成单片机与单片机间的串口通信。

(3) 能掌握并完成使用串行口扩展并行口的实验。

(4) 能熟练编写程序完成单片机与 PC 间的通信。

庖丁解牛

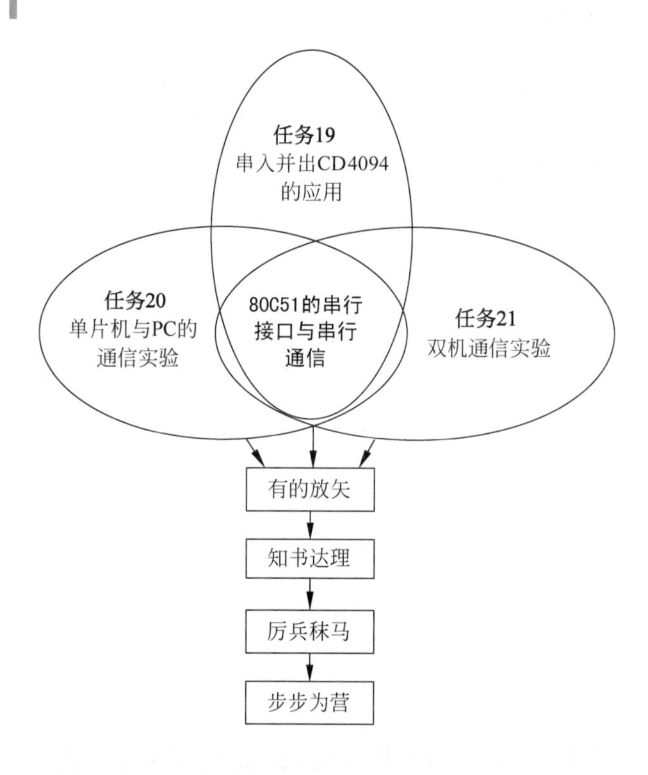

6.1 任务 19：串入并出 CD4094 的应用

6.1.1 有的放矢

在前面几个项目中，老 K 做了多功能数显速度表、“变速风火轮”等，他又想要帮朋友的大棚做一个遥控的多点室温检测电路，如图 6-1 所示。

这样，所需的知识更多了。根据自身条件，他做了以下 3 个主要的实验，即串入并出 CD4094 的实验、单片机与 PC 的通信实验和双机通信实验。

串入并出 CD4094 的实验任务：让单片机通过 CD4094 控制 8 位 LED，并以中断 0 开关控制全闪两次，再产生从中间向两端、从两端到中间，循环两次的过程。

MCU　温度检测　温度检测　温度检测　温度检测

图 6-1　多点室温检测电路

6.1.2 知书达理

老 K 考虑到要完成串入并出 CD4094 的实验任务，必须用串行通信的方式实现，在遥控阶段还要用到编码—解码、发射—接收器件，先把最主要的数据传输方式的问题解决了才行。

1. 串行通信的概念

随着计算机网络化和微机分级分布式应用系统的发展，通信的功能越来越重要。通信是指计算机（包括单片机）与外界的信息传输，既包括计算机与计算机之间的传输，也包括计算机与外部设备，如终端、打印机和磁盘等设备之间的传输。

在通信领域内，数据通信中按每次传送的数据位数，通信方式可分为串行通信和并行通信。

1）串行通信

串行通信是指外设和计算机间使用一根数据信号线（另外也需要地线，可能还需要控制线），数据在一根数据信号线上一位一位地进行传输，每一位数据都占据一个固定的时间长度，如图 6-2 所示。

图 6-2　串行通信原理

串行通信的特点如下。

（1）最少需要一根传输线，在一根传输线上既传送数据又传送联络信号，成本低，但速度比较慢。

（2）有固定的数据传输协议，只有双方都满足这些条件才能彼此通信。

（3）传输线上的通信信号一般不是 TTL 电平，需要电平转换才能进行匹配传输。

（4）根据双方约定的速率传送信息。

（5）传输数据按位的顺序进行，以串行方式传输，传输距离比较远。

2）并行通信

并行通信是指一组数据的各数据位在多条线上同时被传输。并行通信传输中有多个数据位，同时在两个设备之间传输。接收设备可同时接收到这些数据，不需要做任何变换就可直接使用。并行方式主要用于近距离通信，如图 6-3 所示。

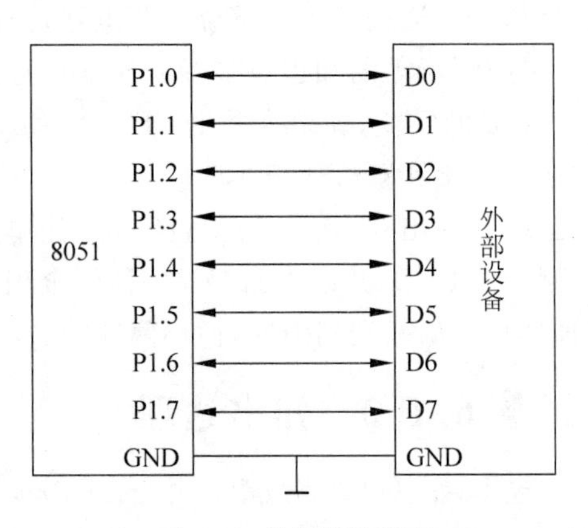

图 6-3　并行通信原理

并行通信的特点如下。

（1）各数据位同时传输，传输速度快、效率高，多用在实时、快速的场合。

（2）并行传递的信息不要求固定的格式。

（3）由于是并行传输，有多少数据位就需要多少根数据线，传输的成本较高。

(4) 并行通信抗干扰能力差。

(5) 适合外部设备与微机之间进行近距离、大量和快速的信息交换。

(6) 并行数据传输只适用于近距离的通信,通常传输距离较短。

3) 串行通信的分类

根据串行通信字符的发送方式可以分为同步通信和异步通信。

同步通信是一种连续、串行传输数据的通信方式,传送的数据可以是多个字符组成的数据块,每次传送的一帧数据由同步字符、数据字符和校验字符 3 部分组成,如图 6-4 所示。同步通信在发送一组数据时,只在开始用 1～2 个同步字符作为双方取得同步的号令,期间不允许出现空隙,没有起始位和停止位,不像异步通信那样将字符一个一个地分开传送,然后连续发送整组数据,无数据传送时,发送同步字符填充。但是,同步通信要求时钟严格同步。

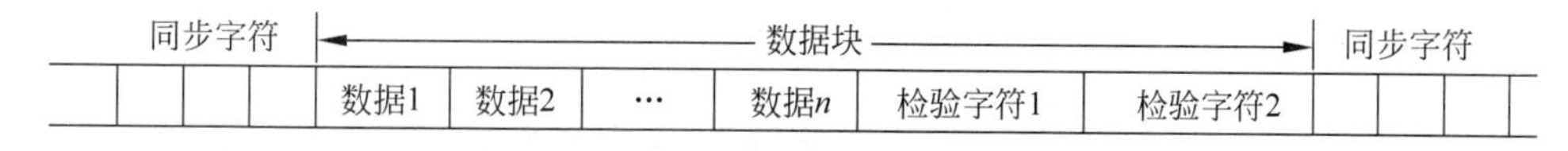

图 6-4 同步通信原理

异步通信用一帧来表示一个字符,通常是以字符(或字节)为单位组成字符帧传送的,字符帧由发送端逐帧发送,接收端逐帧接收。发送的每个字符,都必须先按照通信双方约定好的格式进行格式化,否则会造成传输错误。一个字符一个字符地传输,每个字符一位一位地传输,并且传输一个字符时,总是以"起始位"开始,以"停止位"结束,字符之间没有固定的时间间隔要求。具体来说,在一个字符开始传输前,输出线必须在逻辑上处于 1 状态,这称为标识态(空闲位)。传输一开始,输出线由标识态变为 0 状态,从而作为起始位。起始位后面为 5～8 个信息位,信息位由低往高排列,即先传字符的低位,后传字符的高位。信息位后面为校验位,校验位可以按奇校验设置,也可以按偶校验设置,或不设校验位。最后是逻辑的 1 作为停止位,停止位可为 1 位、1.5 位或者 2 位。异步通信原理如图 6-5 所示。

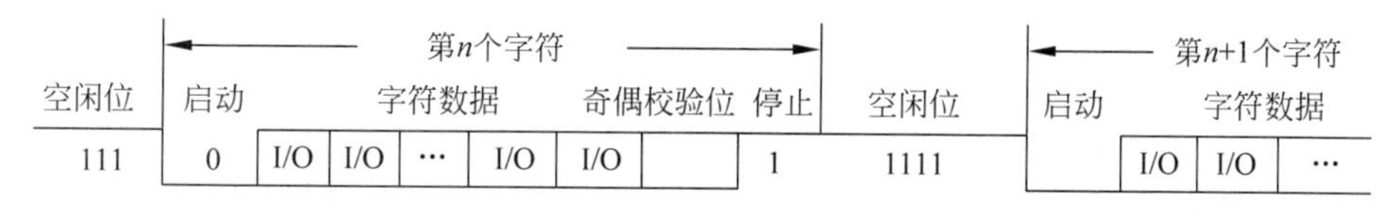

图 6-5 异步通信原理

如果传输完 1 个字符后,立即传输下一个字符,则后一个字符的起始位将紧挨着前一个字符的停止位。如果不接着传输,输出线会进入标识态等待。

2. 串行通信的主要参数

串行通信主要的参数是波特率、起始位、数据位、停止位和奇偶校验位。对于两个进行通信的端口,这些参数必须匹配。

1）波特率

(1) 波特率是一个衡量通信速度的参数。它表示每秒钟传送的码元(字符)的个数。

(2) 波特率通常和传输距离成反比。

评定数据通信系统通信能力的方法有两种，即波特率和比特率。

波特率是指串行通信中，单位时间内线路变化的次数，反映了数据的调制信号波形变换的频繁程度，即每秒钟传送码元(字符)数目，单位为波特(Bd)。在基带传输中，1 比特＝1 波特，因此，在串行基带通信中，经常混用波特率和比特率。

用每秒时间内传送二进制数据的位数来描述数据的传输速率，称为比特率。其单位为 b/s(bits per second)。它是衡量串行数据速度快慢的重要指标。

在异步通信中，传输速度往往还可用每秒传送多少个字节来表示(B/s)。

2）起始位

起始位必须是持续一个比特时间的逻辑 0 电平(低电平)，标志传送一个字符的开始。

3）数据位

数据位是衡量通信中实际数据位的参数，标准的值是 5、7 和 8 位。

4）停止位

标志着传送一个字符的结束，用逻辑 1 电平(高电平)表示，典型的值为 1、1.5 和 2 位(1.5 位是时间上的宽度，代表一个比特的 1.5 倍)。

5）奇偶校验位

在串口通信中，常用奇偶校验位对通信进行简单的检错。此外，还有代码和校验、循环冗余校验等。

(1) 奇校验：人为地往信号中添加一个校验位来确保所发送的信号中 1 的数目为奇数个，如 0110 0101 0；0100 0000 1。

(2) 偶校验：人为地往信号中添加一个校验位来确保所发送的信号中 1 的数目为偶数个，如 0100 0101 1；0100 0001 0。

3. 串行通信的传输方式

通信是由双方的数据相互交换形成的，而交换当然是借助一定的线路才能达到。计算机在传输数据时，在传输线路上数据的流动情况可分为 3 种情况，如图 6-6 所示。单工，数据流动只有一个方向；半双工，数据的流动是双向的，但在同一时间内只能一个方向进行；全双工，同时具有两个方向的传输能力。就串行通信而言，RS-232 使用的是 3 线点对点的全双工模式，RS-422 使用的是 5 线点对多的全双工模式，485 使用的是 4 线点对多的全双工模式以及 2 线点对多的半双工模式。

4. MCS-51 单片机的串行接口

MCS-51 单片机内部有一个全双工的串行缓冲器，即 SBUF，但在物理上分为发送缓冲器和接收缓冲器两种，分别独立完成发送和接收数据。这个结构便于实现移位寄存、网络通信以及串行异步通信，也可以加上电平转换器构成标准的 RS-232 接口电路。

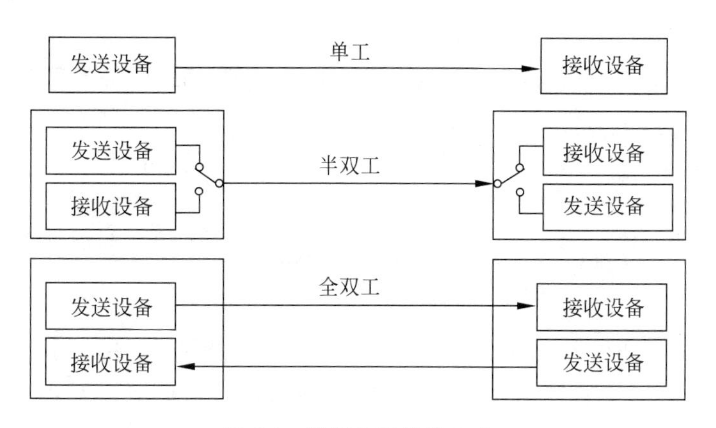

图 6-6 数据通信传输方式

MCS-51 单片机串行口主要由发送(接收)缓冲器、发送(接收)控制器、输出控制门、输入移位寄存器等组成。具体的结构如图 6-7 所示。

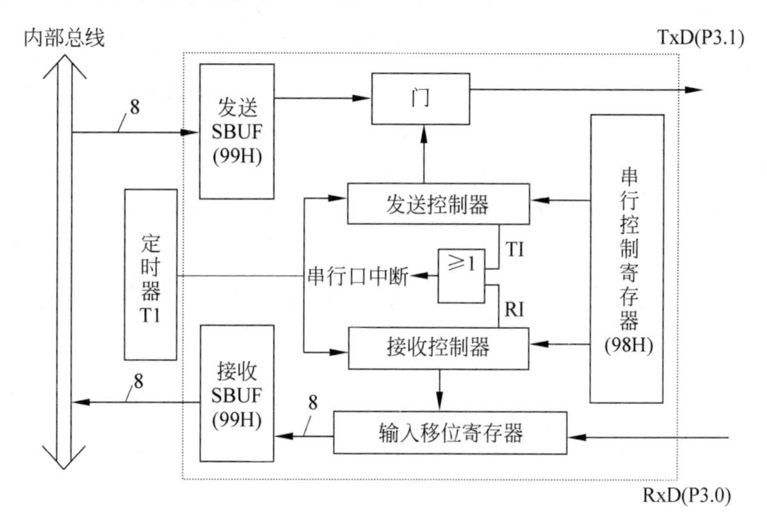

图 6-7 MCS-51 单片机串行口结构

由于串行口具有独立的收发结构,因此可以同时进行发送和接收。

发送时,先将数据进行格式转换,再通过 TxD 引脚按规定的波特率逐位发送。

接收时,先监视 RxD 引脚上是否出现起始位 0,一旦出现就将外设送来的数据进行串入并存,等待 CPU 的读取。

1) 相关寄存器

与串行通信相关的寄存器共有 4 个,分别是串行数据缓冲寄存器 SBUF、串行通信控制寄存器 SCON、电源控制及波特率控制寄存器 PCON、中断允许控制寄存器 IE,如表 6-1 所示。

表 6-1　MCS-51 单片机串行口相关的寄存器

寄存器	地址	名称	7	6	5	4	3	2	1	0
SCON	98H	串行口控制	SM0	SM1	SM2	REN	TB8	RB8	TI	RI
PCON	87H	电源控制	SMOD				*GF1*	*GF0*	*PD*	*IDL*
SBUF	99H	缓存								
IE	A8H	中断控制	EA			ES	*ET1*	*EX1*	*ET0*	*EX0*

注：表中斜体字部分内容与串行通信无关。

(1) 串行数据缓冲寄存器 SBUF。SBUF 由发送和接收两个寄存器组成，地址均为 99H，一个只发不收，一个只收不发。如果 CPU 发送数据，则数据进入发送寄存器备发；如果是接收数据，数据一定来自接收寄存器。

① 串行口的数据发送。其过程为：在 TI＝0 时，CPU 通过执行一条写 SBUF 命令(SBUF＝DATA)，送数据到 SBUF，启动发送过程；在波特率发生器的控制下，数据按预先设置的格式由低位到高位的顺序逐位从 TxD 端输出，发送结束 TI＝1。

② 串行口的数据接收。其过程为：在 REN＝1 时，CPU 通过 RxD 引脚的信号进行采样，若检测到数据发送起始位(一般为低电平)到来，则其后的数据会在接收移位脉冲的控制下，移位到移位寄存器。当检测到停止位时，CPU 将自动把数据送入接收 SBUF，并置接收完成标志位 RI＝1。

可以通过判断 TI/RI 是否等于 1 来进行下一步操作，如进入中断服务获取数据：P1＝SBUF。

(2) 串行通信控制寄存器 SCON。SCON 控制寄存器是一个可寻址的专用寄存器，用于串行数据通信的控制。其结构如表 6-2 所示。

表 6-2　串行通信控制寄存器 SCON

SCON	D7	D6	D5	D4	D3	D2	D1	D0
98H	SM0	SM1	SM2	REN	TB8	RB8	TI	RI
位地址	9F	9E	9D	9C	9B	9A	99	98

SM0	SM1	方　式	功　能	波特率
0	0	方式 0	移位寄存器方式	$f_{osc}/12$
0	1	方式 1	8 位异步通信方式	可变
1	0	方式 2	9 位异步通信方式	$f_{osc}/32$ 或 $f_{osc}/64$
1	1	方式 3	9 位异步通信方式	可变

SM0、SM1：串行口工作方式控制位。

SM2：多机通信控制位。在方式 2 和方式 3 中，若 SM2＝1，且 RB8(接收到的第 9 位数据)＝1 时，将接收到的前 8 位数据送入 SBUF，并置位 RI 产生中断请求；否则，将接收到的 8 位数据丢弃。而当 SM2＝0 时，则不论第 9 位数据是 0 还是 1，都将前 8 位数据装入 SBUF

中,并产生中断请求。

注意:在工作方式0中,SM2=0。

REN:允许接收控制位。当REN=1,则允许接收;当REN=0,则禁止接收。

TB8:在工作方式2、3中,发送数据的第9位,由软件置位或复位。在多机通信中,TB8=1,表示主机发送的是地址;TB8=0,则为数据。本位还可以作为奇偶校验位。在工作方式0、1中,不使用该位。

RB8:在工作方式2、3中,接收数据的第9位。在工作方式1中,如SM2=0,则为停止位。在多机通信中,RB8=1,表示主机发送的是地址,反之则为数据。本位还可以作为奇偶校验位。在工作方式0中,不使用该位。

TI:发送中断标志位。发送中断标志。当为方式0时,发送完第8位数据后,该位由硬件置位。在其他方式下,遇发送停止位时,该位由硬件置位。因此TI=1,表示帧发送结束,可软件查询TI位标志,也可以请求中断。TI位必须由软件清0。

RI:接收中断标志位。当为方式0时,接收完第8位数据后,该位由硬件置位。在其他方式下,当接收到停止位时,该位由硬件置位。因此RI=1,表示帧接收结束,可软件查询RI位标志,也可以请求中断。RI位也必须由软件清0。

(3)电源及波特率控制寄存器PCON。PCON寄存器主要是为CHMOS型单片机的电源控制而设置的专用寄存器。单元地址为87H,不能位寻址。各位功能如表6-3所示。

表6-3　PCON寄存器

PCON	D7	D6	D5	D4	D3	D2	D1	D0
位名称	SMOD	—	—	—	GF1	GF0	PD	IDL

SMOD:在串行口工作方式1、2、3中,是波特率倍增位。SMOD=1时,波特率加倍;SMOD=0时,波特率不加倍。在复位后SMOD=0。在PCON中只有这一个位与串口有关。

GF1、GF0:通用标志位,由软件置位和复位。

PD:掉电方式控制位,PD=1,则进入掉电方式。

IDL:待机方式控制位,IDL=1,则进入待机方式。

(4)中断允许控制寄存器IE。中断允许寄存器中对串行口有影响的位是$\overline{EA}$及ES。$\overline{EA}$及ES为串行中断允许控制位,$\overline{EA}$=1且ES=1允许串行中断;ES=0,禁止串行中断。

2)串行口工作方式

80C51串行通信共有4种工作方式,由串行控制寄存器SCON中SM0、SM1决定。

(1)方式0(同步移位寄存器工作方式)。以RxD(P3.0)端作为数据移位的输入/输出端,以TxD(P3.1)端输出移位脉冲。

移位数据的发送和接收以8位为一帧,不设起始位和停止位,无论输入还是输出,均低位在前高位在后。具体的工作过程是:发送时,把待发送的数据写入串行口发送缓冲器SBUF,启动发送,然后以$f_{OSC}/12$的波特率将8位数据从RxD引脚输出,发送结束后,置TI为1。在再次发送数据之前,必须由软件将TI清0。方式0的发送原理及时序如图6-8所示。

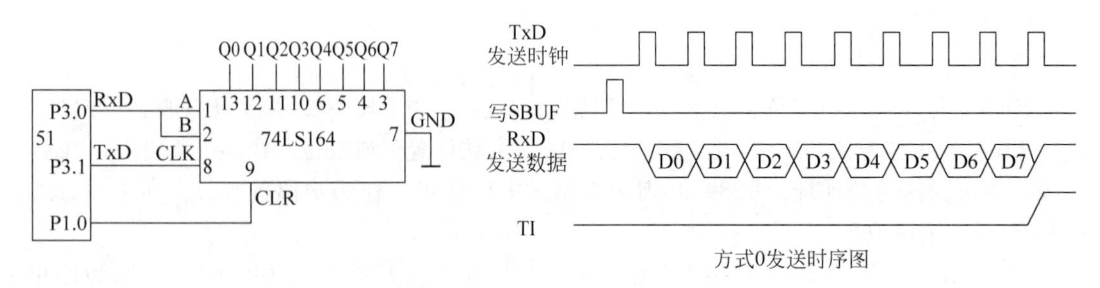

图 6-8　方式 0 的发送原理及时序

接收数据时，在满足 REN=1 和 RI=0 的条件下，启动接收，数据以 $f_{OSC}/12$ 的波特率从 RxD 端输入，接收结束时，置 RI 为 1。在再次接收数据之前，必须由软件为 RI 清 0。需要注意的是，输出数据的顺序是低位在前，高位在后。在方式 0 时，SM2 必须为 0。方式 0 的接收原理及时序如图 6-9 所示。

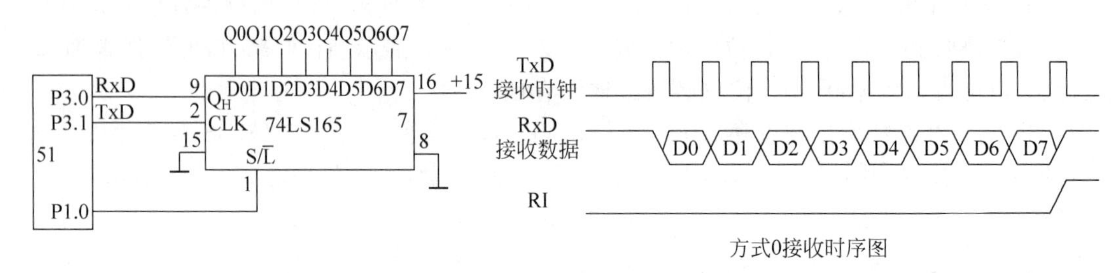

图 6-9　方式 0 的接收原理及时序

方式 0 可将串行输入输出数据转换成并行输入输出数据。所以可以作为扩展 I/O 口的方法之一。

(2) 方式 1。方式 1 为串行口波特率可调的 10 位通用异步接口 UART。发送或接收 1 帧信息，包括 1 位起始位 0，8 位数据位和 1 位停止位。发送的条件是 TI=0，发送结束后置 TI 为 1。

具体的工作过程：发送时，TxD 端输出数据，发送时只要将数据写入 SBUF，在串行口由硬件自动加入起始位和停止位，构成一个完整的帧格式。然后在移位脉冲的作用下，由 TxD 端串行输出。一帧数据发送完毕，将 SCON 中的 TI 置 1。方式 1 所传送的波特率取决于定时器 1 的溢出率和 PCON 中的 SMOD 位。

接收时，首先使 SCON 中的 REN 置 1，允许接收，同时还要满足两个条件：①RI=0、SM2=0；②接收到停止位为 1。当采样到 RxD 从 1 向 0 跳变时，就认定为已接收到起始位。随后在移位脉冲的控制下，将串行接收数据移入 SBUF 中。接收到的数据存入 SBUF，停止位存入 RB8，一帧数据接收完毕，将 SCON 中的 RI 置 1，表示可以从 SBUF 取走接收到的一个字符。否则信息将丢失，不置 RI=1。

方式 1 的发送、接收时序如图 6-10 和图 6-11 所示。

(3) 方式 2、方式 3。方式 2 和方式 3 都为 11 位异步通信接口，接收和发送一帧信息的长度为 11 位，即1 个低电平的起始位，9 位数据位，1 个高电平的停止位。发送的第 9 位数据

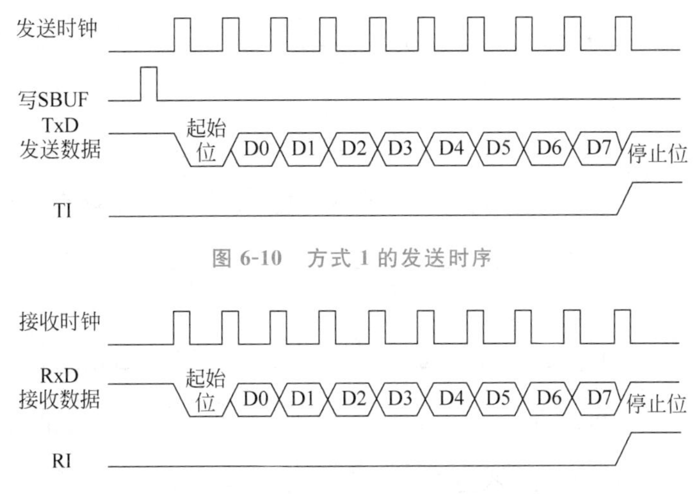

图 6-10　方式 1 的发送时序

图 6-11　方式 1 的接收时序

放于 TB8 中，接收的第 9 位数据放于 RB8 中。TxD 为发送数据端，RxD 为接收数据端。

方式 2 和方式 3 的区别在于波特率不一样，其中方式 2 的波特率只有两种：$f_{OSC}/32$ 或 $f_{OSC}/64$，方式 3 的波特率与方式 1 的波特率相同，由定时器/计数器 T1 的溢出率和电源控制寄存器 PCON 中的 SMOD 位决定，即

$$波特率=2^{SMOD}\times(T1 的溢出率)/32$$

在方式 1 和方式 3 时，需要对定时器/计数器 T1 进行初始化。

① 发送过程：方式 2 和方式 3 发送的数据为 9 位，其中发送的第 9 位在 TB8 中，在启动发送之前，必须把要发送的第 9 位数据装入 SCON 寄存器中的 TB8 中。准备好 TB8 后，就可以通过向 SBUF 中写入发送的字符数据来启动发送，发送时前 8 位数据从发送数据寄存器中取得，发送的第 9 位从 TB8 中取得。一帧信息发送完毕，置 TI 为 1。

② 接收过程：方式 2 和方式 3 的接收过程与方式 1 类似，当 REN 位置 1 时启动接收，所不同的是接收的第 9 位数据是发送过来的 TB8 位，而不是停止位，接收到后存放到 SCON 中的 RB8 中，对接收是否有效进行判断也是用接收的第 9 位，而不是用停止位。只有当 REN＝1 时，才能对 RxD 进行检测，其余情况与方式 1 相同。

方式 2、方式 3 的时序如图 6-12 所示。

3）波特率的设置

在串行通信中，收发双方对传送的数据传输速率必须有一定的约定。单片机的串行口通过编程可以有 4 种工作方式。其中，方式 0 和方式 2 的波特率是固定的，方式 1 和方式 3 的波特率可变，由定时器 T1 的溢出率决定。

对于方式 0，不需要对波特率进行设置。

对于方式 2，设置波特率仅须对 PCON 中的 SMOD 位进行设置。

对于方式 1 和方式 3，设置波特率不仅须对 PCON 中的 SMOD 位进行设置，还要对定时器/计数器 T1 进行设置，这时定时器/计数器 T1 一般工作于方式 2——8 位可重置方式，初值可由下面的公式求得。

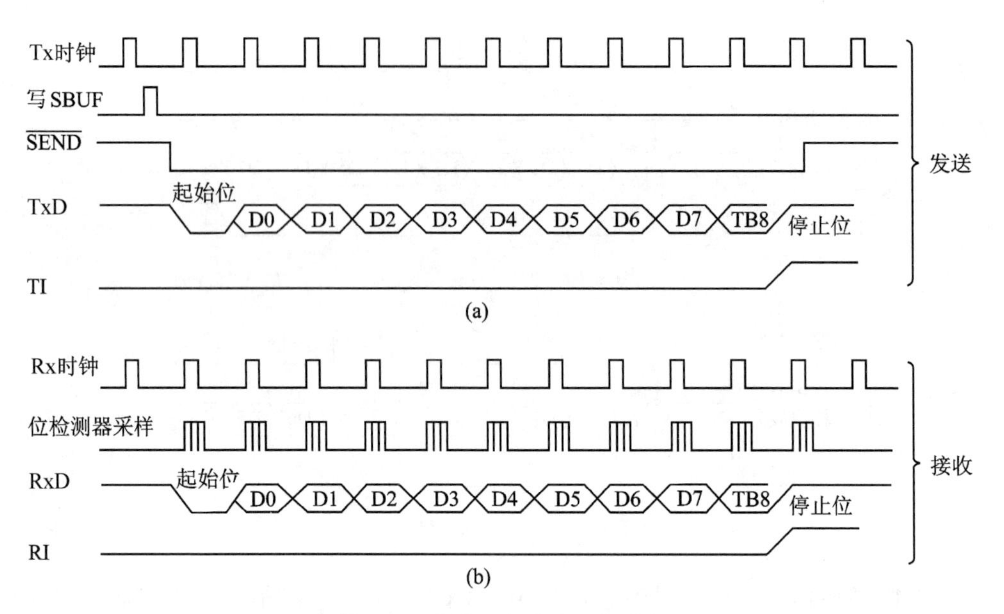

图 6-12　方式 2 和方式 3 的时序

$$波特率=2^{SMOD}\times(T1的溢出率)/32$$

$$T1的溢出率=波特率\times 32/2^{SMOD}$$

而 T1 工作于方式 2 的溢出率又可由下式表示：

$$T1的溢出率=f_{OSC}/(12\times(256-初值))$$

所以：

$$T1的初值=256-f_{OSC}\times 2^{SMOD}/(12\times 波特率\times 32)$$

常用的波特率由表 6-4 所示。

表 6-4　常用的波特率

波特率(Bd)	晶振(11.0592MHz)			晶振(12MHz)(%)			
	初值		误差(%)	初值		误差	
	SMOD=0	SMOD=1		SMOD=0	SMOD=1	SMOD=0	SMOD=1
300	0XA0	0X40	0	0X98	0X30	0.16	0.16
600	0XD0	0XA0	0	0XCC	0X98	0.16	0.16
1200	0XE8	0XD0	0	0XE6	0XCC	0.16	0.16
1800	0XF0	0XE0	0	0XEF	0XDD	2.12	−0.79
2400	0XF4	0XE8	0	0XF3	0XE6	0.16	0.16
3600	0XF8	0XF0	0	0XF7	0XEF	−3.55	2.12
4800	0XFA	0XF4	0	0XF9	0XF3	−6.99	0.16
7200	0XFC	0XF8	0	0XFC	0XF7	8.51	−3.55
9600	0XFD	0XFA	0	0XFD	0XF9	8.51	−6.99
14400	0XFE	0XFC	0	0XFE	0XFC	8.51	8.51
19200	—	0XFD	0	—	0XFD	—	8.51
28800	0XFF	0XFE	0	0XFF	0XFE	8.51	8.51

4）串行口的初始化

采用 80C51 进行串行通信之前必须对其进行初始化。初始化的主要内容是：设置产生波特率的定时器 1 的初始值、设置串行口的工作方式和控制方式、设置中断控制，具体步骤如下。

（1）确定 T1 的工作方式（TMOD 寄存器编程）。

（2）计算 T1 的初值，装载 TH1、TL1。

（3）确定 SMOD 值（PCON 寄存器编程）。

（4）启动 T1（TCON 中的 TR1 位置位）。

（5）确定串行口通信方式（SCON 寄存器编程）。

（6）若串行口在中断方式工作时，进行中断设置（IE、IP 寄存器编程）。

例：通过串行方式 1 实现将甲机的片内 RAM 的 30H～39H 单元的内容传送到乙机的片内 RAM 的 40H～49H 单元中。分析串行通信的初始化准备。串行通信结构图如图 6-13 所示。

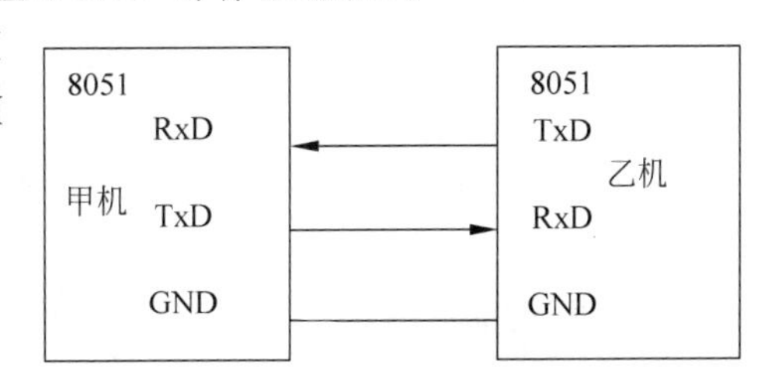

图 6-13　点对点串行通信结构图

解：甲、乙两机都选择方式 1。

8 位异步通信方式，最高位用作奇偶校验，波特率为 1200Bd。甲机发送，乙机接收，因此甲机的串行口控制字 SCON 为 40H，乙机的串行口控制字 SCON 为 50H。

串行口工作在方式 1 时，波特率由定时器/计数器 T1 的溢出率和电源控制寄存器 PCON 中的 SMOD 位决定。需要对定时器/计数器 T1 初始化。

设 SMOD=0，甲、乙两机的振荡频率为 12MHz。定时器/计数器 T1 选择为方式 2，则初值为

$$X=256-\frac{f_{\mathrm{OSC}}\times 2^{\mathrm{SMOD}}}{12\times 波特率\times 32}=256-\frac{12000000}{12\times 1200\times 32}$$

$$\approx 230=\mathrm{E6H}$$

为使 T1 工作在定时方式 2 下，定时器/计数器 T1 的方式控制字 TCON 应为 20H。

例：某 51 单片机系统的主频为 11.0592MHz，现拟以工作方式 1 与外部设备进行串行数据通信，波特率为 2400Bd，试编写该单片机串行口初始化程序。

分析：因串行口采用方式 1，不考虑多机通信，接收允许，所以 SCON 控制字为 50H。

定时器 1 作波特率发生器使用时，选用方式 2，不考虑定时器 0，则 TMOD 控制字应为 20H。

若波特率倍增器有效，即 SMOD=1，PCON=80H，则定时器的初值为

$$X=256-\frac{f_{\mathrm{OSC}}\times 2^{\mathrm{SMOD}}}{32\times 12\times 波特率}=256-\frac{11.0592\times 2^{1}}{32\times 12\times 2400}=232=\mathrm{E8H}$$

方法一：采用查询方式接收和发送数据的初始化子程序代码如下。

```
void check(void)
```

```
{   SCON = 0x50;                    //串行口方式 1、SM2 = 0、接收允许
    TMOD = 0x20;                    //定时器 1 设定为方式 2
    PCON = 0x80;                    //设置波特率为 2400Bd,SMOD = 1
    TH1 = 0Xe8;                     //设置定时器 1 的初值
    TL1 = 0Xe8;                     //设置定时器 1 重新装载值
    ES = 0;                         //禁止串行口中断
    TR1 = 1;                        //启动定时器 1,串行口控制器开始工作
}
```

方法二：采用中断方式接收和发送数据的初始化子程序代码如下。

```
void int(void)
{   SCON = 0x50;                    //串行口方式 1、SM2 = 0、接收允许
    TMOD = 0x20;                    //定时器 1 设定为方式 2
    PCON = 0x80;                    //设置波特率为 2400Bd,SMOD = 1
    TH1 = 0Xe8;                     //设置定时器 1 的初值
    TL1 = 0Xe8;                     //设置定时器 1 重新装载值
    ES = 1;                         //允许串行口中断
    PS = 1;                         //串行口中断为高优先级
    TR1 = 1;                        //启动定时器 1,串行口控制器开始工作
}
```

6.1.3 厉兵秣马

1. 串入并出 CD4094 的实验原理

CD4094 是带输出锁存和三态控制的串入/并出高速转换器,具有使用简单、功耗低、驱动能力强和控制灵活等优点。

CD4094 的引脚定义如图 6-14 所示。引脚功能如下。

引脚 1 为锁存端。

引脚 2 为串行数据输入端。

引脚 3 为串行时钟端。引脚 1 为高电平时,8 位并行输出口 Q1～Q8 在时钟的上升沿随串行输入而变化；引脚 1 为低电平时,输出锁定。利用锁存端可方便地进行片选和级联输出控制。

引脚 4、5、6、7、11、12、13、14 为并出输出端。

引脚 9Q_S、引脚 10Q_S'是串行数据输出端,用于级联。Q_S 端在第 9 个串行时钟的上升沿开始输出,Q_S'端在第 9 个串行时钟的下降沿开始输出。

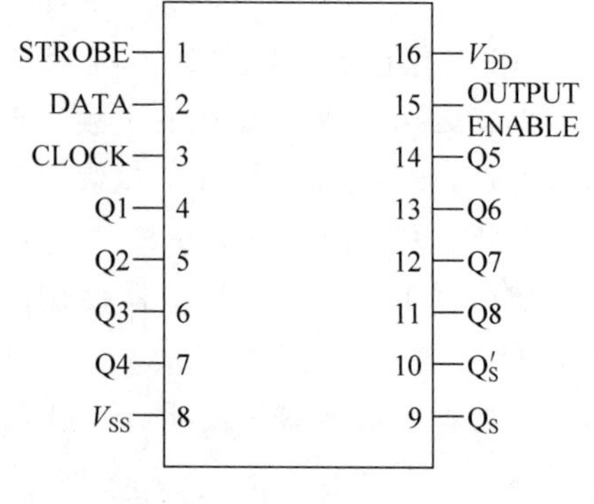

图 6-14　CD4094 的引脚图

引脚 15 为并行输出状态控制端,引脚 15 为低电平时,并行输出端处在高阻状态,在用 CD4094 作显示输出时,可使显示数码闪烁。

当 CD4094 电源为 5V 时，输出电流大于 3.2mA，灌电流为 1mA，串行时钟频率可达 2.5MHz。

CD4094 的内部结构如图 6-15 所示。

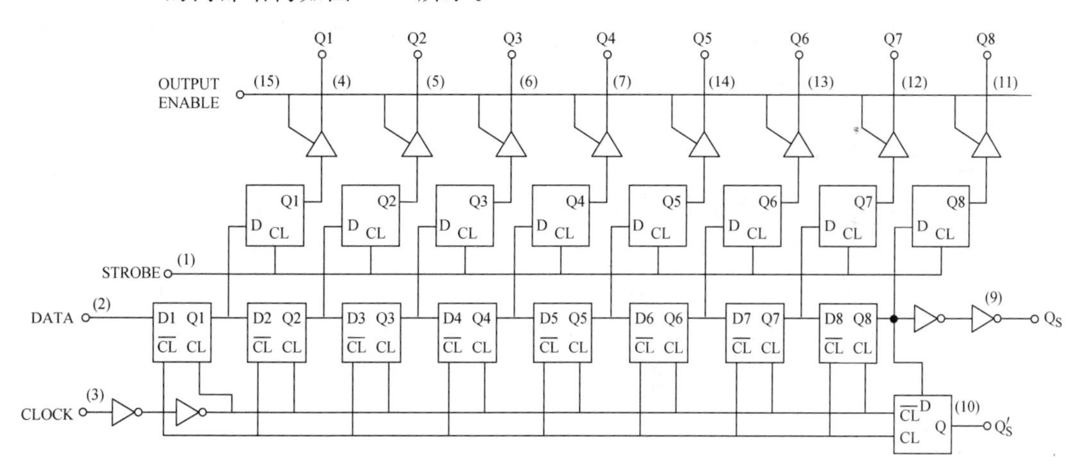

图 6-15　CD4094 的内部结构

注意表 6-5 中 STB(STROBE 的简写)从 0 变成 1 后的并行输出效果。

表 6-5　CD4094 真值表

CLOCK	OUTPUT ENABLE	STROBE	DATA	并行输出		串行输出	
				Q1	Q_N	Q_S (Note 1)	Q'_S
↑	0	×	×	三态	三态	Q7	不变
↓	0	×	×	三态	三态	不变	Q7
↑	**1**	0	×	不变	不变	Q7	不变
↑	**1**	**1**	**0**	**0**	Q_N-1	Q7	不变
↑	**1**	**1**	**1**	**1**	Q_N-1	Q7	不变
↓	**1**	1	1	不变	不变	不变	Q7

1）算法分析

(1) CD4094 进入锁存状态，即 STB=0，此时也可使 OE=1，准备好串行移位状态。

(2) 从 DATA 引脚串行输入所需数据。

(3) 打开 STB，OE 已为 1，并行输出所存数据。

2）硬件电路

根据需要，本产品所用硬件设备主要有 3 部分。

(1) 单片机最小系统，包括单片机微处理器 AT89S52、电源电路、时钟电路、复位电路等。这一部分是核心处理电路。

(2) 中断控制电路，主要就是按钮电路，由一个电阻和一个按钮构成。

(3) 输出显示电路，主要由 8 只发光二极管(LED)组成一条线。

2. 单片机资源调配

基于以上思路，分配单片机的输入和输出接口资源：选用 P3.2 作为按键输入口，启动串行过程；选用 P3.0 作为数据输入口接 DATA 端，P3.1 作为时钟控制口接 CLK 端，P1.0 作为锁存控制口接 STB 端。

3. 系统工作原理

在初始化程序中，设置串行通信为移位寄存器工作方式，不允许多机方式及接收数据，中断标志清零，禁止中断，设 LED 初始状态。CPU 在这里是"准备工作"。

在主循环程序中，主要完成按键判断，并行输出关闭，串行送数，以及对 TI 判 1 停止传数，开启并行输出，延时再循环等。CPU 在这里是"主要工作"。

下面进入设计过程，并通过电路图和软件进行软件仿真和模拟仿真。

6.1.4 步步为营

1. 在 Proteus 中绘制电路图

本阶段要画出串入并出 CD4094 的应用的仿真电路图，如图 6-16 所示。

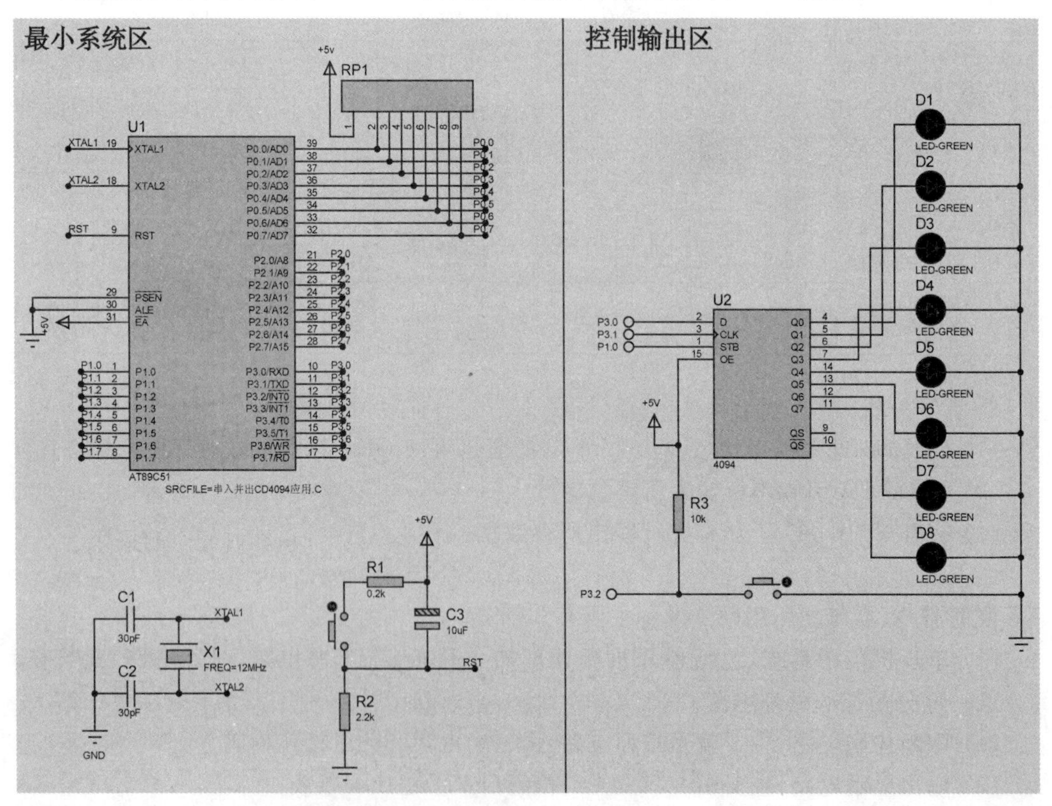

图 6-16 串入并出 CD4094 应用的仿真电路图

2. 使用 Keil C51 编写程序

使用 Keil C51 新建工程项目,建立"串入并出 CD4094 的应用. c"的文件,输入以下代码。

```
/***********************************************/
 * 功能说明:
 * 查询方式发送数据,使用 CD4094 扩展 I/O 接口点亮二极管
/***********************************************/
#include <reg52.h>
#define uchar unsigned char
sbit P10 = P1^0;                    //定义 P1.0 引脚用于控制 CD4094 的 STB 引脚
sbit KEY = P3^2;
uchar code disp[] = {0x00,0xff,0x00,0xff,0x18,0x24,0x42,0x81,0x42,
                     0x24,0x18,0x24,0x42,0x81,0x00,0xff,0x00};
/********** 延时函数 ****************/
void delay(int n)
{  int i,j;
   for(i = 0;i<n;i++)
      for(j = 0;j<125;j++);
}
/*********** 主函数 *****************/
void main()
{  uchar j;
   SCON = 0x00;                     //串行口工作方式 0
   ES = 0;                          //禁止串行口中断
   j = 0;                           //发光二极管从左边亮起
   while(1)
   {  KEY = 1;
      while(KEY == 1);
      P10 = 0;                      //关闭并行输出
      SBUF = disp[j];               //串行输出
      while(!TI);                   //查询 SBUF 数据是否已经发送完毕
      TI = 0;                       //清除发送 TI 标志
      P10 = 1;                      //开启并行输出
      delay(500);                   //状态维持时间
      j++;                          //左移
      if(j == 17)j = 0;
   }
}
```

将源程序进行编译,生成目标文件"串入并出 CD4094 的应用. hex"。

3. 电路模拟仿真

将"串入并出 CD4094 的应用. hex"加载到模拟仿真电路中进行仿真,仿真效果如图 6-17 所示。

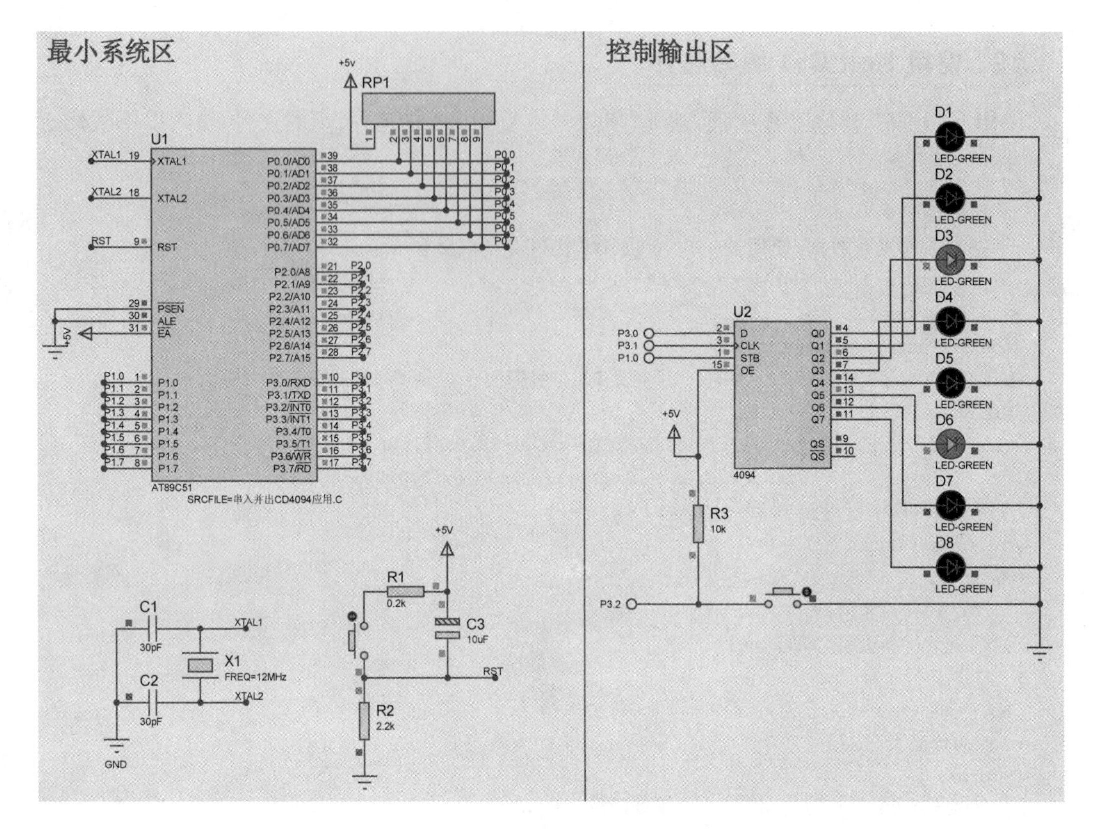

图 6-17　串入并出 CD4094 的应用的仿真效果

6.2 任务 20：单片机与 PC 的通信实验

6.2.1 有的放矢

在 6.1 节已经提到，可以用单片机做一个遥控的多点室温检测电路，并且利用单片机成本低以及工作环境要求不高的特点，用其作为检测温度的传感器信号处理单元，从单片机里收集相关的温度数据。所以，老 K 先做了单片机与 PC 的通信实验，其任务是，让单片机通过串行方式将数据传送给 PC 汇总，PC 也可以将数据送到单片机进行相应处理。本例中 PC 将数据送到单片机时通过 P1 上的 LED 显示出来，在按键按下 K1 时单片机将数据 55H 传送给 PC，在按键按下 K2 时单片机将数据 FFH 传送给 PC。

6.2.2 知书达理

要使用单片机和 PC 通信，就不得不再说一说相关的内容。

1. 串行通信接口

串行端口(Serial Port)简称串口,主要用于串行逐位元数据的传输。按电气标准及协议来分包括 RS-232-C、RS-422、RS-485、USB 等。常见的为一般计算机应用的 RS-232(使用 25 针或 9 针连接器),工业计算机应用的半双工 RS-485 与全双工 RS-422。RS-232-C、RS-422 与 RS-485 标准只对接口的电气特性做出规定,不涉及接外挂程式、电缆或协议。USB 是近几年发展起来的新型接口标准,主要应用于高速数据传输领域。

1) RS-232 标准

RS-232 是最常用的一种串行通信接口。它是在 1970 年由美国电子工业协会(EIA)联合贝尔系统、调制解调器厂家及计算机终端生产厂家共同制定的用于串行通信的标准。它的全名是"数据终端设备(DTE)和数据通信设备(DCE)之间串行二进制数据交换接口技术标准"。传统的 RS-232-C 接口标准有 22 根线,采用标准 25 芯 D 形插座(DB-25),后来使用简化为 9 芯 D 形插座(DB-9),现在应用中 25 芯插座已很少采用。

RS-232 采取不平衡传输方式,即所谓的单端通信。由于其发送电平与接收电平的差仅为 2~3V,所以其共模抑制能力差,再加上双绞线上的分布电容,其传送距离最大为 15m,最高速率为 20Kb/s。RS-232 是为点对点(即只用一对收、发设备)通信设计的,其驱动器负载为 3~7kΩ,所以 RS-232 适合本地设备之间的通信。

2) RS-422 标准

RS-422 标准全称是"平衡电压数字接口电路的电气特性",它定义了接口电路的特性。典型的 RS-422 是四线接口,实际上还有一根信号地线,共 5 根线。由于接收器采用高输入阻抗,发送驱动器具有比 RS-232 更强的驱动能力,故允许在相同的传输线上连接多个接收节点,最多可接 10 个节点,即一个主设备(Master),其余为从设备(Slave),从设备之间不能通信,所以 RS-422 支持点对多的双向通信。接收器输入阻抗为 4kΩ,故发送端最大负载能力是 10×4kΩ+100Ω(终接电阻)。RS-422 四线接口由于采用单独的发送和接收通道,因此不必控制数据方向,各装置之间任何必需的信号交换均可以按软件方式(XON/XOFF 握手)或硬件方式(一对单独的双绞线)实现。

RS-422 最大的传输距离为 1219m,最大传输速率为 10Mb/s。其平衡双绞线的长度与传输速率成反比,在 100Kb/s 速率以下,才可能达到最大传输距离。只有在很短的距离下才能获得更高速率传输。一般 100m 长的双绞线上所能获得的最大传输速率仅为 1Mb/s。

3) RS-485 标准

RS-485 标准是从 RS-422 的基础上发展而来的,所以 RS-485 许多电气规定与 RS-422 相仿,如都采用平衡传输方式、都需要在传输线上接电阻等。RS-485 可以采用二线与四线方式,二线制可实现真正的多点双向通信,而采用四线连接时,与 RS-422 一样只能实现点对多的通信,即只能有一个主(Master)设备,其余为从设备,但它比 RS-422 有改进,无论四线还是二线连接方式总线上可多接 32 个设备。

RS-485 与 RS-422 的不同还在于其共模输出电压,RS-485 是−7~+12V 之间,而 RS-422 在−7~+7V 之间,RS-485 接收器最小输入阻抗为 12kΩ、RS-422 是 4kΩ。由于

RS-485 满足所有 RS-422 的规范，所以 RS-485 的驱动器可以在 RS-422 网络中应用。

RS-485 与 RS-422 一样，其最大传输距离约为 1219m，最大传输速率为 10Mb/s。平衡双绞线的长度与传输速率成反比，在 100Kb/s 速率以下，才可能使用规定最长的电缆长度。只有在很短的距离下才能获得最高的速率传输。一般 100m 长的双绞线最大传输速率仅为 1Mb/s。

2. RS-232 串行口通信原理

和基本串行口通信原理一样，RS-232 串行口通信最重要的参数也是波特率、数据位、停止位和奇偶校验。标准规定：信息的开始为起始位，信息的结束为停止位；信息本身可以是 5、6、7、8 位再加一位奇偶校验位。如果两个信息之间无信息，则写 1 表示空。对于两个进行通信的端口，这些参数必须匹配，才能实现通信。但在传输电平上比较特殊，其原理如图 6-18 所示。

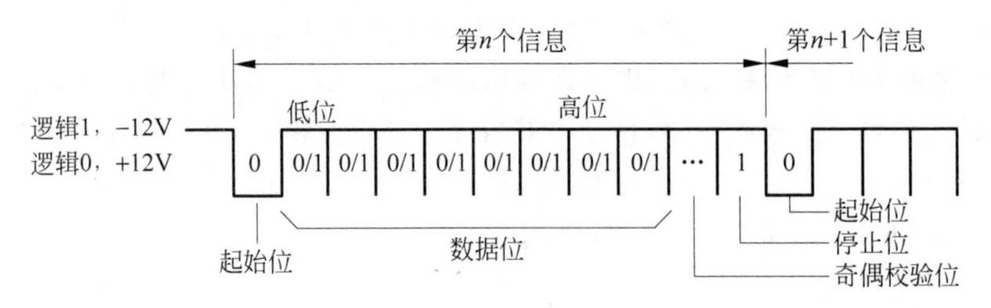

图 6-18　RS-232 串行口通信数据格式图

3. RS-232 串行接口

1）RS-232 接口机械特性

图 6-19(a)所示为 DB-25、DB-9 的外形，图 6-19(b)所示为接线图。通常阳头(带针)用于计算机侧，阴头(带孔)用于连接线侧。图 6-20 所示是 DB-25、DB-9 的引脚说明。

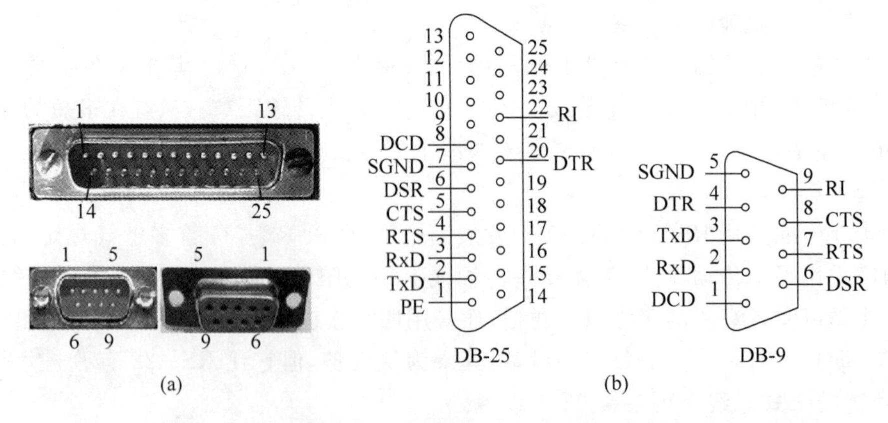

图 6-19　RS-232 串行口通信接口外形与接线图

RS-232C DB9，DB25串口引脚定义图

9针RS-232串口(DB-9)			25针RS-232串口(DB-25)		
引脚	简写	功能说明	引脚	简写	功能说明
1	DCD	载波侦测（Carrier Detect）	8	DCD	载波侦测（Carrier Detect）
2	RxD	接收数据（Receive）	3	RxD	接收数据（Receive）
3	TxD	发送数据（Transmit）	2	TxD	发送数据（Transmit）
4	DTR	数据终端准备（Data Terminal Ready）	20	DTR	数据终端准备（Data Terminal Ready）
5	SGND	信号地线（Signal Ground）	7	SGND	地线（Signal Ground）
6	DSR	数据准备好（Data Set Ready）	6	DSR	数据准备好（Data Set Ready）
7	RTS	请求发送（Request To Send）	4	RTS	请求发送（Request To Send）
8	CTS	清除发送（Clear To Send）	5	CTS	清除发送（Clear To Send）
9	RI	振铃指示（Ring Indicator）	22	RI	振铃指示（Ring Indicator）

图 6-20　RS-232 串口 DB-9 与 DB-25 引脚说明

2）RS-232 接口电气特性

RS-232C 采用负逻辑电平，规定－15～－3V 为逻辑 1，＋3～＋15V 为逻辑 0。－3～＋3V 是未定义的过渡区。图 6-21 所示是标准 TTL 电平与 RS-232 电平的比较。

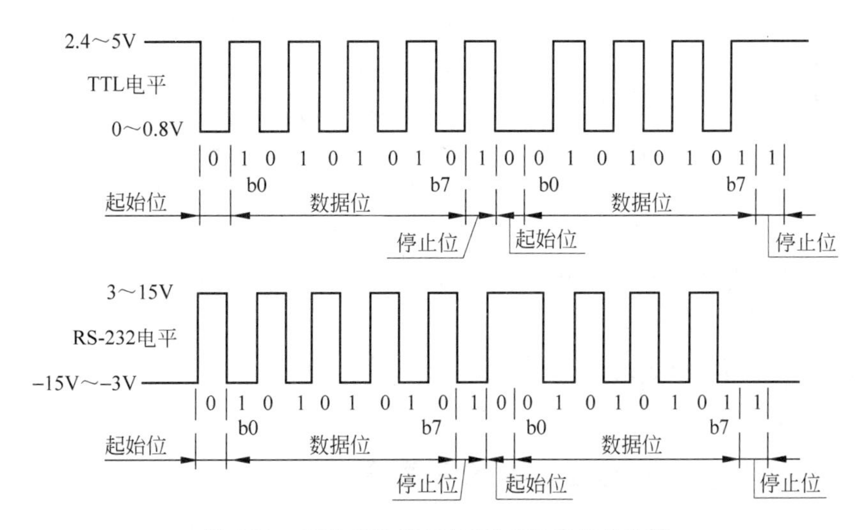

图 6-21　标准 TTL 电平与 RS-232 电平的比较

3) RS-232 接口电平转换

RS-232 与 TTL 之间的电平转换目前多采用 MAX232、MAX220、HIN232 等芯片，它们同时集成了 RS-232 电平与 TTL 电平之间的互换。下面详细介绍 MAX232 芯片。

(1) MAX232 引脚介绍。MAX232 是一种把计算机的串行口 RS-232 信号电平(－10V，＋10V)转换为单片机所用到的 TTL 信号电平(0，＋5)M 的芯片。如图 6-22 所示，MAX232 由 3 部分组成。

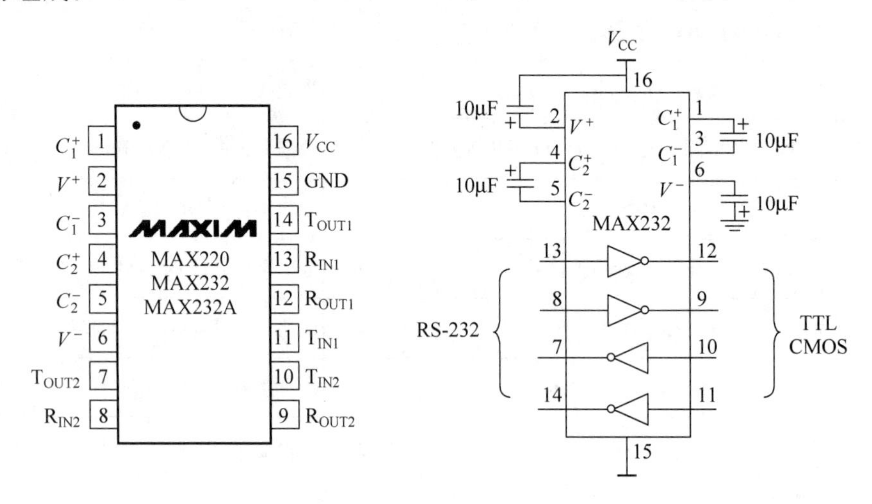

图 6-22　MAX232 引脚和芯片内部电路图

① 第一部分是电荷泵电路。由引脚 1、2、3、4、5、6 和 4 只电容构成。功能是产生 12V 和－12V 的两个电源，提供给 RS-232 串行口电平。

② 第二部分是数据转换通道。由引脚 7、8、9、10、11、12、13、14 构成两个数据通道。

其中引脚 13(R_{IN1})、引脚 12(R_{OUT1})、引脚 11(T_{IN1})、引脚 14(T_{OUT1})为第一数据通道。

引脚 8(R_{IN2})、引脚 9(R_{OUT2})、引脚 10(T_{IN2})、引脚 7(T_{OUT2})为第二数据通道。

TTL/CMOS 数据从引脚 11(T_{IN1})、引脚 10(T_{IN2})输入转换成 RS-232 数据从引脚 14(T_{OUT1})、引脚 7(T_{OUT2})送到计算机的 DB-9 插头；DB-9 插头的 RS-232 数据从引脚 13(R_{IN1})、引脚 8(R_{IN2})输入转换成 TTL/CMOS 数据后从引脚 12(R_{OUT1})、引脚 9(R_{OUT2})输出。

③ 第三部分是供电。引脚 15 GND、引脚 16 V_{CC}(＋5V)。

(2) MAX232 电路举例。图 6-23 和图 6-24 中都是用的第二通道，DB-9 接 PC，引脚 9、10 可接单片机串口，编程即可。

6.2.3　厉兵秣马

1. “单片机与 PC 的通信实验”应用思路

1) 算法分析

让单片机通过串行方式将数据传送给 PC 汇总，PC 也可以将数据送到单片机进行相应的处理。本例中 PC 将数据送到单片机时通过 P1 上的 LED 显示出来，在按键按下 K1 时单

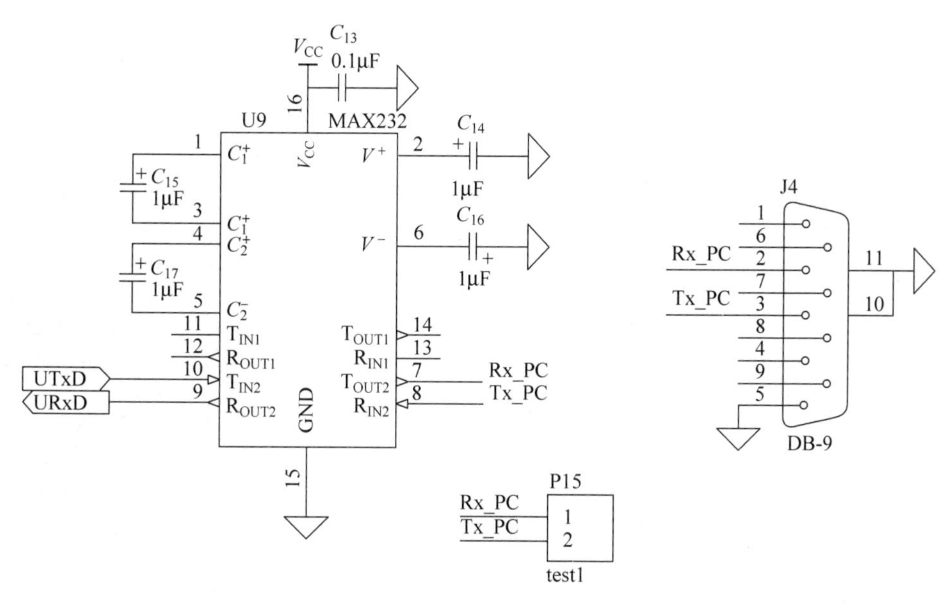

图 6-23　MAX232 应用电路图一

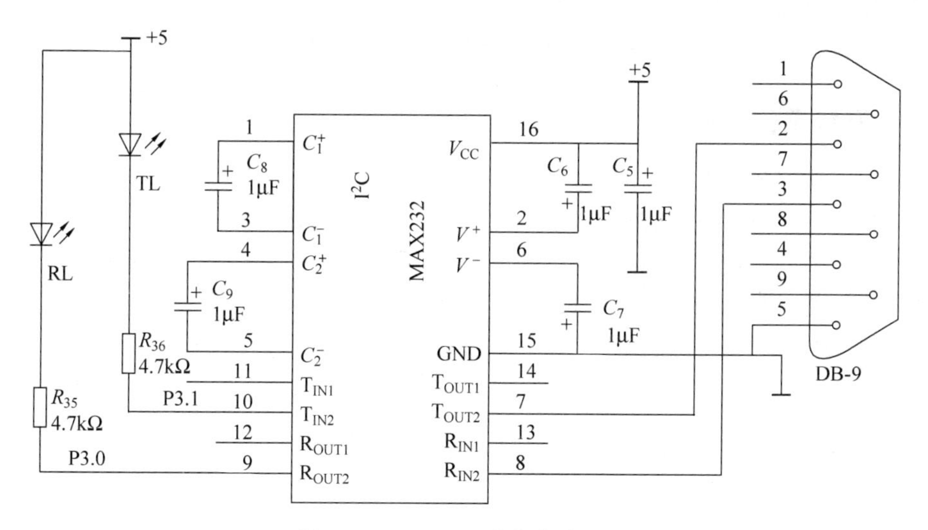

图 6-24　MAX232 应用电路图二

片机将数据 55H 传送给 PC，在按键按下 K2 时单片机将数据 FFH 传送给 PC。

（1）使 PC 将数据送到单片机时通过 P1 上的 LED 显示出来，因为这是模拟过程，并没有真正使用 PC 的串口，所以需要一个“PC 模拟串口软件”，以设置 PC 与单片机的串口并相互配对。还需要使用“串口调试助手”软件，它可以将 PC 发送的数据形象地通过串行方式传送并显示出来。

（2）在按键按下 K1 时单片机将数据 55H 传送给 PC，在按键按下 K2 时单片机将数据 FFH 传送给 PC，这需要使用“串口调试助手”软件，它可以将单片机发送的数据显示出来。

(3) 这两个过程正常工作的前提是调试助手串口工作方式和单片机的串口工作方式必须一致,并在单片机一侧用数据监视器和示波器监视数据和波形。

2) 硬件电路

根据需要,本产品所用硬件设备主要有以下四部分。

(1) 单片机最小系统,包括单片机微处理器 AT89S52、电源电路、时钟电路、复位电路等。

(2) 串口通信电路,这部分使用一个模拟串口,如图 6-25 所示,并具有电平转换功能,可以直接连接单片机与 PC。

(3) LED 控制电路,主要包括 8 只 LED、使用 P1 进行驱动。

(4) 按键控制电路,主要包括 K1、K2 两个按键,分别接 P3.2、P3.3,当按键按下时,分别发送不同的数据到 PC。

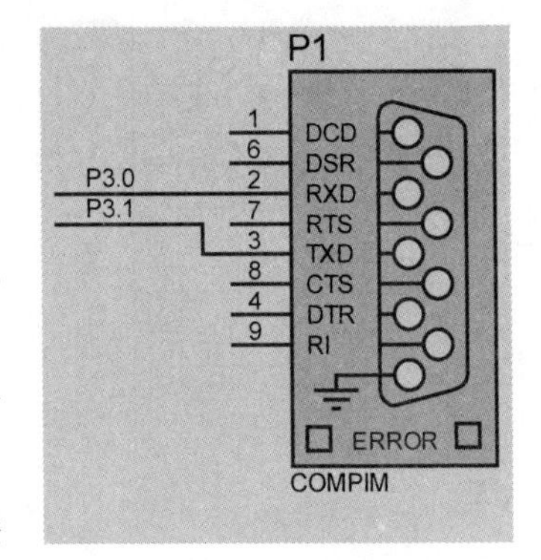

图 6-25 模拟串口

2. 单片机资源调配

基于以上思路,分配单片机的输入和输出接口资源:选用 P3.0、P3.1 作为通信口,P3.2、P3.3 作为按键控制输入口,P1 为 8 位 LED 阴极控制端口。

3. 系统工作原理

首先打开画好的仿真电路图,通过虚拟串口软件设置好单片机和 PC 端的虚拟串口,并打开串口调试助手,然后启动仿真。单片机开始工作后,主程序初始化串口并开放接收数据功能,然后不停地判别按键是否按下,如按下则发送相应的数据到 PC,数据将会在调试助手窗口中显示出来。如其间发现有数据接收,则直接送至 P1 驱动 LED 进行显示。

下面进入设计过程,并通过电路图和软件进行软件仿真和模拟仿真,完成软件仿真、模拟仿真的步骤。

6.2.4 步步为营

1. 在 Proteus 中绘制电路图

本阶段将模拟单片机与 PC 的通信实验,仿真电路图如图 6-26 所示。

2. 使用 Keil C51 编写程序

使用 Keil C51 新建工程项目,建立“单片机与 PC 的通信实验.c”的文件,输入以下代码。

```
/* 程序名称: MCU 与 PC 通信实验
 * 程序功能: MCU 接收 PC 数据通过 P1 驱动 LED,按键发送相应数据到 PC */
#include <at89x51.h>
```

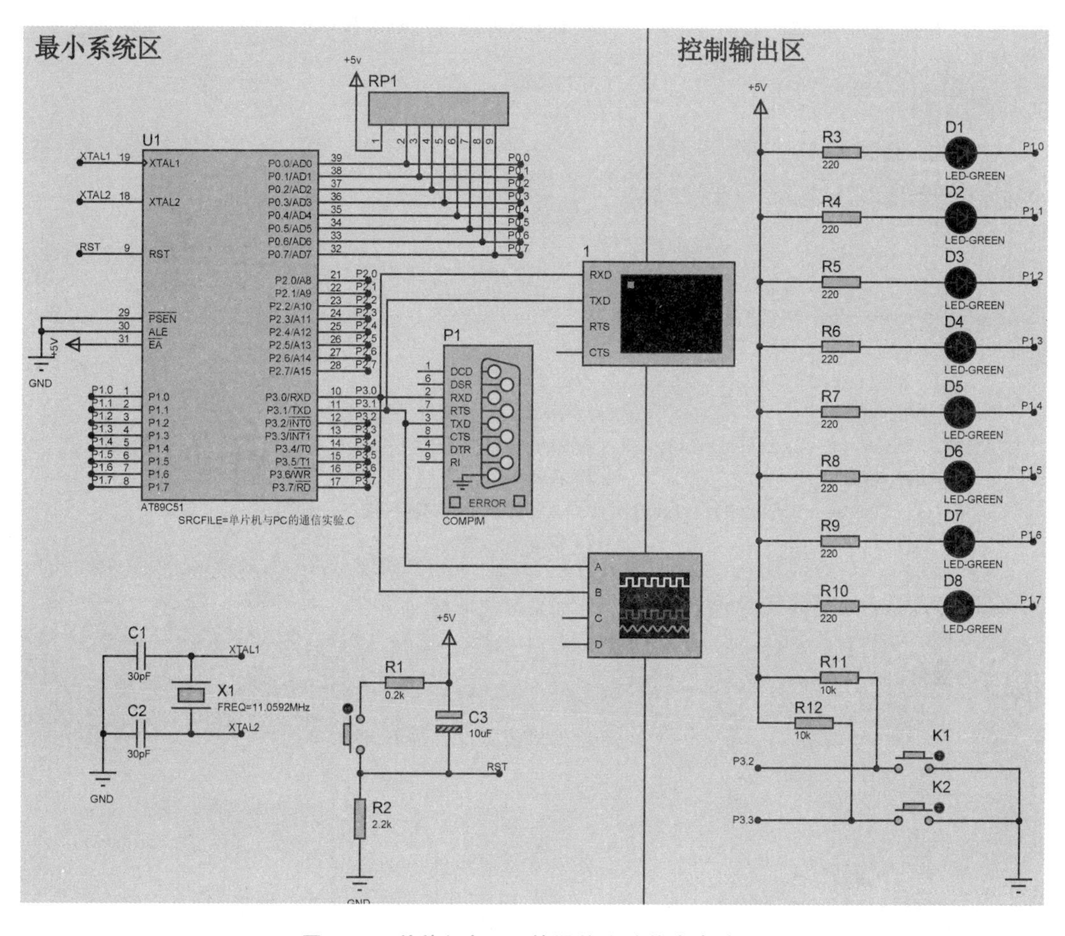

图 6-26　单片机与 PC 的通信实验仿真电路图

```
#include<string.h>
#define uchar unsigned char
#define uint unsigned int

/* -------------- xms 延时函数 ---------------- */
void mDelay(uint DelayTime)
{  uint j = 0;
   for(;DelayTime>0;DelayTime--)
   {  for(j=0;j<125;j++);
   }
}
/* -------------- 串行发送字符 ---------------- */
void SendData(uchar Dat)
{  SBUF = Dat;                         //发送 Dat
   while(!TI);
   TI = 0;
}
/* -------------- 串行发送字符串 ------------- */
```

```
void SendStr(uchar * str)              //第 2 种发送字符串函数
{
   while( * str!= '\0')
   {
     SendData( * str);
     str++;
     mDelay(150);                      //延时 150ms
   }
}
/* --------------- 键盘函数 ----------------- */
uchar Key()
{  uchar KValue;                       //临时变量
   P3| = 0x3c;                         //中间 4 位置高电平 00111100
   if((KValue = P3|0xc3)!= 0xff)       //如果按键按下
   {  mDelay(10);                      //延时 10ms
      if((KValue = P3|0xc3)!= 0xff)    //如果按键还在按下状态
        for(;;)                        //等待
        {
          if((P3|0xc3) == 0xff)        //如果按键抬起
            return(KValue);            //返回键值
          break;
        }
      else return(0);                  //如果按键没有按下,返回 0
   }
}
void main()
{  uchar KeyValue;                     //定义键值变量 KeyValue
   P1 = 0xff;                          //熄灭 P1 口连接的所有发光二极管
   TMOD = 0x20;                        //确定定时器工作模式,模式 2,常数自动装入
   TH1 = 0xFD;                         //定时器 1 的初值,波特率为 9600Bd,晶体为 11.0592MHz
   TL1 = 0xFD;
   PCON| = 0x80;                       //SMOD = 1,波特率加倍
   TR1 = 1;                            //启动 T1
   SCON = 0x40;                        //串口工作方式 1,运行在 8 位模式,波特率与 T1 溢出率相关
   REN = 1;                            //允许接收
   for(;;)                             //无限循环
   {  if((KeyValue = Key())!= 0)       //调用按键函数,获取按键信息
      {  if(KeyValue == 0xfb!= 0xff)   //如果按键 K1 按下
           SendData(0x55);             //调用发送函数,送出 0x55
         if((KeyValue|0xf7)!= 0xff)    //如果按键 K2 按下
           SendStr("How are you!\r\n");   //调用发送函数,送出"How are you!"
      }
      if(RI == 1)                      //如果接收中断发生
      {  P1 = SBUF;                    //将接收数据写到端口 P1
         RI = 0;                       //清除接收标志位
      }
   }
}
```

将源程序进行编译,生成目标文件"单片机与 PC 的通信实验.hex"。

3. 电路模拟仿真

打开"串口调试助手"以及 VSPD 软件,如图 6-27 所示,添加串口号为 COM1 与 COM2。设置单片机和"串口调试助手"串口号分别为 COM1 与 COM2,并都设置两个接口的波特率均为 9600Bd,校验位为 NONE,数据位为 8,停止位为 1。

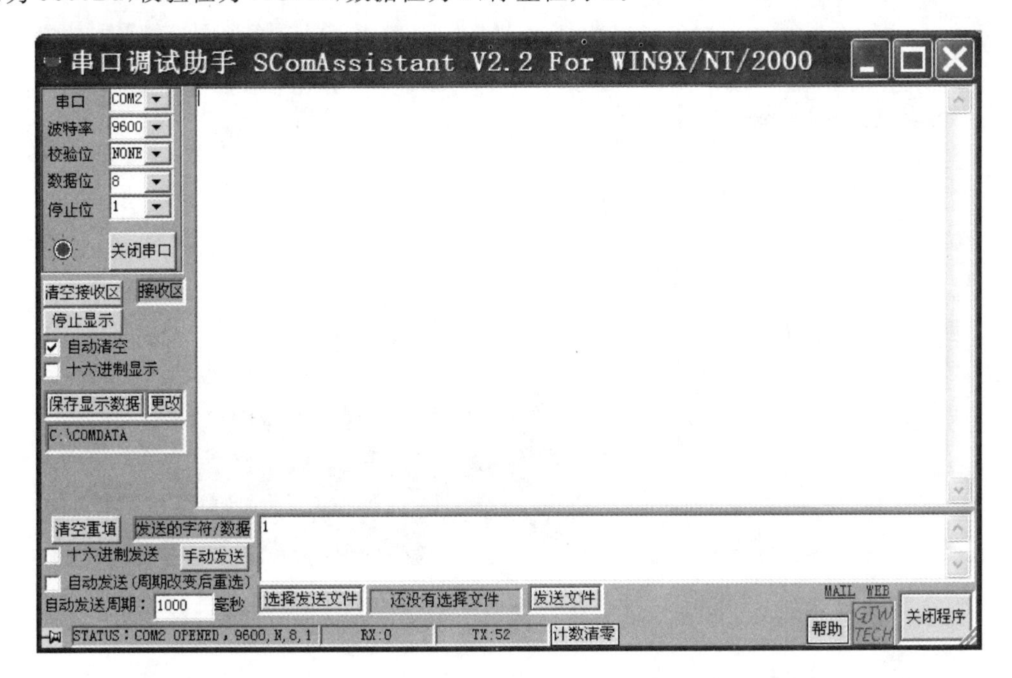

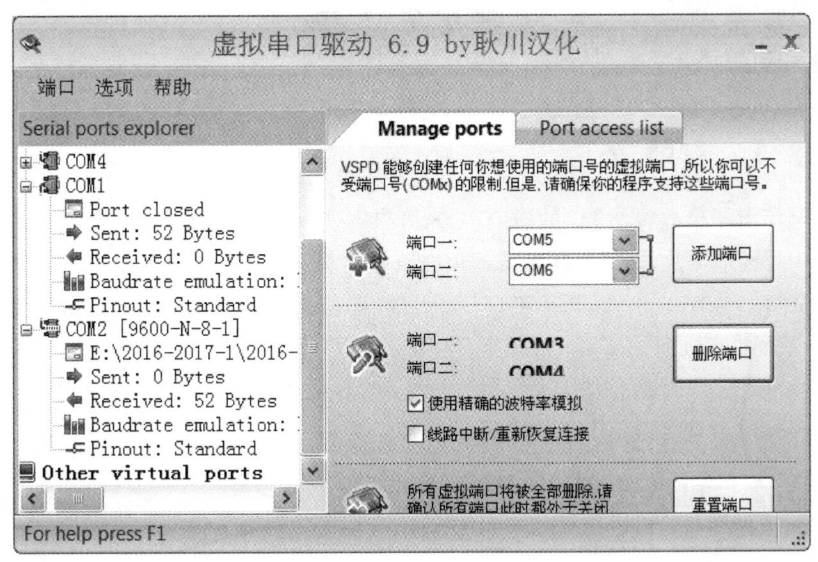

图 6-27　"串口调试助手"和 VSPD 软件界面

将“单片机与 PC 的通信实验.hex”加载到模拟仿真电路中，进行仿真，仿真效果如图 6-28 所示。

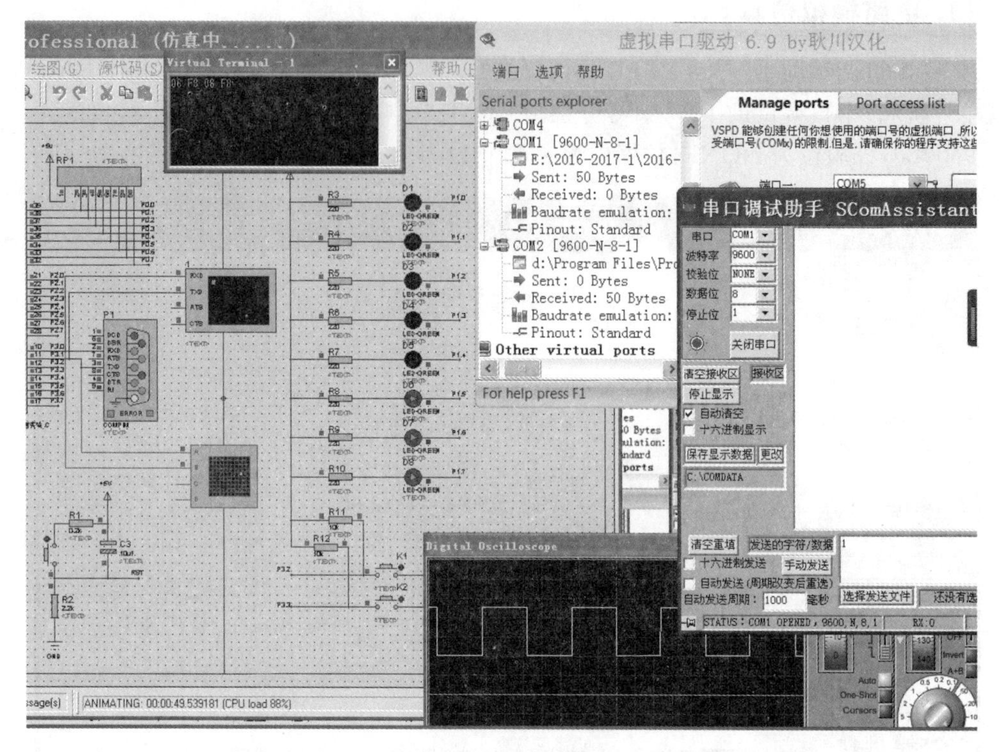

图 6-28 单片机与 PC 的通信实验仿真效果

6.3 任务 21：双机通信实验

6.3.1 有的放矢

前面已经了解了单片机与 PC 的通信实验，可以实现单片机与 PC 的数据交换，下面来了解单片机之间的相互通信实验，这在物联网或遥控电路中经常应用，例如，电视遥控控制过程：

控制信号→单片机编码→红外线传输(通信)→单片机解码→控制信号

所以，老 K 也做了双机通信实验，其任务是，要求用两片 AT89C51 单片机实现 A 机检测输入键盘信息，并通过串行通信方式传送给 B 机，在 B 机用数码管显示 A 机所按下的对应按键代号，0～9 显示对应数字，其余按键显示“—”。

6.3.2 知书达理

相关的知识在前面已有学习，此例只需要熟练运用即可。图 6-29 中有一个元件需要注意，即按键盘 KEYPAD-SMALLCALC。

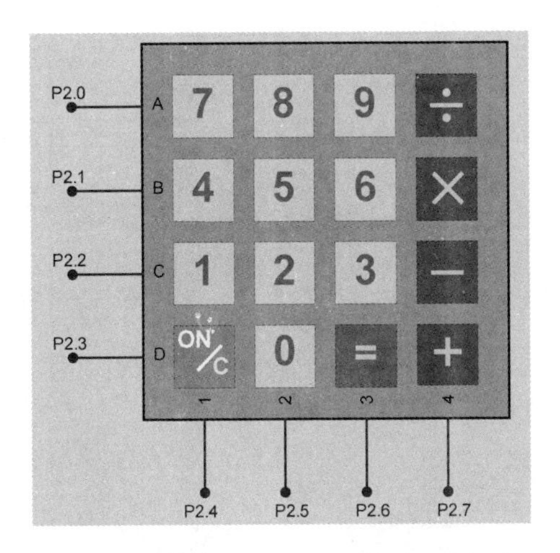

图 6-29　按键盘 KEYPAD-SMALLCALC

6.3.3　厉兵秣马

1. 双机通信实验应用思路

1）算法分析

项目开发过程是紧紧围绕一个或多个完整的项目展开的，因此项目的设计是单片机课程教学成败的关键。按照本项目要求，通过分析，该项目实际上是一个双机单向通信项目，只要掌握了该项目，双向通信问题不难理解，具体思路如下。

(1) A、B 单片机均采用 AT89C51，A 机须完成矩阵键盘扫描识别、键盘代码串行传输两项任务。B 机须完成串行接收代码、数码显示两项任务。本项目程序的关键就是串行通信程序部分。

(2) A 机通过检测 P2 口外接的矩阵键盘信息，并进行识别处理，产生相应的键盘代码，然后通过串行发送端 TxD/P3.1 发送给 B 机。

(3) B 机收到 A 机发送的键盘代码后，通过处理，从 P0 口输出七段数码管段码信号，驱动共阳极七段数码管显示键盘代码。

2）硬件电路

通过以上的任务分析，首先设计出硬件电路，并将电路在 Proteus 中绘制出来。电源电路用 5V，具体电路省略。时钟电路用来产生时钟信号供单片机工作，晶振采用 12MHz，平衡电容采用 33pF。复位电路在系统上电或运行过程中对单片机进行初始化操作。系统框图如图 6-30 所示。

在这里需要特别说明的是，在 Proteus 中单片机可以默认以最小系统工作，即可以不加上电源电路、复位电路、时钟电路也可以工作。不过为了便于直观观察，图 6-31 还是画出这些电路。在绘制时，双机只画出单机的这些电路，另一个不画。并且为了不产生标号冲突，B 机的引脚标号用数字表示。

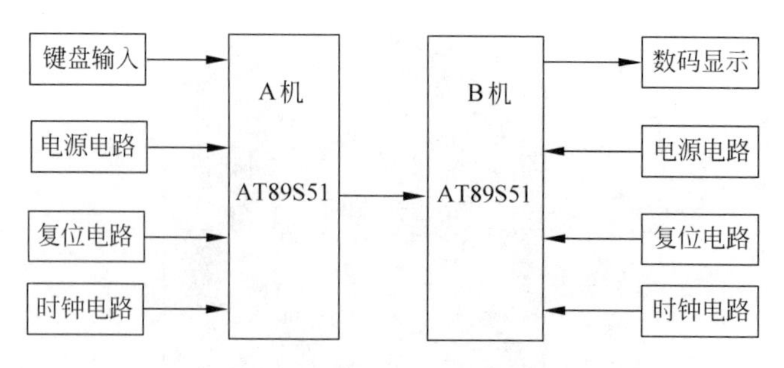

图 6-30　系统框图

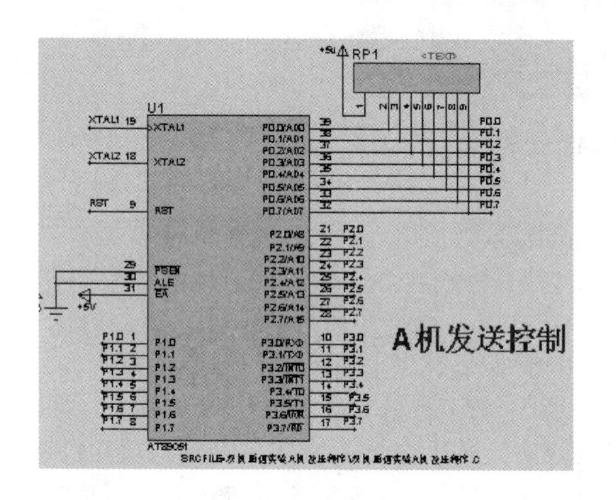

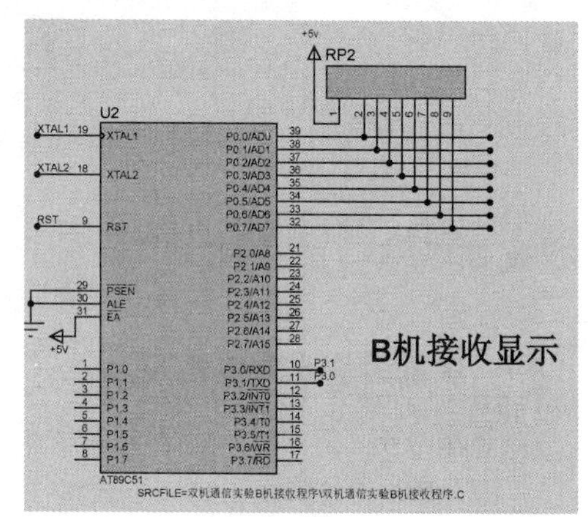

图 6-31　A、B 单片机系统仿真电路图

2. 单片机资源调配

基于以上思路，分配单片机的输入和输出接口资源。

A 机：利用 P2 口作为键盘检测输入口，P2.0～P2.3 为行线扫描，P2.4～P2.7 为列线检测，如图 6-32 所示。

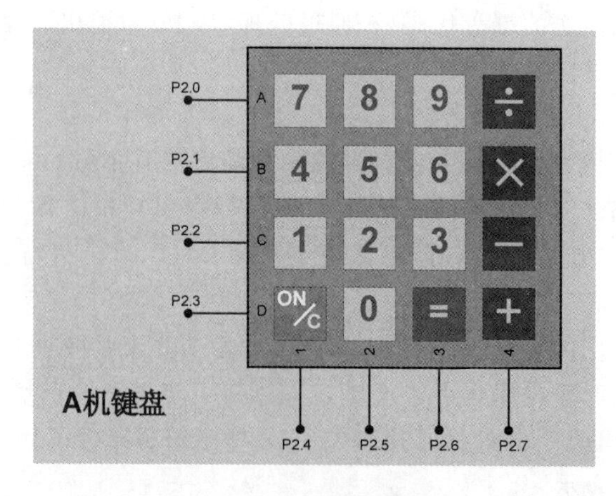

图 6-32　A 机键盘检测电路

B 机：本例中的输出系统是单个 LED 共阳极数码管显示电路，从 B 机 P0 输出段码控制信号，如图 6-33 所示。

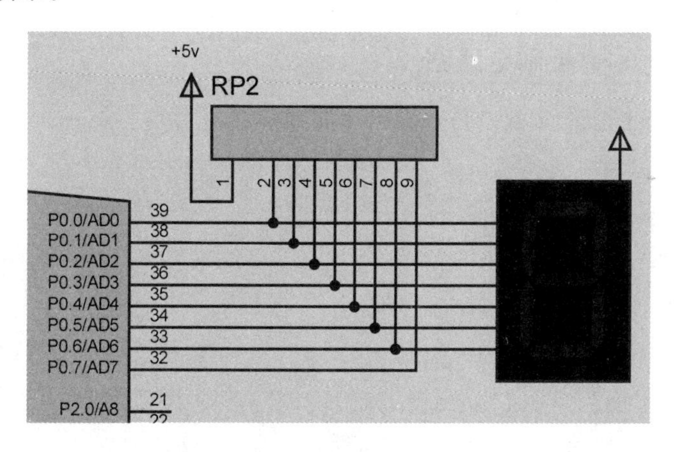

图 6-33　B 机数码显示仿真电路

通信部分：本例中的通信连接是将双机的 RxD 和 TxD 两脚，即 P3.0 和 P3.1 交叉相连。B 机的这两脚标号和 A 机对应。

3. 系统工作原理

系统工作原理流程如图 6-34 所示。

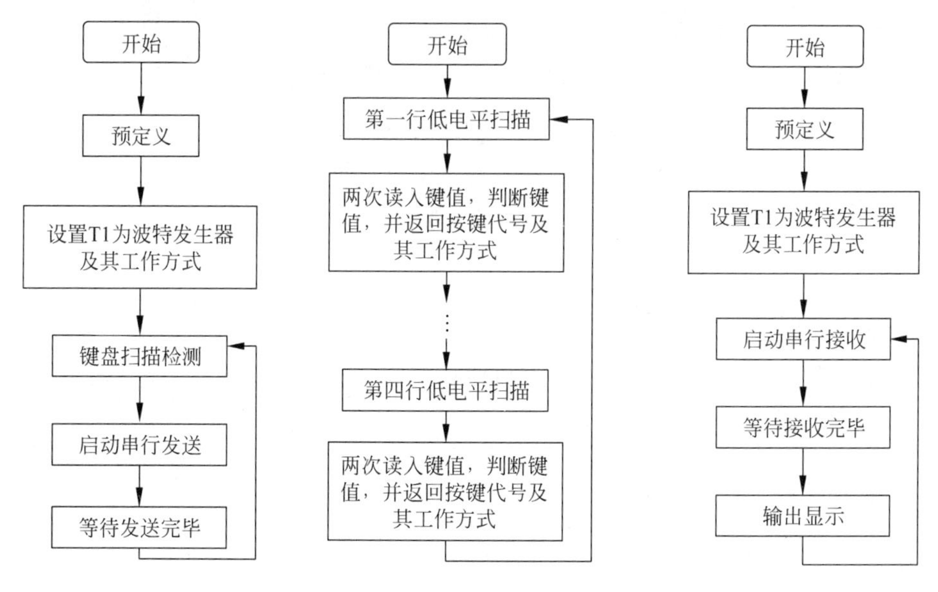

图 6-34　系统工作原理流程图

下面进入设计过程，并通过电路图和软件进行软件仿真和模拟仿真，完成软件仿真、模拟仿真的步骤。

6.3.4 步步为营

1. 在 Proteus 中绘制电路图

本阶段将模拟双机通信实验。仿真电路图如图 6-35 所示。

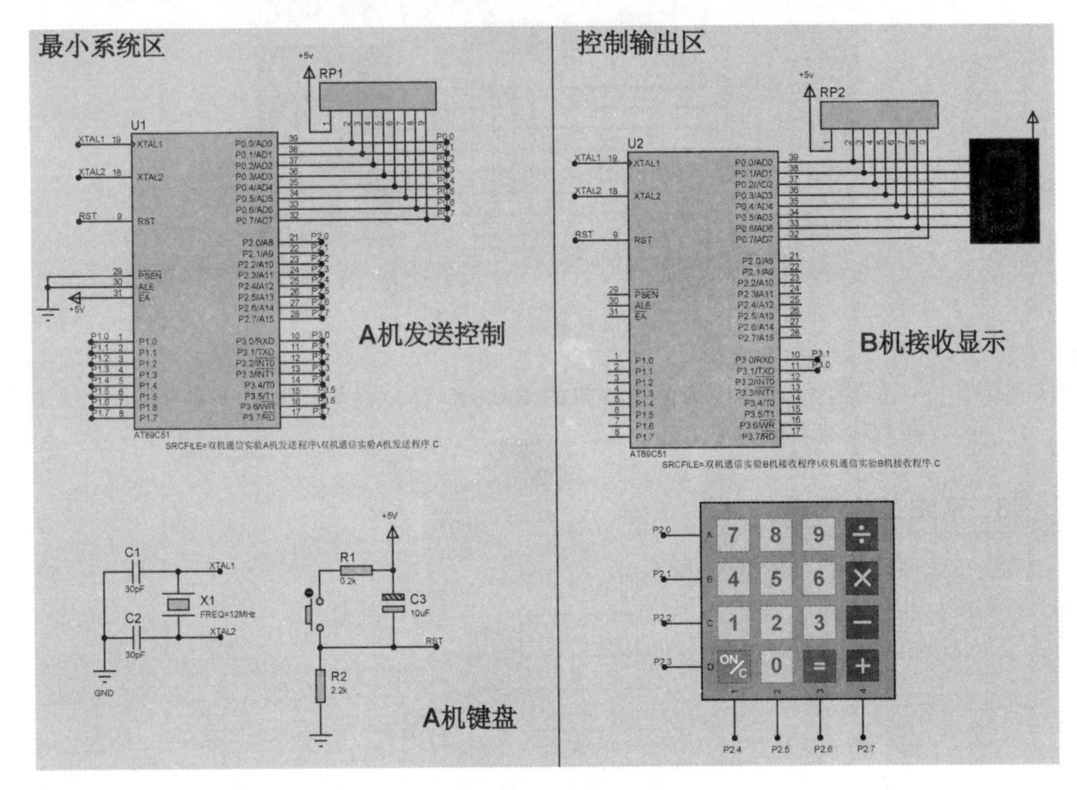

图 6-35 双机通信实验仿真电路图

2. 使用 Keil C51 编写程序

使用 Keil C51 新建工程项目，建立"双机通信实验.c"的文件，输入以下代码。

```
/* 程序名称：A 机发送程序
 * 程序功能：检测按键并发送键值给 B 机 */
#include <at89x51.h>
#define uchar unsigned char
#define uint unsigned int
#define key_4x4_port P3                    //定义 P3 口为键盘输入
uchar key;                                 //按键值
void delayms(uint xms);                    //1ms 延时程序
void key_4x4_scan();                       //键盘扫描指示程序
uchar d[11] = {0,1,2,3,4,5,6,7,8,9,10};    //发送的数据
```

```
void delay();

/* -------------- xms 延时程序 ---------------- */
void delayms(uint xms)
{   uint i,j;
    for(i = xms;i > 0;i -- )                    //延时 xms
        for(j = 110;j > 0;j -- );
}
/* --------------- 键盘扫描指示程序 -------------- */
void key_4x4_scan()
{   uchar temp ;                                //临时变量
    key_4x4_port = 0xfe;                        //P3 口输入第一行扫描低电平
    temp = key_4x4_port;                        //读入 P3 口的值
    temp = temp&0xf0;                           //屏蔽低 4 位
    if(temp!= 0xf0)                             //判断是否有键按下
    {  delayms(10);                             //延时 10ms 去抖
       temp = key_4x4_port;                     //再判断是否有键按下
       temp = temp&0xf0;
       if(temp!= 0xf0)
       {  temp = key_4x4_port;                  //再读入 P3 口的值
          switch(temp)                          //判断第一行哪个按键按下并指示
          {  case 0xee:key = 7; break;
             case 0xde:key = 8; break;
             case 0xbe:key = 9; break;
             case 0x7e:key = 10;break;
          }
          while(temp!= 0xf0)                    //等待第一行按键释放
          {  temp = key_4x4_port;
             temp = temp&0xf0;
          }
       }
    }
    key_4x4_port = 0xfd;                        //P3 口输入第二行扫描低电平
    temp = key_4x4_port;
    temp = temp&0xf0;
    if(temp!= 0xf0)
    {  delayms(10);
       temp = key_4x4_port;
       temp = temp&0xf0;
       if(temp!= 0xf0)
       {  temp = key_4x4_port;
          switch(temp)
          {  case 0xed:key = 4; break;
             case 0xdd:key = 5; break;
             case 0xbd:key = 6; break;
             case 0x7d:key = 10; break;
```

```
        }
        while(temp!= 0xf0)
        {   temp = key_4x4_port;
            temp = temp&0xf0;
        }
    }
}
key_4x4_port = 0xfb;                    //P3 口输入第 3 行扫描低电平
temp = key_4x4_port;
temp = temp&0xf0;
if(temp!= 0xf0)
{   delayms(10);
    temp = key_4x4_port;
    temp = temp&0xf0;
    if(temp!= 0xf0)
    {   temp = key_4x4_port;
        switch(temp)
        {   case 0xeb:key = 1; break;
            case 0xdb:key = 2; break;
            case 0xbb:key = 3; break;
            case 0x7b:key = 10; break;
        }
        while(temp!= 0xf0)
        {   temp = key_4x4_port;
            temp = temp&0xf0;
        }
    }
}
key_4x4_port = 0xf7;                    //P3 口输入第 4 行扫描低电平
temp = key_4x4_port;
temp = temp&0xf0;
if(temp!= 0xf0)
{   delayms(10);
    temp = key_4x4_port;
    temp = temp&0xf0;
    if(temp!= 0xf0)
    {   temp = key_4x4_port;
        switch(temp)
        {   case 0xe7:key = 10; break;
            case 0xd7:key = 0; break;
            case 0xb7:key = 10; break;
            case 0x77:key = 10; break;
        }
        while(temp!= 0xf0)
        {   temp = key_4x4_port;
            temp = temp&0xf0;
```

```
            }
        }
    }
}

main()
{
    uchar i;
    PCON = 0x80;                        //波特率加倍
    SCON = 0x40;                        //方式 1,波特率与 T1 溢出率相关
    //IE = 0x90;                        //开串口中断
    TMOD = 0x20;                        //T1 方式 2
    TH1 = 0xfd;                         //串口速度为 19.2Kbps
    TL1 = 0xfd;
    TR1 = 1;                            //启动 T1

    while(1){
      key_4x4_scan();
      SBUF = d[key];                    //启动串口并发送数据
      while(1){
        if(TI == 1){                    //检测,发送完发送下一数据
            TI = 0;                     //清中断
            break;
        }
      }
      delay();                          //发送速度控制
    }
}
void delay(){
    unsigned int i;
    for(i = 0;i < 40;i++){
    }
}

/* 程序名称: B 机发送程序
 * 程序功能: 检测键值并通过 P0 口显示相应字符 */
#include <at89x51.h>
unsigned char code d[11] =              //LED 字符码
{  0xc0,0xF9,0xA4,0xB0,0x99,0x92,
   0x82,0xF8,0x80,0x90,0xbf
};
main(){
   PCON = 0x80;                         //波特率加倍
   SCON = 0x50;                         //方式 1,允许接收

   IE = 0x90;                           //开串口中断
```

```
    TMOD = 0x20;                        //T1 方式 2
    TH1 = 0xfd;                         //串口速度为 19.2Kbps
    TL1 = 0xfd;
    TR1 = 1;                            //启动 T1

    while(1){
        if(RI == 1){                    //检测
            P0 = d[SBUF];               //显示
            RI = 0;                     //清中断
        }
    }
}
```

将源程序分别加载到 A、B 机进行编译，生成目标文件“双机通信实验.hex”。

3. 电路模拟仿真

将“双机通信实验.hex”加载到模拟仿真电路中进行仿真，仿真效果如图 6-36 所示。

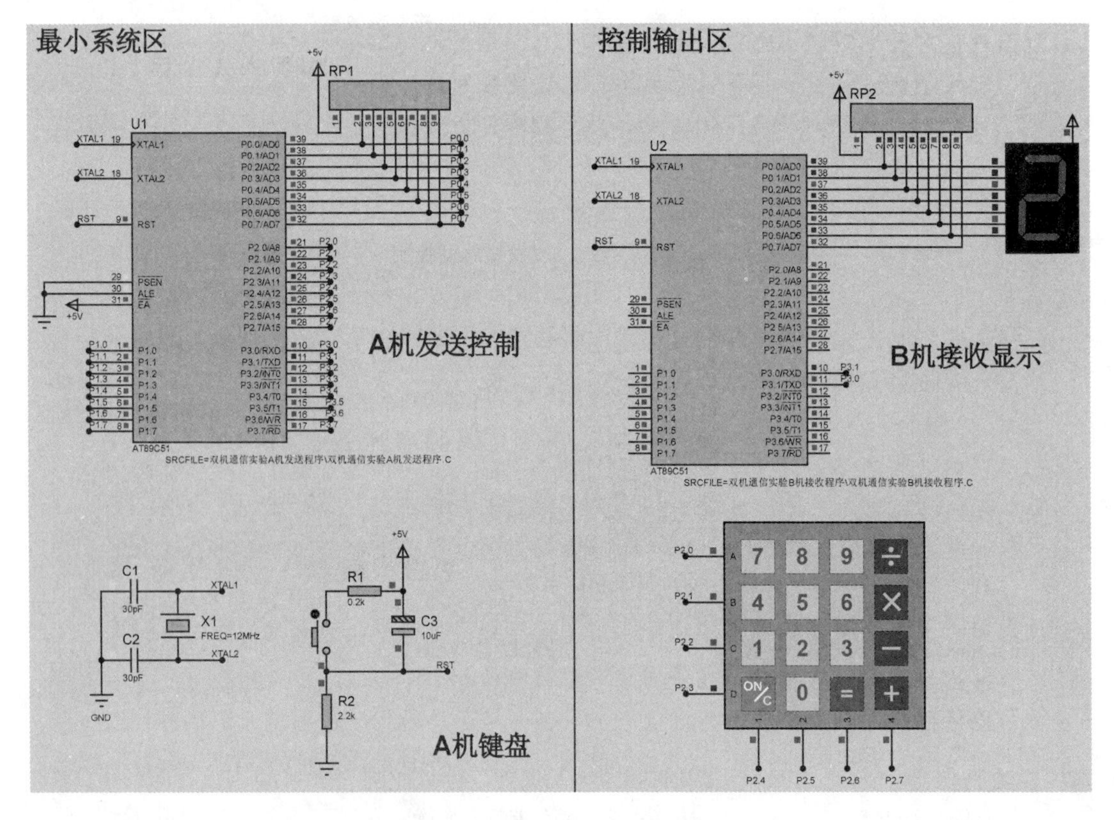

图 6-36　双机通信实验仿真效果

登高望远

拓展8 74LS164、74HC595应用

根据前面所学的知识和方法，发挥主观能动性，用74LS164、74HC595来扩展单片机的串口功能，分别用它们推动8只LED灯闪烁。

借题发挥

1. 用两只74HC595来扩展单片机的串口功能，用它们推动两只LED数码管显示00～99s计时。使用Keil C51编程并软件仿真，在Proteus中画出相应的电路并模拟仿真。

2. 用两片51单片机，使A机和B机分别接收对方的8个按键值，并用数码管显示出来。使用Keil C51编程并软件仿真，在Proteus中画出相应的电路并模拟仿真。

项 目 7

键盘与显示

饮水思源

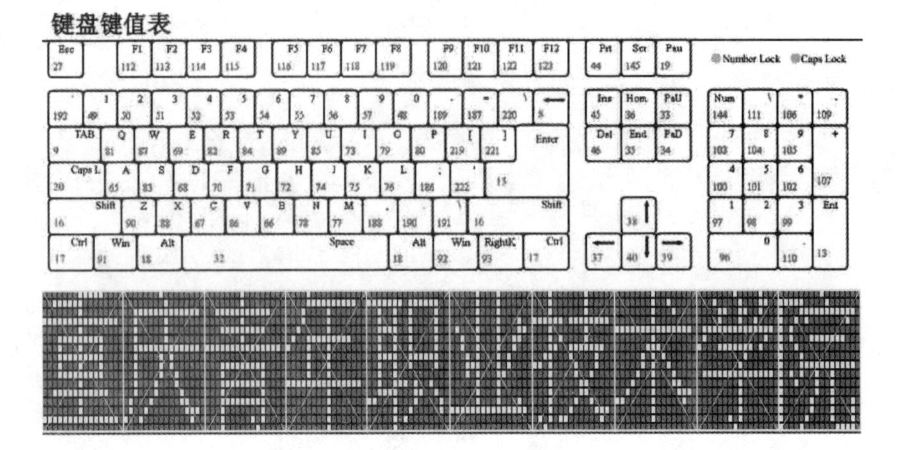

见多识广

(1) 掌握独立式键盘、矩阵式键盘的原理及应用。

(2) 掌握 LED 数码管静态、动态显示原理及编程方法。

(3) 掌握 LED 点阵字符静态、动态显示原理及编程方法。

(4) 了解字符型 LCD 的工作原理,熟悉 LCD1602 显示原理及编程方法。

游刃有余

(1) 能分析设计任务,掌握键盘控制电路的工作原理及控制方法。

(2) 能使用 Proteus 软件绘制键盘控制电路原理图。

(3) 能使用 Keil 软件编译程序对"超级光圈""16 键键盘指示""LED 数码管交替显示-12345-HELLO""LED 点阵显示汉字""LCD 显示字符"电路进行控制,并与 Proteus 软件联调,实现相应电路的仿真。

庖丁解牛

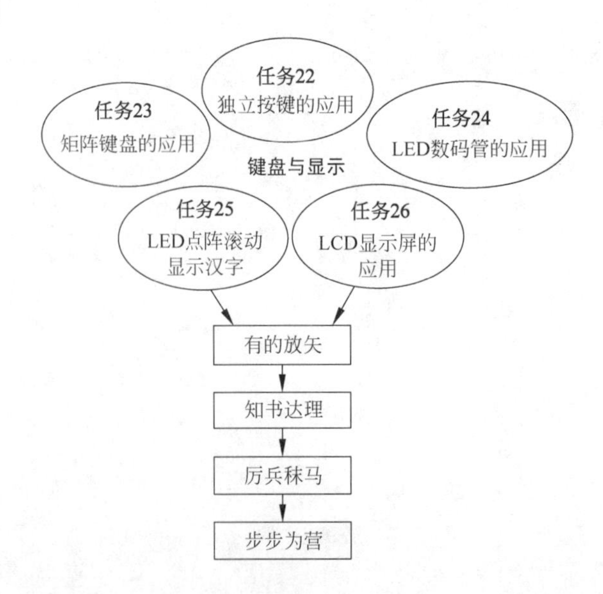

7.1 任务22：独立按键的应用

7.1.1 有的放矢

在本任务中，通过做一个"四音盒"，即用一个按键控制圆形排列的8只LED灯显示，每按一次按键则加1，输出的音乐也改变一次。这样，可以根据这个方法，做出能发出声音的彩灯音乐盒，甚至能自动切换的五彩缤纷的彩灯，美化人们的生活环境，也使人们更加快乐地生活。

7.1.2 知书达理

根据项目要求，这是一个独立按键识别，需要对按键次数进行计数，并根据计数值的不同执行相应程序的一次应用。那用单片机怎样识别按键的按下状态呢？又怎样对按键次数计数后，再去执行相应的动作呢？

1. 独立按键的用法

因为单片机的I/O口在悬空时一般都是高电平，为了保证按下按键时能准确地检测到，就需要使按键按下时呈现低电平。如图7-1所示，一般采用如下接法。

当按键断开时，P×.×保持高电平状态，如果按键按下，则P×.×上会出现低电平及脉冲，这样可以通过检测低电平或是脉冲来判断开关的状态，或是采用中断的写法，去执行相应的动作。常用的写法如下。

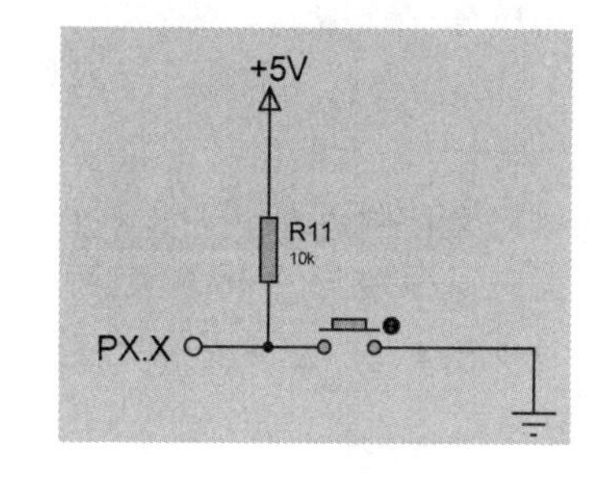

图7-1 四音盒按键输入仿真电路图

```
if(key == 0)
   语句;
while(key == 1);
   语句;
```

中断写法在前面已经讲过，在此不再重复。主要是要注意中断号不能用错。

2. 按键分支程序的写法

本例中，需要对按键的次数进行计数，所以可以用计数变量计数，并用switch分支语句对该变量判断并执行相应程序，进而去执行相应的动作。常用的写法如下。

```
while(1)
{
  if(key == 0)
    i++;
  if(i == m + 1)
```

```
    i = 0;
  switch(i)
  {   case 1:语句 1;break;
      case 2:语句 2;break;
      case 3:语句 3;break;
      case 4:语句 4;break;
      …
      case n:语句 n;break;
  }
}
```

7.1.3 历兵秣马

1. “四音盒”设计思路

图 7-2 所示的“四音盒”是由一个独立的按键进行控制的。现在试着完成只有一个控制按钮,每按一次就切换一个频率的“四音盒”。

1) 算法分析

(1) 用 P1.0 上所接按键产生触发信号,每触发一次计数变量 i 加 1;然后用 switch 语句对 i 进行判值,并执行相应分支程序。

(2) 需要注意的是,开关可以用其他传感器或检测装置替代,输出电路可用彩灯电路等,即可实现各种自动计数触发控制电路。

2) 硬件电路

根据需要,本产品所用硬件设备很简单,主要有以下 3 部分。

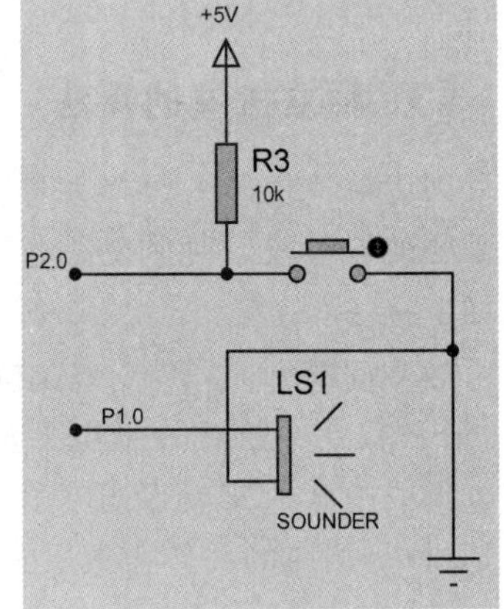

图 7-2 四音盒的输入/输出仿真电路图

(1) 单片机最小系统,包括单片机微处理器 AT89S52、电源电路、时钟电路、复位电路等。这一部分是核心处理电路。

(2) 独立按键电路,主要就是按钮电路,由一个电阻和一个按钮构成。

(3) 音乐输出电路,主要由一个蜂鸣器电路构成。

2. 单片机资源调配

基于以上思路,分配单片机的输入和输出接口资源:选用 P2.0 作为按键输入口,每按按钮一次,产生 1 次触发信号,CPU 在响应触发时切换一个频率;P1.0 输出音频信号,驱动蜂鸣器发声。

3. 系统工作原理

在主程序中,循环执行以下动作。

(1) 按键状态判别,如按下则计数器加1。

(2) 判别计数器是否为最大值,如是则归0。

(3) 判别键值,并执行相应程序段。

下面将进入设计过程,并通过电路图和软件完成软件仿真、模拟仿真、实物仿真、实际应用4个过程中的前两个重要的步骤。

7.1.4　步步为营

1. 在 Proteus 中绘制电路图

本阶段要画出变速"四音盒"的仿真电路图,如图7-3所示。

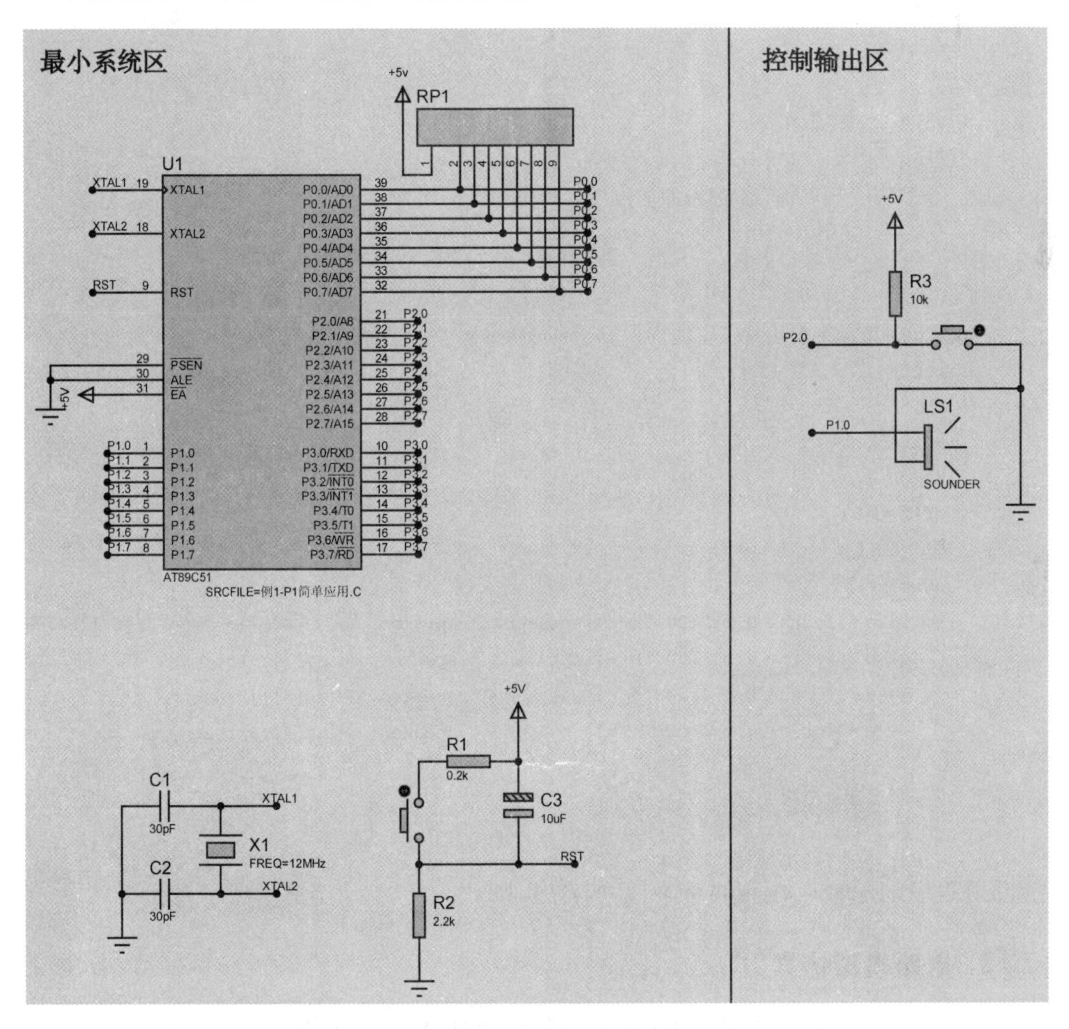

图7-3　四音盒的仿真电路图

2. 使用 Keil C51 编写程序

本例采用最简分支形式，可以在此基础上加以改进。使用 Keil C51 新建工程项目，建立“四音盒.c”的文件，输入以下代码。

```
/* 名称：四音盒
 * 说明：P2.0 作为按键输入口；P1.0 为音频输出口，输出一段时间的音频。
 * 每按一次按键则换一个频率 */

#include <reg51.h>                    //包含头文件 reg51.h
sbit speaker = P1^0;                  //定义位名称
sbit key = P2^0;
void delay(unsigned char i)
{
    unsigned char j,k;
    for(k = 0;k < i;k++)
        for(j = 0;j < 167;j++);
}

void main()                           //主函数
{   unsigned int i = 0,b;
    while(1)
    {
        while(key == 1);
        i++;
        if(i == 5)
            i = 0;
        switch(i)
        {   case 1:for(b = 0;b < 1000;b++){speaker = ~speaker; delay(4);}break;   //输出高电平
            case 2:for(b = 0;b < 1000;b++){speaker = ~speaker; delay(3);}break;
            case 3:for(b = 0;b < 1000;b++){speaker = ~speaker; delay(2);}break;
            case 4:for(b = 0;b < 1000;b++){speaker = ~speaker; delay(1);}break;
        }
    }
}
```

将源程序进行编译，生成目标文件“四音盒.hex”。

3. 电路模拟仿真

将“四音盒.hex”加载到模拟仿真电路中进行仿真，仿真效果如图 7-4 所示。

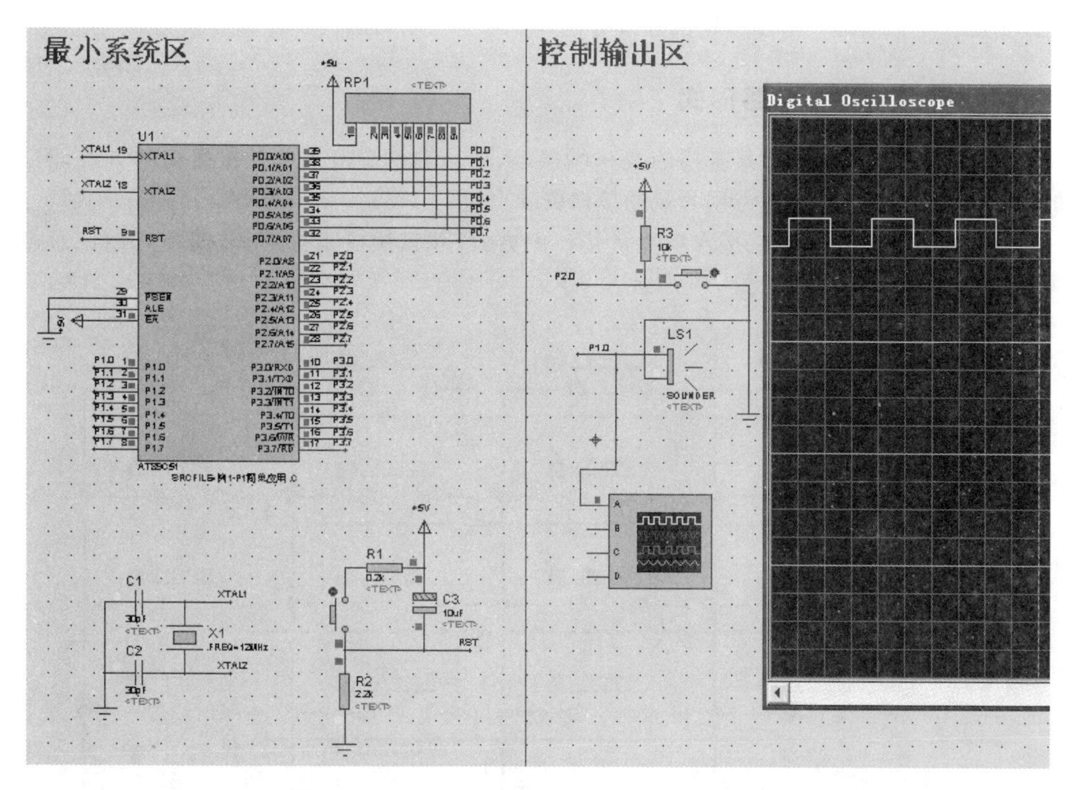

图 7-4 四音盒的仿真效果

7.2 任务 23：矩阵键盘的应用

7.2.1 有的放矢

在生活中，经常会用到多按键的情况，如电话、手机、密码机、计算器、电子琴、电子秤、计算机等。如图 7-5 所示，这些设备都会用到多个按键来进行数字或字符的录入。在单片机应用中，自然也经常用到。下面学习用单片机 I/O 口来实现多按键功能，用相应的 LED 来指示按键状态。通过此例可以实现其他用到多键盘的情形。

图 7-5 多按键情况

7.2.2 知书达理

前面使用独立按键的时候，可以看出，一个按键就会占用一条 I/O 口线。如果使用的按键较多，比如 MCS-51 中超过 32 位，该如何处理呢？并且，当所有的 I/O 全用在了按键上，则其他任务不好处理，非常浪费

I/O 资源。下面梳理一下多按键的处理方法。

1. 矩阵键盘的电路形式

前面学习了独立按键，其采用的是一端接地，另一端单端接入单片机接口的方式，明显的缺点就是无法进行组合，占用大量的接口资源。

本任务中采用按键双端接入单片机接口的方式，并且构成组合形式，即矩阵键盘形式，可以大量节约接口资源，如图 7-6 所示。

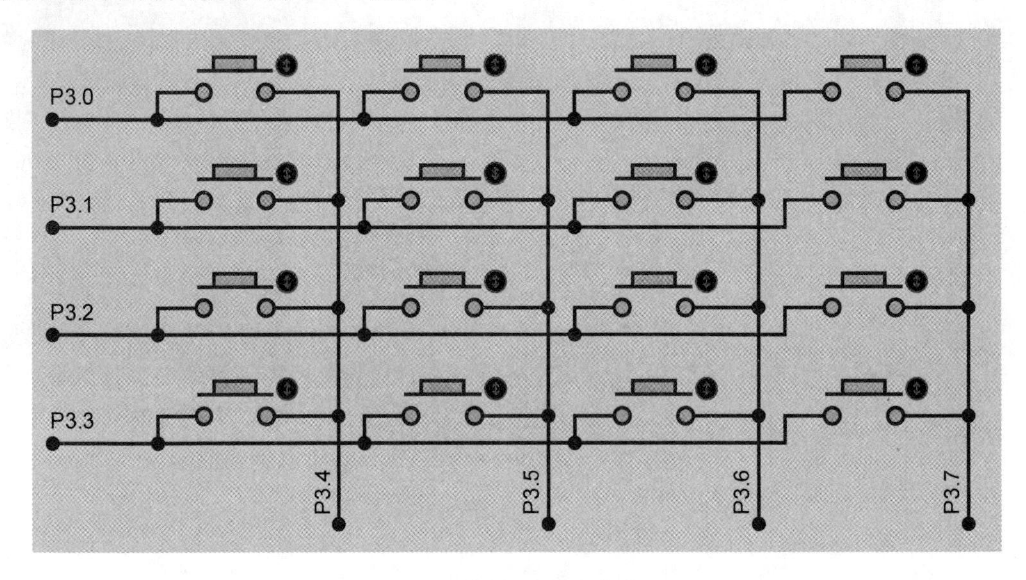

图 7-6　矩阵键盘仿真电路图

两种方式都是以单片机接口的电平由高变低作为按键按下的判定条件。因此，在矩阵键盘形式中，按键盘的一端，必须首先出现低电平，然后检测另外一端，若出现低电平，即为按键按下。根据出现低电平的行列不同，可以分为行扫描和列扫描两种形式。

1）行扫描方式工作原理

以图 7-6 为例，首先是单片机的 P3.0～P3.3 四行依次出现低电平，当某行出现低电平时，则判断 P3.4～P3.7 哪一列上出现低电平，即相应行、列交叉点上的按键按下。

2）列扫描方式工作原理

以图 7-6 为例，首先是单片机的 P3.4～P3.7 四列依次出现低电平，当某列出现低电平时，则判断 P3.0～P3.3 四行哪一行上出现低电平，即相应列、行交叉点上的按键按下。

3）键值判别方式工作原理

根据行扫描和列扫描方式，每当一个按键按下，则单片机的接口上会有一个固定值与之对应，称该值为键值。由此，可以通过直接判断该值，来作为按键按下的条件，故称为键值判别法。

2. 矩阵键盘程序设计

1）行扫描方式程序示例

以行扫描为例，第一行键盘扫描程序段如下，当P3.0行出现低电平时，单片机判断P3口是否出现0xee、0xde、0xbe、0x7e，如果有，则P3.4～P3.7相应列上按键按下，P2、P0驱动对应LED点亮。

```
P3 = 0xfe;                                  //P3 口输入第一行扫描低电平
temp = P3;                                  //读入 P3 口值
temp = temp&0xf0;                           //屏蔽低 4 位
if(temp!= 0xf0)                             //判断是否有键按下
{
  delayms(10);                              //延时 10ms 去抖
  temp = P3;
  temp = temp&0xf0;
  if(temp!= 0xf0)                           //再判断是否有键按下
  {   temp = P3;                            //再读入 P3 口值
      P0 = 0;P2 = 0;                        //关闭指示
      switch(temp)                          //判断第一行哪个按键按下并指示
      {   case 0xee:P0 = 0X01;delayms(50); break;
          case 0xde:P0 = 0X02;delayms(50); break;
          case 0xbe:P0 = 0X04;delayms(50); break;
          case 0x7e:P0 = 0X08;delayms(50); break;
      }
  }
}
```

2）列扫描方式及键值判别方式练习

请依据上述方法原理，将上一段程序用列扫描方式以及键值判别方式重新书写并调试。

7.2.3 厉兵秣马

1. 矩阵键盘应用设计思路

1）算法分析

（1）首先要确定使用哪种矩阵键盘扫描方式。这里选用行扫描方式，使单片机的P3.0～P3.3四行依次出现低电平，然后扫描P3.4～P3.7，获得按键键值，由键值获得对应的按键位置，并点亮对应位置的指示灯。

（2）要注意的是，判别按键按下的过程中，需要有消抖动的程序设计，否则会出现按键不灵的状况。

2）硬件电路

根据需要，本产品所用硬件设备主要有3部分。

（1）单片机最小系统，包括单片机微处理器AT89S52、电源电路、时钟电路、复位电路等。这一部分是核心处理电路。

(2) 按键扫描部分,如图 7-7 所示,本仿真电路图中省略了限流电阻。

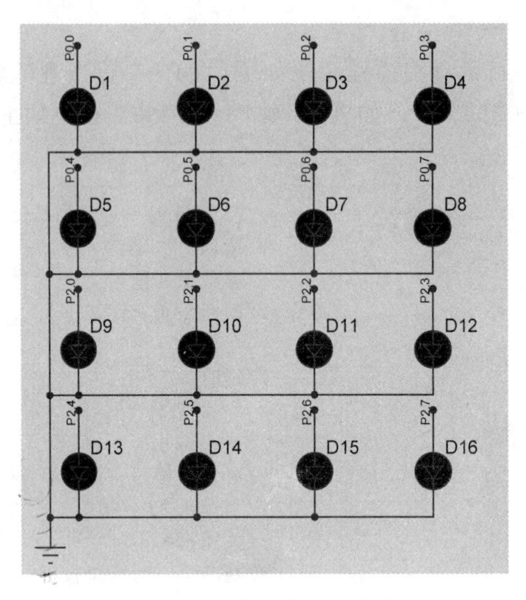

图 7-7 键盘指示灯仿真电路图

(3) LED 控制电路,主要包括 16 个 LED,本仿真图省略了限流电阻。分别由 P0、P2 控制。

2. 单片机资源调配

基于以上思路,分配单片机的输入和输出接口资源:选用 P3 口作为矩阵键盘扫描输入接口,P0、P2 控制 16 位 LED。

3. 系统工作原理

单片机开始工作后,主程序循环调用键盘扫描及对应 LED 显示函数,一旦有按键按下,则对应的 LED 点亮。键盘扫描原理在前面已经阐述,此处不重复。

下面进入设计过程,并通过电路图和软件完成软件仿真、模拟仿真的步骤。

7.2.4 步步为营

1. 在 Proteus 中绘制电路图

本阶段用行扫描方式来显示矩阵键盘按键状态,以此熟悉矩阵键盘扫描方式的应用,仿真电路图如图 7-8 所示。

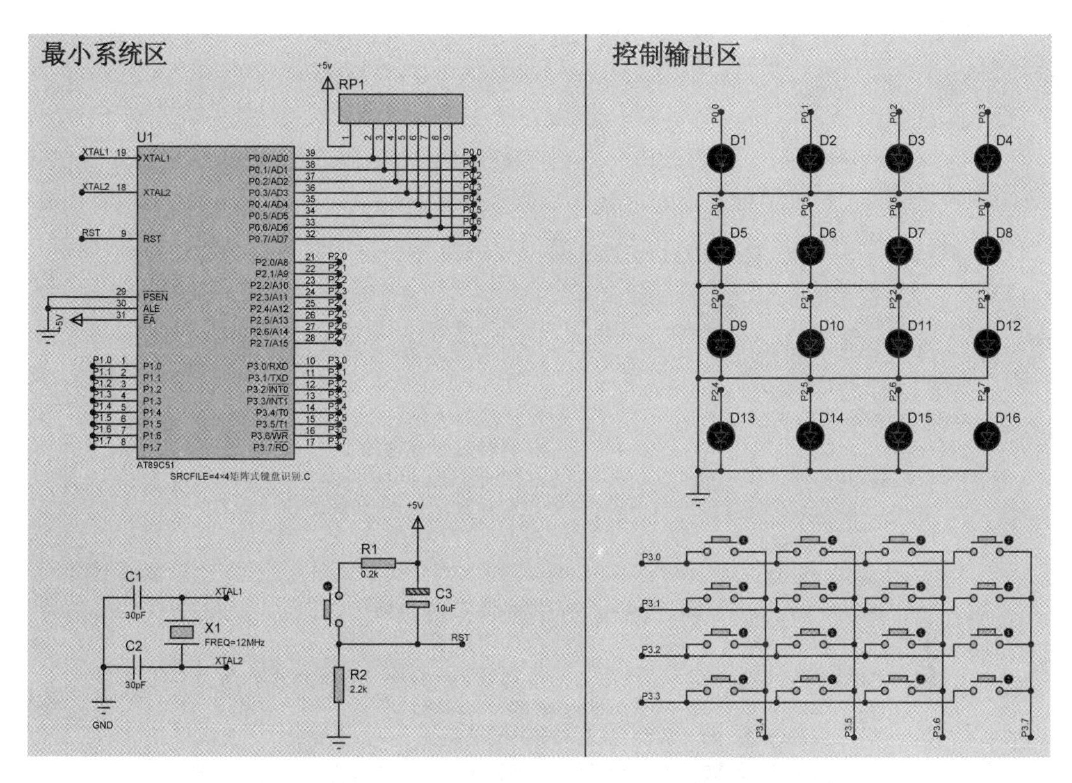

图 7-8 单片机矩阵键盘应用仿真电路图

2. 使用 Keil C51 编写程序

使用 Keil C51 新建工程项目，建立"矩阵键盘应用.c"的文件，输入以下代码。

```
/**** 矩阵键盘应用,P3 口作键盘输入,P0、P2 口作按键指示 *****/
#include <AT89X51.h>
#define uchar unsigned char
#define uint unsigned int
#define key_4x4_port P3                    //定义 P3 口为键盘输入
uchar key;                                 //按键值
void delayms(uint xms);                    //1ms 延时程序
void key_4x4_scan();                       //键盘扫描指示程序
/* ================== 主程序 ====================== */
void main()
{
  P0 = 0;                                  //关闭 LED 指示
  P2 = 0;                                  //关闭 LED 指示
  key = 0xff;
  while(1)
  {
      key_4x4_scan();
  }
```

```
}
/* --------------- xms延时程序 ---------------- */
void delayms(uint xms)
{   uint i,j;
    for(i = xms;i > 0;i -- )                //延时xms
        for(j = 110;j > 0;j -- );
}
/* ---------------- 键盘扫描指示程序 --------------- */
void key_4x4_scan()
{   uchar temp ;                            //临时变量
    key_4x4_port = 0xfe;                    //P3口输入第一行扫描低电平
    temp = key_4x4_port;                    //读入P3口值
    temp = temp&0xf0;                       //屏蔽低4位
    if(temp!= 0xf0)                         //判断是否有键按下
    {   delayms(10);                        //延时10ms去抖
        temp = key_4x4_port;                //再判断是否有键按下
        temp = temp&0xf0;
        if(temp!= 0xf0)
        {   temp = key_4x4_port;            //再读入P3口值
            P0 = 0;P2 = 0;                  //关闭指示
            switch(temp)                    //判断第一行哪个按键按下并指示
            {   case 0xee:P0 = 0x01;delayms(50); break;
                case 0xde:P0 = 0x02;delayms(50); break;
                case 0xbe:P0 = 0x04;delayms(50); break;
                case 0x7e:P0 = 0x08;delayms(50); break;
            }
            while(temp!= 0xf0)              //等待第一行按键释放
            {   temp = key_4x4_port;
                temp = temp&0xf0;
            }
        }
    }
    key_4x4_port = 0xfd;                    //P3口输入第二行扫描低电平
    temp = key_4x4_port;
    temp = temp&0xf0;
    if(temp!= 0xf0)
    {   delayms(10);
        temp = key_4x4_port;
        temp = temp&0xf0;
        if(temp!= 0xf0)
        {   temp = key_4x4_port;
            P0 = 0;P2 = 0;
            switch(temp)
            {   case 0xed:P0 = 0x10;delayms(50); break;
                case 0xdd:P0 = 0x20;delayms(50); break;
                case 0xbd:P0 = 0x40;delayms(50); break;
                case 0x7d:P0 = 0x80;delayms(50); break;
            }
            while(temp!= 0xf0)
```

```
            {    temp = key_4x4_port;
                 temp = temp&0xf0;
            }
        }
    }
    key_4x4_port = 0xfb;                    //P3 口输入第三行扫描低电平
    temp = key_4x4_port;
    temp = temp&0xf0;
    if(temp!= 0xf0)
    {    delayms(10);
         temp = key_4x4_port;
         temp = temp&0xf0;
         if(temp!= 0xf0)
         {    temp = key_4x4_port;
              P0 = 0;P2 = 0;
              switch(temp)
              {    case 0xeb:P2 = 0x01;delayms(50); break;
                   case 0xdb:P2 = 0x02;delayms(50); break;
                   case 0xbb:P2 = 0x04;delayms(50); break;
                   case 0x7b:P2 = 0x08;delayms(50); break;
              }
              while(temp!= 0xf0)
              {    temp = key_4x4_port;
                   temp = temp&0xf0;
              }
         }
    }
    key_4x4_port = 0xf7;                    //P3 口输入第四行扫描低电平
    temp = key_4x4_port;
    temp = temp&0xf0;
    if(temp!= 0xf0)
    {    delayms(10);
         temp = key_4x4_port;
         temp = temp&0xf0;
         if(temp!= 0xf0)
         {    temp = key_4x4_port;
              P0 = 0;P2 = 0;
              switch(temp)
              {    case 0xe7:P2 = 0x10;delayms(50); break;
                   case 0xd7:P2 = 0x20;delayms(50); break;
                   case 0xb7:P2 = 0x40;delayms(50); break;
                   case 0x77:P2 = 0x80;delayms(50); break;
              }
              while(temp!= 0xf0)
              {    temp = key_4x4_port;
                   temp = temp&0xf0;
              }
         }
    }
}
```

将源程序进行编译,生成目标文件“矩阵键盘应用.hex”。

3. 电路模拟仿真

将"矩阵键盘应用.hex"加载到模拟仿真电路中进行仿真,仿真效果如图 7-9 所示。

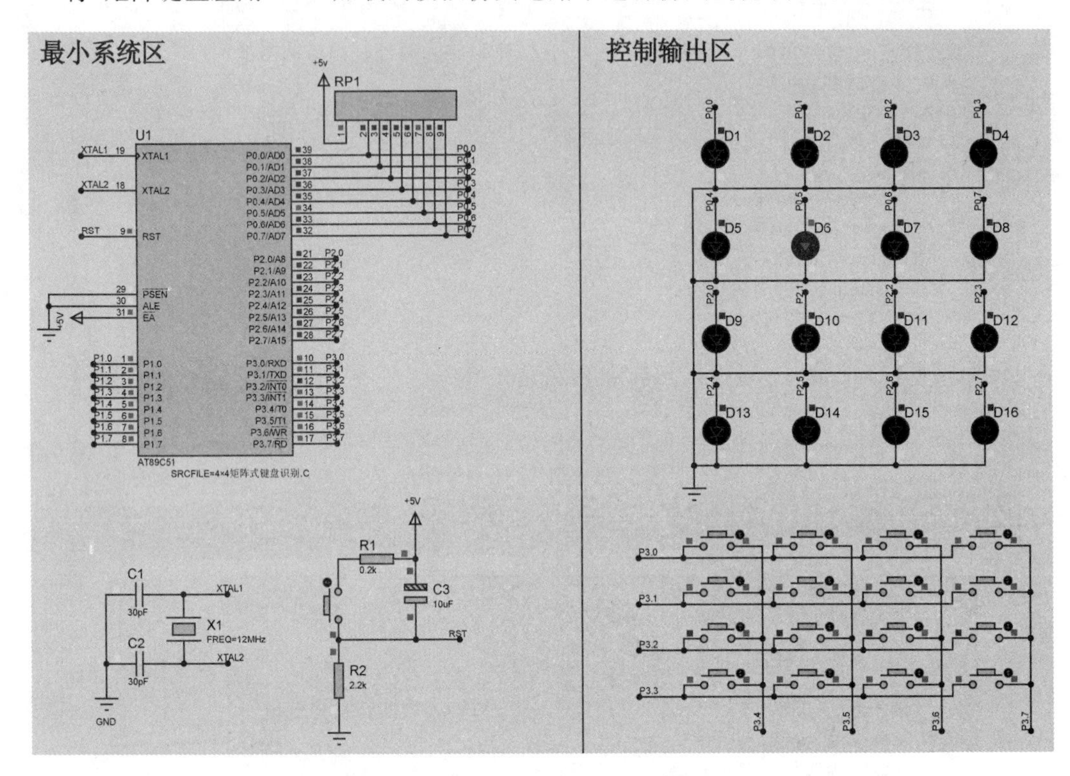

图 7-9 单片机矩阵键盘应用仿真效果

7.3 任务 24:LED 数码管的应用

7.3.1 有的放矢

在生活中,经常遇到使用 LED 数码管显示数字或简单字符的情况。例如电子钟、电子秤、电梯楼层指示、汽车挡位指示、记分牌、倒计时牌等,都会用到数码管显示数字或者简单字符,如图 7-10 所示。下面学习用单片机 I/O 口实现按键控制 LED 数码管来交替显示"-HELLO"或"-12345"。通过此例来学习数码管显示的应用。

图 7-10 木壳 LED 电子钟

7.3.2 知书达理

在使用 LED 数码管之前,需要先了解 LED 数码管的工作原理。

1. LED 数码管的结构与工作原理

1）LED 数码管的结构

LED 数码管实质上是由 LED 发光二极管组成的，其外形如图 7-11 所示。每一笔画就相当于一个发光二极管。根据公共脚的接法不同，可分为共阳极数码管和共阴极数码管两种基本类型。LED 数码管的内部结构如图 7-12 所示。

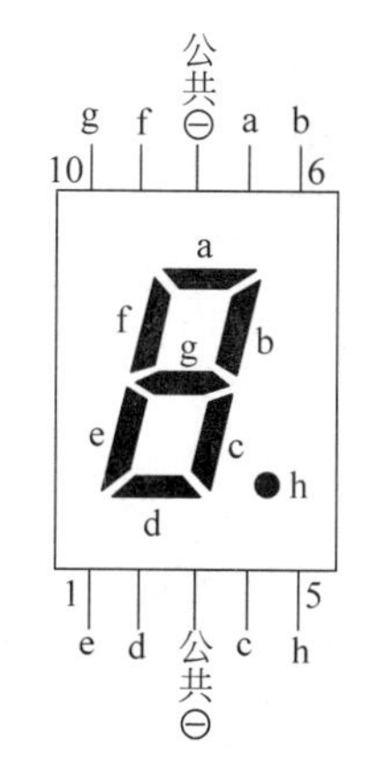

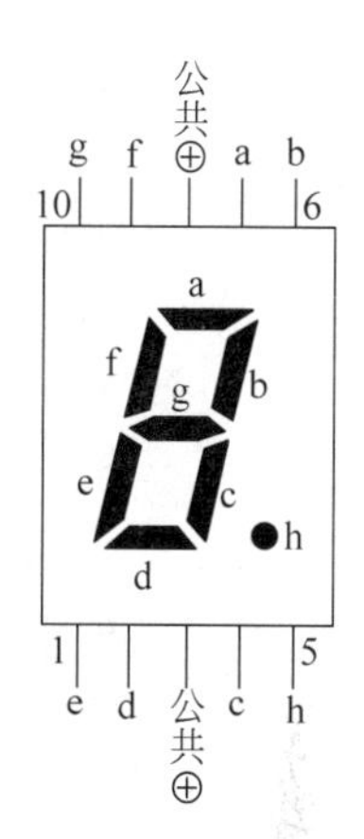

图 7-11　LED 的外形与引脚图

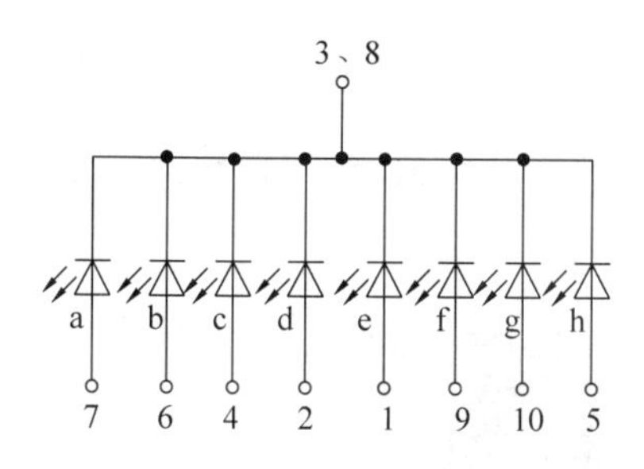

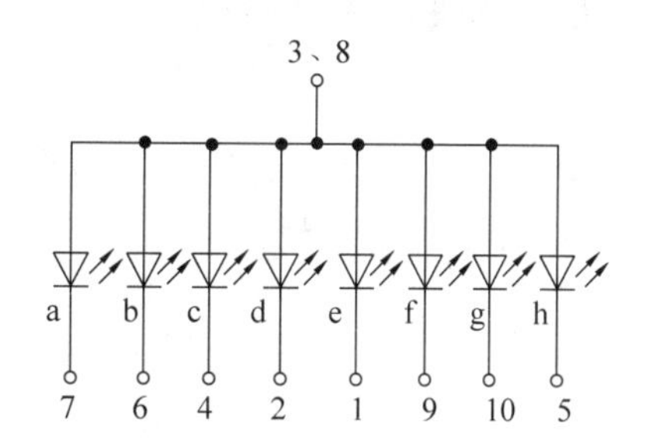

图 7-12　LED 的内部结构图

2）LED 数码管的显示原理

根据 LED 数码管的结构，可分为七段、八段、十四段等。常用的是七段或八段 LED 数码管。通常可以让公共端接地或接高电平，控制端接单片机 I/O 口。当单片机输出对应控制电平时，即可点亮相应的笔画，构成所需的字符或数字。单片机输出的控制电平所组成的数码称为控制段码。LED 数码管的显示根据控制方式分为静态显示和动态显示两种基本方式。

（1）静态显示原理。LED 数码管静态显示原理就是在数码管的公共端加上点亮所需的固定电平，在控制端加上对应段码，使其稳定地显示字符或者数字。

（2）动态显示原理。LED 数码管动态显示原理就是在多个数码管的公共端轮流加上点亮所需的固定电平，在控制端加上对应段码，使其间歇地显示字符或者数字。特别要注意，此时提供段码的 I/O 口可以是独立或共用的。为节约 I/O 口资源，一般选用共用 I/O 口获取段码，当某数码管公共端有效时，共用 I/O 口输出对应段码。

3）LED 数码管的常用段码表

LED 数码管的常用段码如表 7-1 所示。

表 7-1 LED 数码管的常用段码

显示字符	共阳极段选码	共阴极段选码	显示字符	共阳极段选码	共阴极段选码
0	C0H	3FH	B	83H	7CH
1	F9H	06H	C	C6H	39H
2	A4H	58H	D	A1H	5EH
3	B0H	4FH	E	86H	79H
4	99H	66H	F	8EH	71H
5	92H	6DH	P	8CH	73H
6	82H	7DH	U	C1H	3EH
7	F8H	07H	Y	91H	6EH
8	80H	7FH	H	89H	76H
9	90H	6FH	L	C7H	38H
A	88H	77H	“灭”	FFH	00H

2. LED 数码管使用举例

1）静态显示举例

电路图如图 7-13 所示。共阴极数码管的公共端已经接地，只须在控制端 P0 口输入对应的断码就可以点亮该数码管。

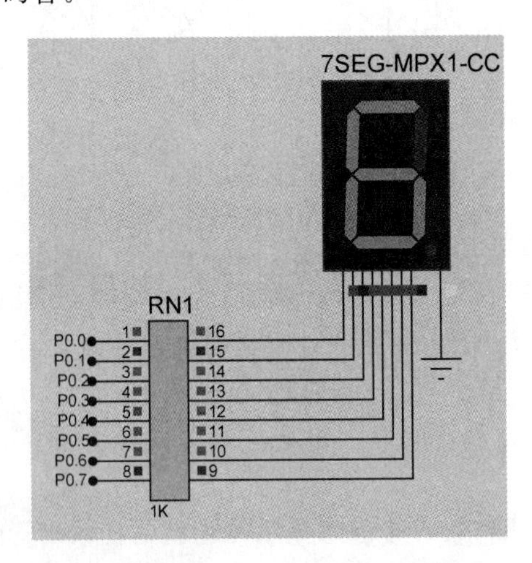

图 7-13 LED 静态显示仿真电路图

程序如下：

```
/＊用 P0 口输出,在数码管上循环显示数字 0~9,时间间隔 0.2s。＊/
```

```
#include <AT89X51.H>
unsigned char i;
unsigned char code; table[ ] = {0x3f,0x06,0x5b,0x4f,0x66,
                               0x6d,0x7d,0x07,0x7f,0x6f};
void delay02s(void)
{
    unsigned char i,j,k;
    for(i = 100;i > 0;i -- )
    for(j = 20;j > 0;j -- )
    for(k = 248;k > 0;k -- );
}

void main(void)
{
    while(1)
    {
        for(i = 0;i < 10;i++)
        {
            P0 = table[i];                  //查段码表,送段码显示
            delay02s();
        }
    }
}
```

2）动态显示举例

仿真电路图如图 7-14 所示。两位共阳极数码管的两个公共端由 P2.1 及 P2.0 控制，并且轮流供电。只需在公共控制端 P0 口输入对应的断码就可以点亮该数码管，两数码管轮流显示。若速度够快，在人眼的“视觉暂留效应”下，可以看到同时显示两位数字，只是亮度有所降低。

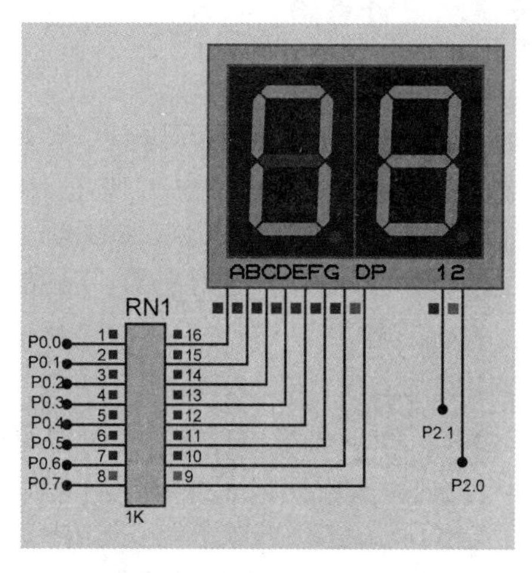

图 7-14　LED 动态显示仿真电路图

程序如下：

```
/* 两位数码管动态显示 00～59,P0 段码,P2 位码控制 */
#include <AT89X51.H>
unsigned char code; table[] = {0xc0,0xf9,0xa4,0xb0,0x99,
                              0x92,0x82,0xf8,0x80,0x90};
unsigned char Second,b;

void delay500us(unsigned char a)
{    unsigned char j;
     for(a;a>0;a--)
       for(j=248;j>0;j--);
}
void disp(void)
{    for(b=0;b<80;b++)                                      //动态显示次数
     {    P2=1;P0=table[Second%10]; delay500us(10);     //显示个位
          P2=2;P0=table[Second/10]; delay500us(10);     //显示十位
     }
}
void main(void)
{    while(1)
     {    disp();  delay500us(2000);
          Second++;
          if(Second==60) Second=0;
     }
}
```

7.3.3 厉兵秣马

1. LED 数码管交替显示设计思路

1）算法分析

（1）要使用动态扫描显示方式，在这里选用 6 位共阳极数码管。使单片机的 P2 口输出动态位码电平，轮流给每个数码管提供对应的公共电平，使其满足点亮的条件。

当某数码管可以点亮以后，单片机从 P0 口输出对应控制段码，使其显示所需字符或数字。

（2）要注意的是，P2 口位码和 P0 段码一定是对应的，并且都可以用查表方式进行。

2）硬件电路

根据需要，本产品所用硬件设备主要有以下 3 部分。

（1）单片机最小系统，包括单片机微处理器 AT89S52、电源电路、时钟电路、复位电路等。这一部分是核心处理电路。

（2）按键控制部分，如图 7-15 所示，本仿真图中省略了限流电阻。

（3）LED 数码管显示电路，主要包括 6 个共阳极 LED 数码管，本仿真图省略了限流电阻。分别由 P0、P2 控制段码和位码的输出，仿真电路如图 7-16 所示。

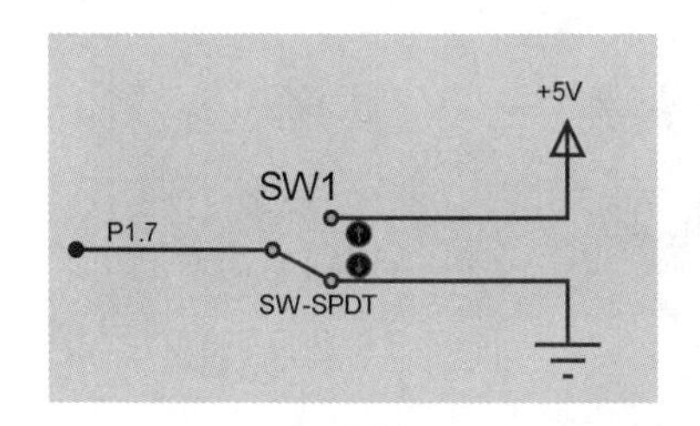

图 7-15 按键仿真电路图

图 7-16 LED 动态显示仿真电路图

2. 单片机资源调配

基于以上思路，分配单片机的输入和输出接口资源：选用 P0 口作为段码输入接口，P2 控制位选信号，P1.7 通过单刀双掷开关控制显示内容的切换。

3. 系统工作原理

单片机开始工作后，主程序循环进行“按键扫描”→“字符显示”的程序运行，一旦按键切换，则改变显示内容。按键识别原理在前面已经阐述，此处不重复。

下面进入设计过程，并通过电路图和软件完成软件仿真、模拟仿真的步骤。

7.3.4 步步为营

1. 在 Proteus 中绘制电路图

本阶段将用 LED 数码管交替显示“-HELLO”或“-12345”，以此熟悉 LED 数码管的应用，仿真电路图如图 7-17 所示。

2. 使用 Keil C51 编写程序

使用 Keil C51 新建工程项目，建立“LED 数码管交替显示.c”的文件，输入以下代码。

```
/* P0 口接段码,P2 口接位选,P1.7 开关接高电平时,显示" - 12345"字样;
 * 接低电平时,显示" - HELLO"字样 */
#include <AT89X51.H>
unsigned char code table1[] = {0xbf,0xf9,0xa4,0xb0,0x99,0x92};
unsigned char code table2[] = {0xbf,0x89,0x86,0xc7,0xc7,0xc0};
unsigned char code table3[] = {0x01,0x02,0x04,0x08,0x10,0x20};
unsigned char i;
unsigned char a,b;
unsigned char temp;
void main(void)
```

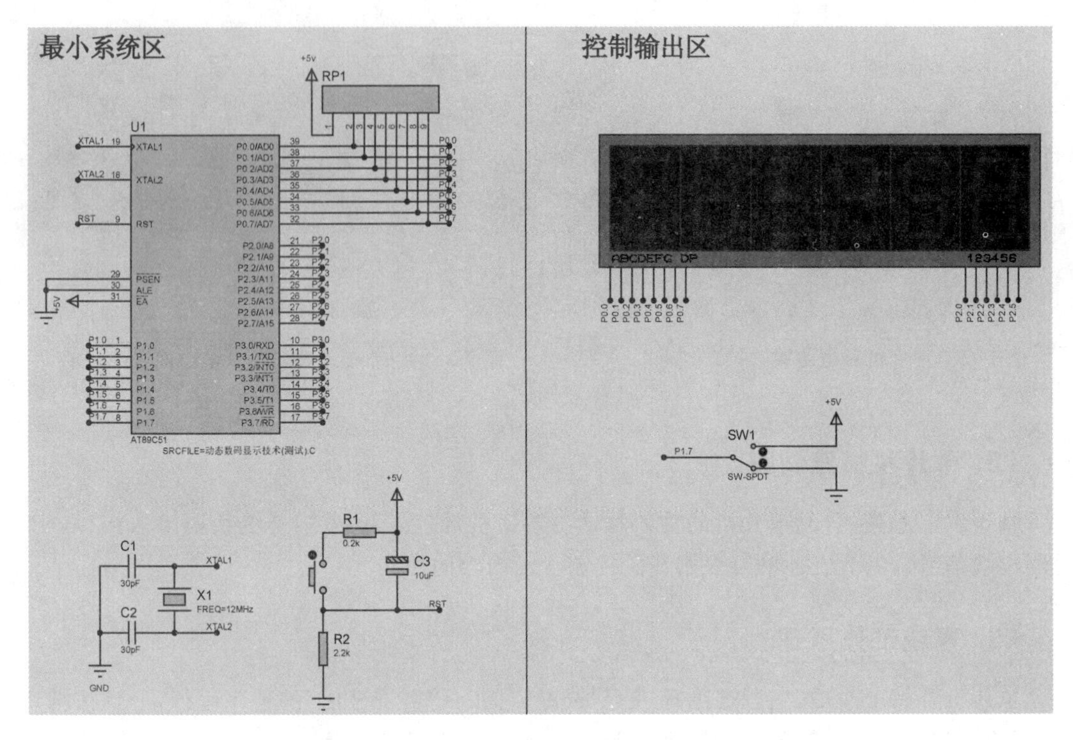

图 7-17 LED 数码管交替显示“-HELLO”或“-12345”仿真电路图

```
{
    while(1)
    {
        temp = 0xfe;
        for(i = 0;i < 6;i++)
        {   P2 = table3[i];
            if(P1_7 == 1)
            {
                P0 = table1[i];
            }
        else
        {
            P0 = table2[i];
        }
        for(a = 4;a > 0;a -- )
            for(b = 248;b > 0;b -- );
        }
    }
}
```

将源程序进行编译，生成目标文件“LED 数码管交替显示. hex”。

3. 电路模拟仿真

将“LED数码管交替显示.hex”加载到模拟仿真电路中进行仿真,仿真效果如图7-18所示。

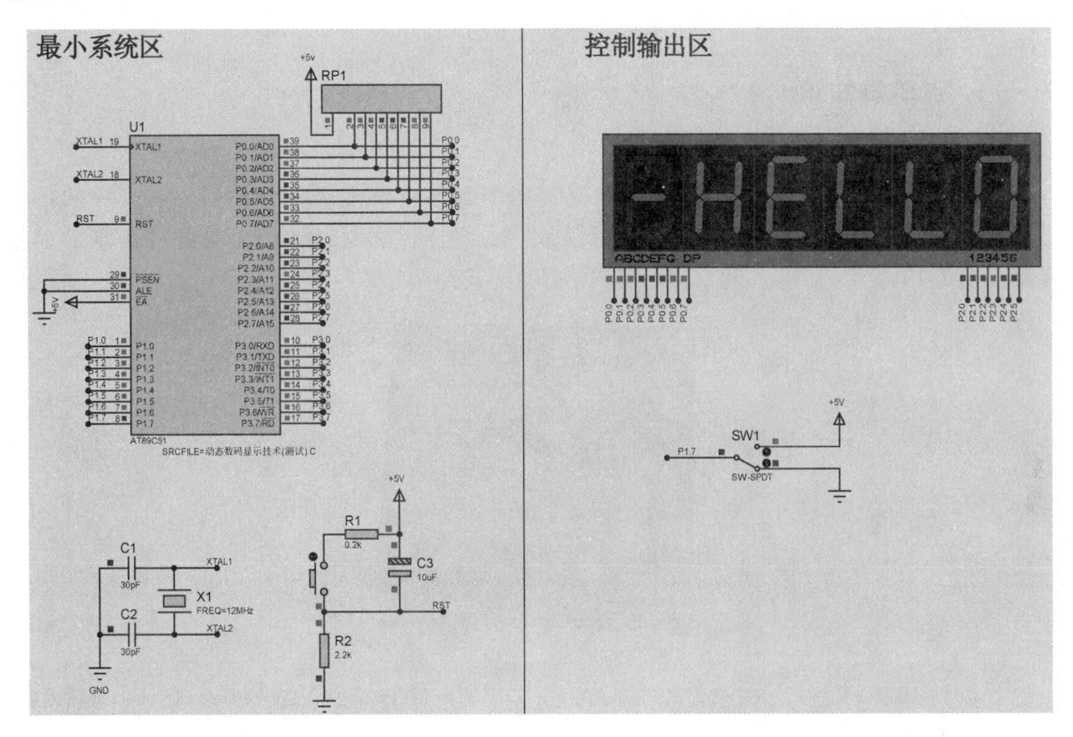

图7-18　单片机LED数码管交替显示程序仿真效果

7.4　任务25:LED点阵滚动显示汉字

7.4.1　有的放矢

在生活中,经常使用LED点阵屏来显示很多重要信息,例如政府公告牌、银行叫号器、广告大屏、公交报站器、会议座牌、员工胸牌等。通过LED(发光二极管)的亮灭来显示文字、图片、动画、视频等的是各部分组件都模块化的显示器件,通常由显示模块、控制系统及电源系统组成。LED点阵显示屏制作简单、安装方便地被广泛应用于各种公共场合。

本任务中,将使用一个16×16的LED点阵,用单片机做一个滚动提示牌——“重庆,非去不可!重庆某某职业技术学院机电工程系”,并且用按键启动LED点阵显示,使其开始从右向左逐渐移出上述字幕。这样,可以根据这个方法,做出各种各样的显示屏,美化人们的生活环境,也使人们更加快乐地生活。

7.4.2 知书达理

根据任务要求，点阵屏是本任务的核心部件，当显示字符或者图像时，它的大量“发光点”，亮、灭状态不一样，怎样去控制这些“发光点”就成为本任务中的核心任务，那究竟怎样去控制它们呢？首先，认识一下点阵屏的相关知识。

1. 点阵屏知识

1）结构

LED点阵(LED Panel)，是一种通过控制多个半导体发光二极管排列成有规律的形状进行显示的方式，用来显示文字、图形、图像、动画、行情、视频、录像信号等各种信息的显示屏幕。图7-19所示为8×8的LED点阵的实物图及结构。

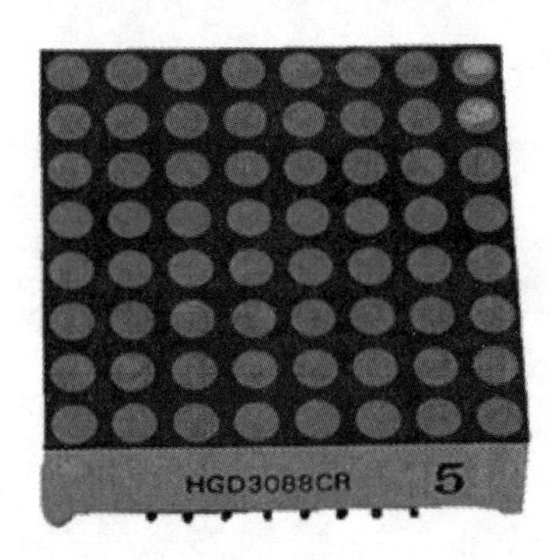

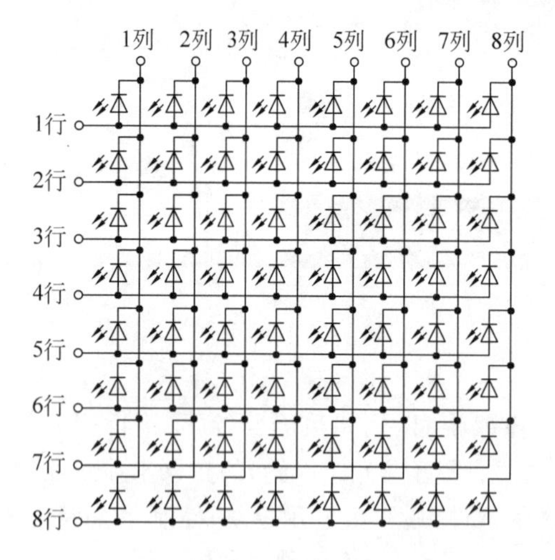

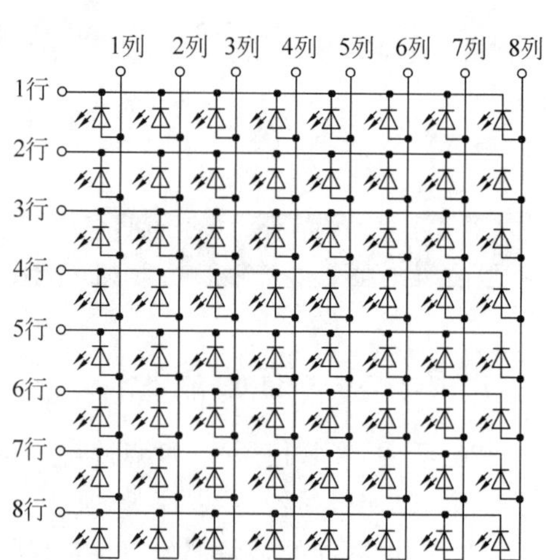

图7-19 LED点阵图及结构

2）分类

LED点阵有单色、双色和全彩3类，可显示红、黄、绿、橙等。LED点阵有4×4、4×8、5×7、5×8、8×8、16×16、24×24、40×40等多种。根据图素的数目分为双原色、三原色等。根据图素颜色的不同所显示的文字、图像等内容的颜色也不同，单原色点阵只能显示固定色彩如红、绿、黄等单色，双原色和三原色点阵显示内容的颜色由图素内不同颜色发光二极管点亮组合方式决定，如红绿都亮时可显示黄色。假如按照脉冲方式控制二极管的点亮时间，则可实现256或更高级灰度显示，即可实现真彩色显示。

3）特点

（1）亮度高：相对0603或0805等形式的分立表贴，LED可以有更多的光通量被反射出。

（2）可实现超高密度：室内可高达62.500点/平方米（P4）。也有厂家可以做到P3的。密度越大所需要的散热性能越好。

（3）混色好：利用发光器件本身的微化处理和光的波粒二象性，使得红光粒子，纯绿光粒子，蓝光粒子3种粒子都将得到充分地相互混合搅匀。

（4）环境性能好：耐湿、耐冷热、耐腐蚀。

（5）抗静电性能优势超强：制作环境有着严格的标准还有产品结构的绝缘设计。

（6）可视角度大：140°（水平方向）。

（7）通透性高：新一代点阵技术凭借自身的高纯度性能以及几近100％光通率的环氧树脂材料，达到了接近完美的通透率。

4）引脚逻辑

在驱动LED点阵显示时，需要判断行列所对应的驱动信号，从行或列的角度上来看，点阵屏显示器的电路连接图可分为共阴极和共阳极两种，即行与列上都存在共阴极和共阳极两种，使用时需要进行判断。判别方法如下。

如图7-20所示的接法将电源和地线分别接在8×8点阵引脚上，对比图中的显示状况可以知道，上面8只引脚为行控制引脚，低电平有效；下面8只引脚为列控制引脚，高电平有效。

通过编辑，将行引脚从上面移到芯片左边或者右边，使行、列引脚的排列更利于观察。

当确定引脚以后，可以将4个8×8点阵组合在一起，构成16×16点阵，这样便于显示汉字。如图7-21所示，引脚已经编辑过，与正常的行列位置对应。

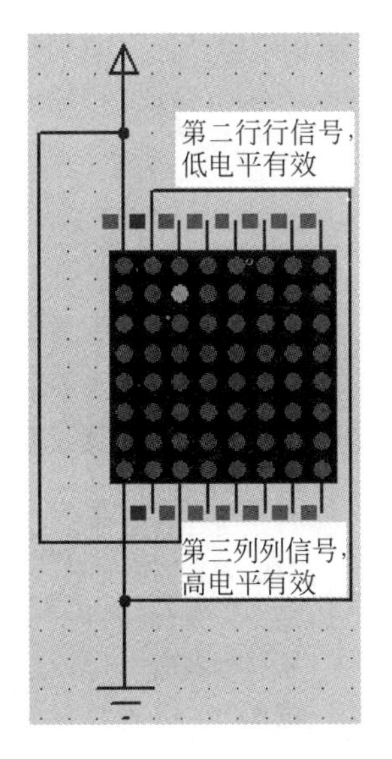

图7-20 8×8 LED点阵测试图

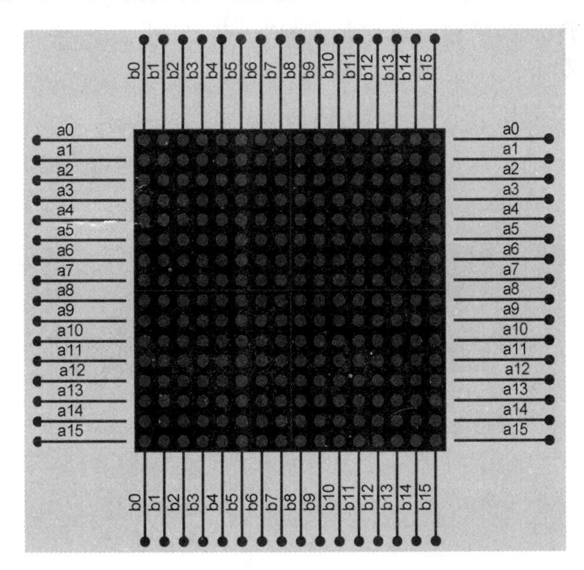

图7-21 16×16 LED点阵结构图

2. 点阵的控制

由于 MCS-51 单片机带负载能力很弱，为了保护单片机和提高点阵屏的亮度，可以加上驱动芯片。同时，为了节约单片机的 I/O 资源，通常采用“串入并出”的移位寄存器来驱动 8×8 点阵。

点亮点阵时，跟控制多位数码管方法一样，采用动态扫描方式控制其公共引脚，故存在行扫描和列扫描两种方式。

下面介绍一种移位寄存器，即由美国国家半导体公司生产的通用移位寄存器芯片 74HC595。该芯片与单片机连接简单方便，只需 3 个 I/O 口即可，具有“串入并出”功能，而且通过芯片的 Q7 引脚和 SER 引脚，可以级联实现输出扩展。此外，芯片的价格低廉，每片单价为 1.5 元左右。

1）74HC595 的特点

74HC595 是硅结构的 CMOS 器件，兼容低电压 TTL 电路，遵守 JEDEC 标准。具有一个串行移位输入（DS）、一个串行输出（Q7′）、一个异步低电平复位（$\overline{\text{MR}}$）、一个 8 位移位寄存器、一个 8 位存储寄存器，如图 7-22 所示。

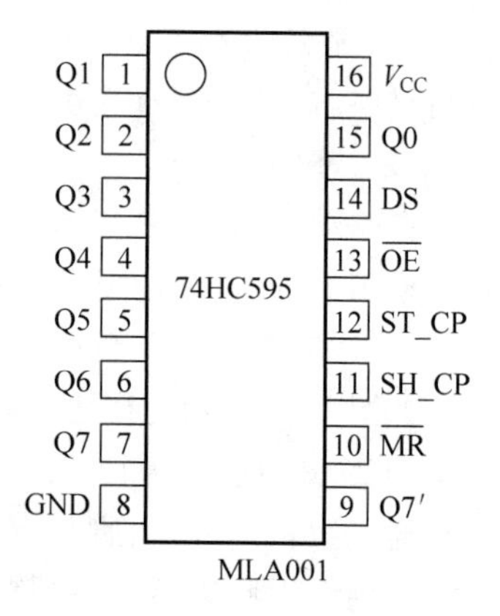

图 7-22　74HC595 引脚

74HC595 具备三态的总线输出，当使能$\overline{\text{OE}}$时（为低电平），存储寄存器的数据输出到总线。移位寄存器和存储寄存器的工作时钟各自独立。数据在 SH_CP 的上升沿输入到移位寄存器中，在 ST_CP 的上升沿输入到存储寄存器中去。如果两个时钟连在一起，则移位寄存器总是比存储寄存器早一个脉冲。

根据移位寄存器芯片 74HC595 的功能，可以用其并出功能实现“位选”功能——行扫描或者列扫描，也可以实现段码输出功能，所以是名副其实的“一芯二用”。

2）74HC595 引脚说明

74HC595 引脚的功能如表 7-2 所示。

表 7-2　74HC595 引脚功能

符　号	引　脚	描　述
Q0～Q7	第 15 引脚，1～7 引脚	并行数据输出
GND	第 8 引脚	地
Q7′	第 9 引脚	串行数据输出
$\overline{\text{MR}}$	第 10 引脚	主复位（低电平）
SH_CP	第 11 引脚	移位寄存器时钟输入
ST_CP	第 12 引脚	存储寄存器时钟输入
$\overline{\text{OE}}$	第 13 引脚	输出有效（低电平）
DS	第 14 引脚	串行数据输入
V_{CC}	第 16 引脚	电源

3）74HC595 功能表

74HC595 的功能如表 7-3 所示。

表 7-3 74HC595 功能表

输入					输出		功能
SH_CP	ST_CP	$\overline{OE}$	$\overline{MR}$	DS	Q7′	Qn	
×	×	L	↓	×	L	NC	$\overline{MR}$为低电平时仅影响移位寄存器
×	↑	L	L	×	L	L	空移位寄存器到输出寄存器
×	×	H	L	×	L	Z	清空移位寄存器，并行输出为高阻状态
↑	×	L	H	H	Q6	NC	逻辑高电平移入移位寄存器状态 0，包含所有的移位寄存器状态移入
×	↑	L	H	×	NC	Qn'	移位寄存器的内容到达保持寄存器并从并口输出
↑	↑	L	H	×	Q6′	Qn'	移位寄存器内容移入，先前的移位寄存器的内容到达保持寄存器并出

注：H＝高电平状态；L＝低电平状态；↑＝上升沿；↓＝下降沿；Z＝高阻；NC＝无变化；×＝无效。

当$\overline{MR}$为高电平，$\overline{OE}$为低电平时，数据在 SH_CP 上升沿进入移位寄存器，在 ST_CP 上升沿输出到并行端口。

4）74HC595 驱动 8×8 点阵

例：用两片 74HC595 分别驱动两块 8×8 点阵，一块横置，一块竖置，各自点亮一半点阵，下一时段点亮另一半，循环进行。

仿真电路图如图 7-23(a)所示（最小系统区省略未画出），仿真效果如图 7-23(b)所示。

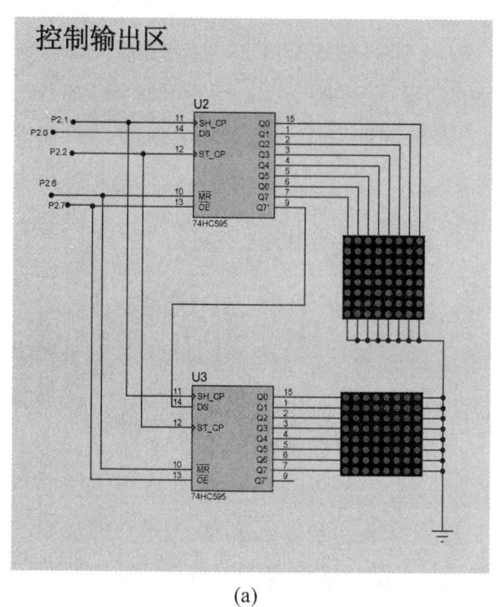

(a)

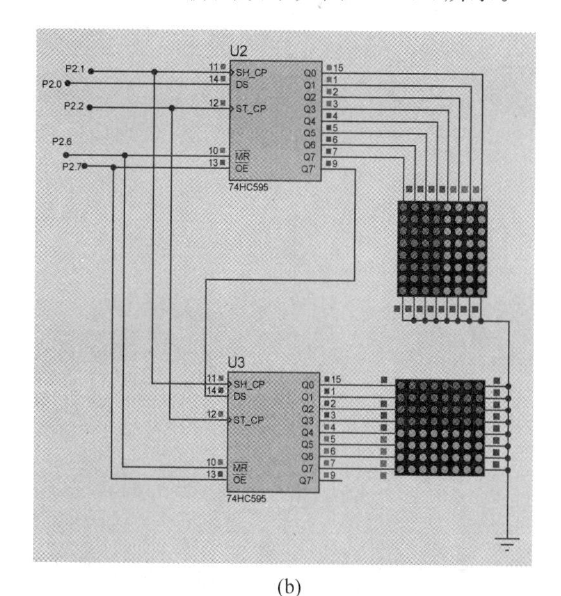

(b)

图 7-23 74HC595 使用示例

其控制程序如下。

```
/＊程序名称：74HC595 驱动 8×8 LED 点阵屏示例
  ＊程序说明：两片 74HC595 分别驱动两点阵,各自两半交替点亮
  ＊作者：gas
  ＊日期：2017/4/7
  ＊/
#include<at89x51.h>
#include<intrins.h>
#define uchar unsigned char
#define uint unsigned int

sbit OE = P2^7;                                      //输出有效(低电平)
sbit MR = P2^6;                                      //寄存器清 0 复位,避免数据错位
sbit SH_CP = P2^1;                                   //移位输入时钟
sbit ST_CP = P2^2;                                   //并行输出时钟
sbit DS = P2^0;                                      //数据输入口
void t500us();
void delay(uchar t);
void out_595();

void writ_595(uchar dat)                             //74HC595 输入函数
{
  uchar i;
  ST_CP = 0;
  for(i = 0;i<8;i++){
    SH_CP = 0;
    if((dat&0x01) == 0x01)
      DS = 1;                                        //串行数据输入
    else
      DS = 0;
    SH_CP = 1;                                       //移位输入时钟,上升沿输入
    dat >>= 1;
  }
}
void out_595()                                       //74HC595 输出函数
{
  ST_CP = 0;                                         //并行输出时钟
  _nop_();
  ST_CP = 1;
}

void main()
{
    OE = 0;                                          //输出有效
    MR = 1;                                          //禁止复位
    writ_595(0x0f);                                  //移位写入数据
    writ_595(0xf0);                                  //移位写入数据
    out_595();                                       //同时并行输出数据
    delay(100);
    writ_595(0xf0);
    writ_595(0x0f);
```

```
        out_595();
        delay(100);
    }
    void delay(uchar t)                                        //延时函数
    {   uchar i;
        for(i = 0;i < t;i++)
            t500us();
    }
    void t500us()
    {   uint i;
        for(i = 0;i < 1000;i++){}
    }
```

5) 74HC595 驱动 16×16 点阵

要使用 74HC595 驱动 16×16 点阵，首先要确定使用哪种扫描方式。如图 7-24 所示的 8×8 矩阵，使用的是列扫描方式。如图 7-24 所示，列数据从左至右为 0x01、0x02、0x04、0x08、0x10、0x20、0x40、0x80。行数据从下到上按列取数为 0xff、0xff、0xbd、0x81、0xbf、0xff、0xff、0xff。

此过程称为字符取模。16×16 点阵的取模方法一样，但可以用取模软件来进行，只是本例中要用 74HC595 将这些数据送到矩阵列线与行线上。

低位　　　　　　　　高位

1	1	1	1	1	1	1	1
1	1	1	0	1	1	1	1
1	1	0	0	1	1	1	1
1	1	1	0	1	1	1	1
1	1	1	0	1	1	1	1
1	1	1	0	1	1	1	1
1	1	0	0	0	1	1	1
1	1	1	1	1	1	1	1

高位

注：某列上为1，行数据有效，则显示该列。

图 7-24　点阵扫描方式图例

6) 取模软件 PCtoLCD2002

该取模软件在众多的类似软件中算是比较好用的一款软件，使用比较简单。双击 PCtoLCD2002.exe 图标或文件即可打开该软件，打开后界面如图 7-25 所示。

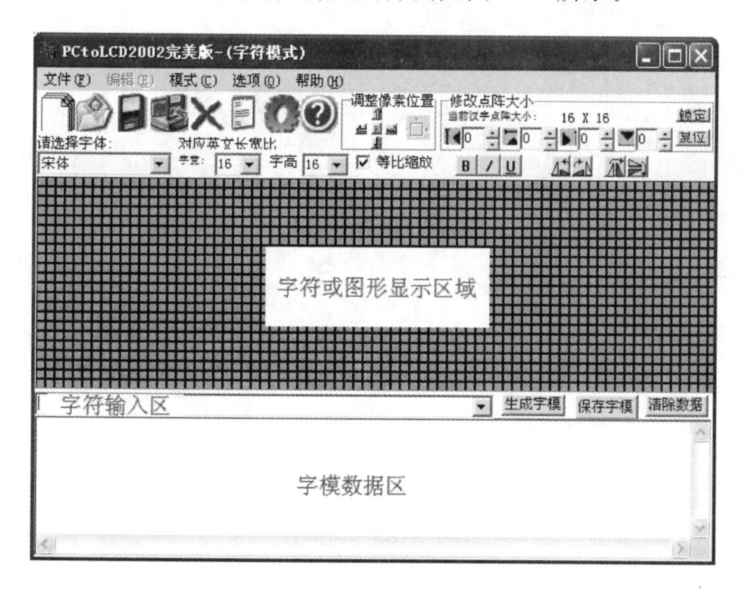

图 7-25　字模提取软件界面

本例取模设置如图 7-26 所示。

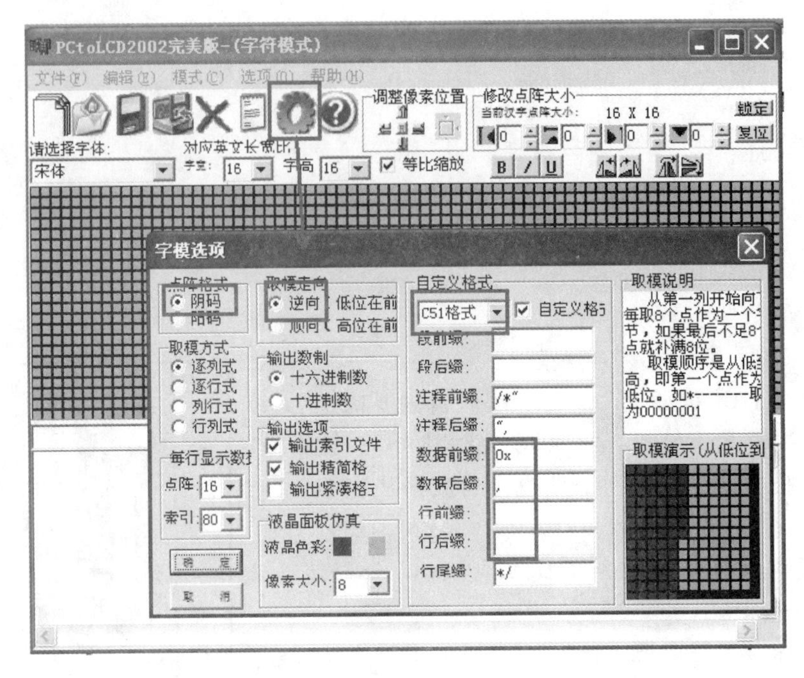

图 7-26 字模提取软件设置方法

举例如图 7-27 所示。

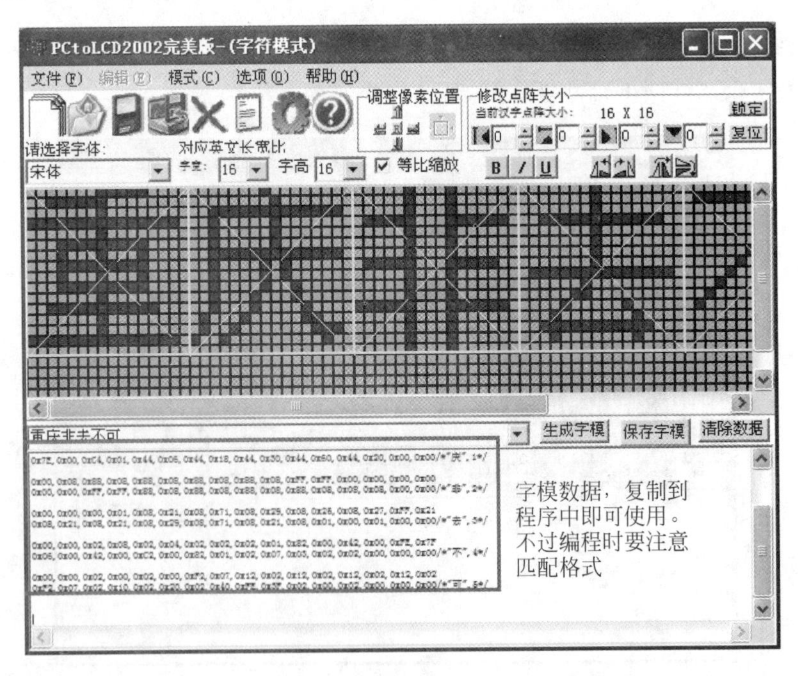

图 7-27 字模提取实例

7.4.3 厉兵秣马

1. LED点阵滚动显示汉字设计思路

图 7-28 所示是由 4 块 8×8 点阵组成的 16×16 点阵，分别由两块 74HC595 驱动。现在来试着完成一个滚动提示牌——“重庆，非去不可！重庆某某职业技术学院机电工程系”，使其开始从右向左滚动显示上述文字，并且用按键启、停 LED 点阵显示。

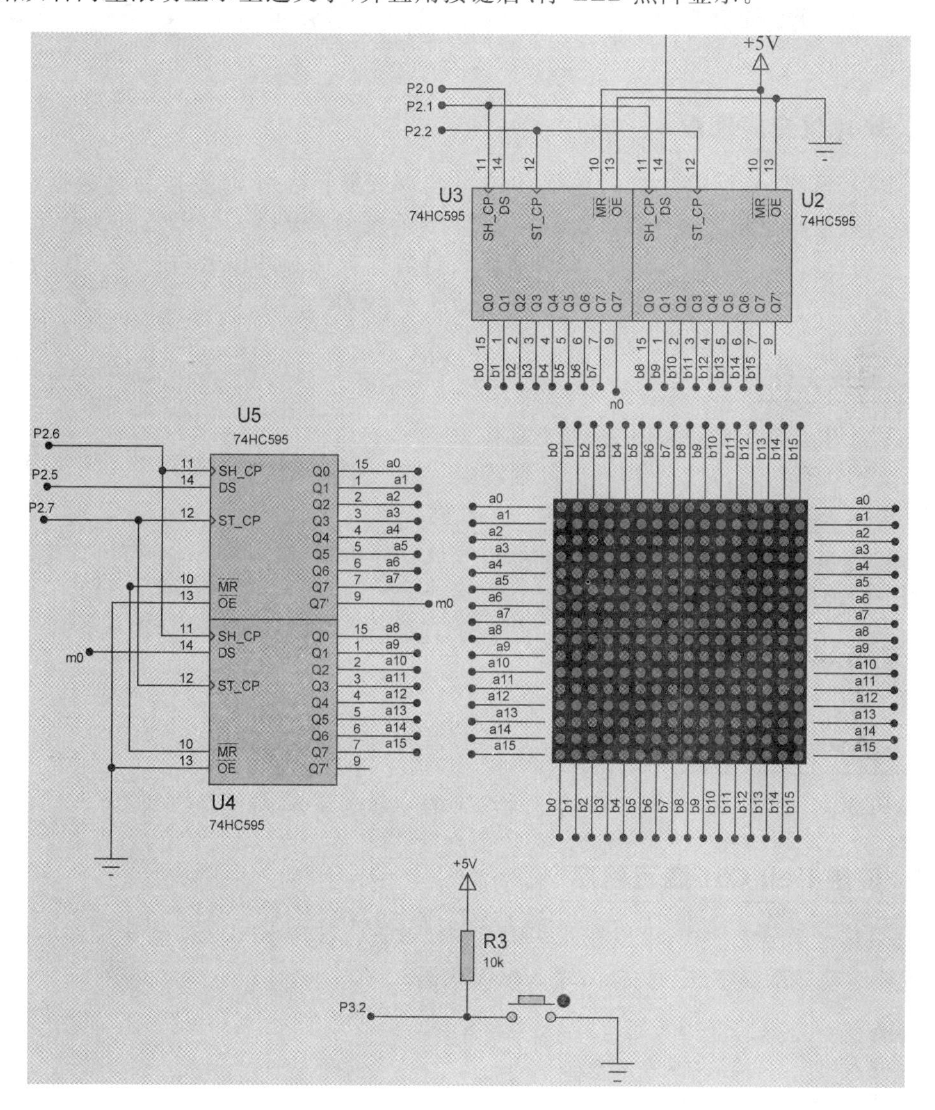

图 7-28 LED 点阵的仿真电路图

1）算法分析

（1）用取模软件对所要显示的字符取模（逐列，逆向，阴码）。

(2) 在列线上设置动态扫描程式,并使行数据逐帧超前一列送出,即可产生从右向左滚动的效果。

2) 硬件电路

根据需要,本产品所用硬件设备很简单,主要有以下3部分。

(1) 单片机最小系统,包括单片机微处理器AT89S52、电源电路、时钟电路、复位电路等。这一部分是核心处理电路。

(2) 独立按键电路,由一个电阻和一个按键构成。

(3) LED点阵电路,主要由4个8×8点阵电路构成,分别由两片74HC595控制,如图7-28所示。

2. 单片机资源调配

基于以上思路,分配单片机的输入和输出接口资源:选用P2.0作为列数据输入口,P2.1作为列数据移位脉冲输入口,P2.2作为列数据存储脉冲输入口;P2.5作为行数据输入口,P2.6作为行数据移位脉冲输入口,P2.7作为行数据存储脉冲输入口;P3.2作为按键切换输入口,使用中断方式,每按按键一次,则启动或停止汉字滚动。

3. 系统工作原理

在主程序中开放中断,循环执行如下动作。

(1) 按键状态判别,如按下则标志位翻转。

(2) 根据标志位状态,决定是否显示一帧数据。

下面进入设计过程,并通过电路图和软件完成软件仿真、模拟仿真、实物仿真、实际应用4个过程中的前两个重要步骤。

7.4.4 步步为营

1. 在Proteus中绘制电路图

本阶段要画出变速LED点阵滚动显示汉字的仿真电路图,如图7-29所示。

2. 使用Keil C51编写程序

本例采用最简分支形式,可以在此基础上加以改进。使用Keil C51新建工程项目,建立"LED点阵滚动显示汉字.c"的文件,输入以下代码。

```
/*程序名称:16×16LED点阵屏显示可移动字符
 *程序说明:点阵屏从右向左循环显示
 *作者:gas
 *日期:2017/4/7
 */
#include<at89x51.h>
#include<intrins.h>
#define speed 5
```

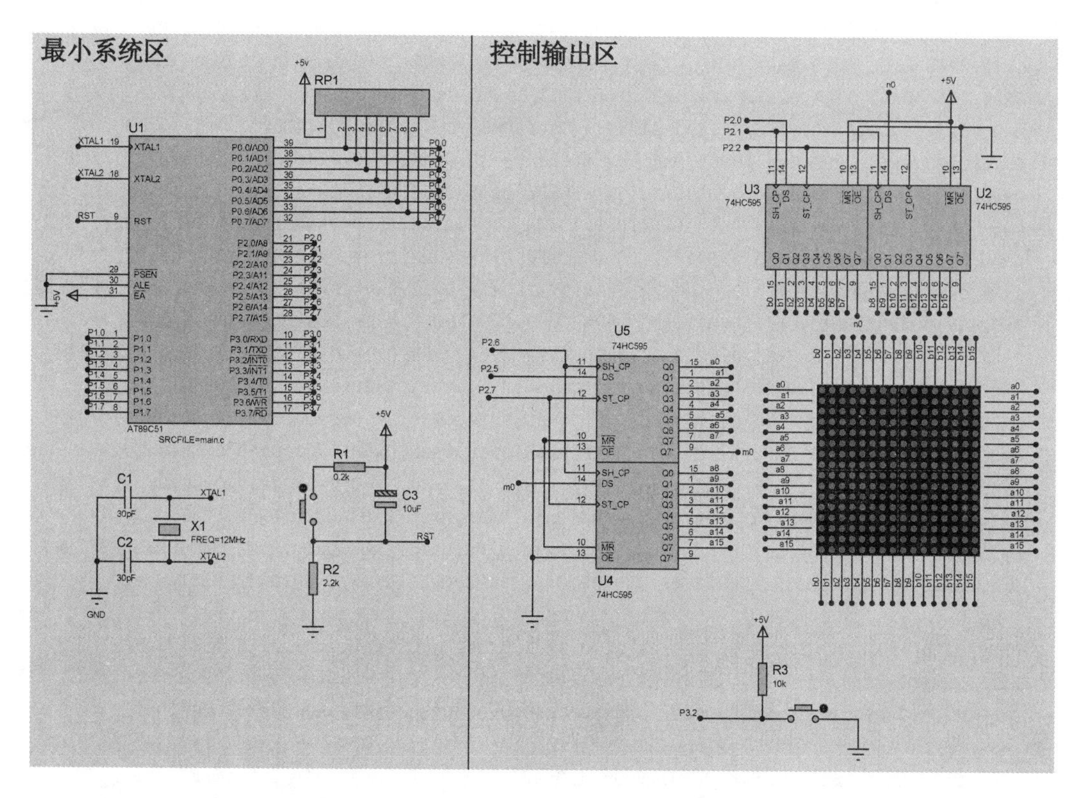

图 7-29　LED 点阵滚动显示汉字的仿真电路图

```
//字符码数组
/*列向、逆向、阴码取模*/
unsigned char code FONT16x16[ ] =
{
0x00,0x00,0x00,0x00,0x00,0x00,0x00,0x00,0x00,0x00,0x00,0x00,0x00,0x00,0x00,0x00,
0x40,0x00,0x40,0x00,0xC0,0x40,0xC0,0x39,0xC0,0x3F,0xE0,0x1F,0xFC,0x1F,0xFF,0x0F,
0xFC,0x1F,0xE0,0x1F,0xC0,0x3F,0xC0,0x39,0xC0,0x40,0x40,0x00,0x40,0x00,0x00,0x00,//"★",0
0x08,0x40,0x08,0x40,0x0A,0x48,0xEA,0x4B,0xAA,0x4A,0xAA,0x4A,0xAA,0x4A,0xFF,0x7F,
0xA9,0x4A,0xA9,0x4A,0xA9,0x4A,0xE9,0x4B,0x08,0x48,0x08,0x40,0x08,0x40,0x00,0x00,//"重",0
0x00,0x40,0x00,0x30,0xFC,0x0F,0x44,0x40,0x44,0x20,0x44,0x10,0x44,0x0C,0xC5,0x03,
0x7E,0x00,0xC4,0x01,0x44,0x06,0x44,0x18,0x44,0x30,0x44,0x60,0x44,0x20,0x00,0x00,//"庆",1
0x00,0x00,0x00,0x00,0x00,0x58,0x00,0x38,0x00,0x00,0x00,0x00,0x00,0x00,0x00,0x00,
0x00,0x00,0x00,0x00,0x00,0x00,0x00,0x00,0x00,0x00,0x00,0x00,0x00,0x00,0x00,0x00,//",",2
0x00,0x08,0x88,0x08,0x88,0x08,0x88,0x08,0x88,0x08,0xFF,0xFF,0x00,0x00,0x00,0x00,
0x00,0x00,0xFF,0xFF,0x88,0x08,0x88,0x08,0x88,0x08,0x88,0x08,0x08,0x08,0x00,0x00,//"非",3
0x00,0x00,0x00,0x01,0x08,0x21,0x08,0x71,0x08,0x29,0x08,0x25,0x08,0x27,0xFF,0x21,
0x08,0x21,0x08,0x21,0x08,0x29,0x08,0x71,0x08,0x21,0x08,0x01,0x00,0x01,0x00,0x00,//"去",4
0x00,0x00,0x02,0x08,0x02,0x04,0x02,0x02,0x02,0x01,0x82,0x00,0x42,0x00,0xFE,0x7F,
0x06,0x00,0x42,0x00,0xC2,0x00,0x82,0x01,0x02,0x07,0x03,0x02,0x02,0x00,0x00,0x00,//"不",5
0x00,0x00,0x02,0x00,0x02,0x00,0xF2,0x07,0x12,0x02,0x12,0x02,0x12,0x02,0x12,0x02,
0xF2,0x07,0x02,0x10,0x02,0x20,0x02,0x40,0xFE,0x3F,0x02,0x00,0x02,0x00,0x00,0x00,//"可",6
0x00,0x00,0x00,0x00,0x00,0x00,0xF0,0x5F,0x00,0x00,0x00,0x00,0x00,0x00,0x00,0x00,
```

```
0x00,0x00,0x00,0x00,0x00,0x00,0x00,0x00,0x00,0x00,0x00,0x00,0x00,0x00,0x00,0x00,//"!",7
0x08,0x40,0x08,0x40,0x0A,0x48,0xEA,0x4B,0xAA,0x4A,0xAA,0x4A,0xAA,0x4A,0xFF,0x7F,
0xA9,0x4A,0xA9,0x4A,0xA9,0x4A,0xE9,0x4B,0x08,0x48,0x08,0x40,0x08,0x40,0x00,0x00,//"重",0
0x00,0x40,0x00,0x30,0xFC,0x0F,0x44,0x40,0x44,0x20,0x44,0x10,0x44,0x0C,0xC5,0x03,
0x7E,0x00,0xC4,0x01,0x44,0x06,0x44,0x18,0x44,0x30,0x44,0x60,0x44,0x20,0x00,0x00,//"庆",1
0x40,0x00,0x40,0x00,0x44,0x00,0x54,0xFF,0x54,0x15,0x54,0x15,0x54,0x15,0x7F,0x15,
0x54,0x15,0x54,0x55,0x54,0x95,0x54,0x7F,0x44,0x00,0x40,0x00,0x40,0x00,0x00,0x00,//"某",2
0x40,0x04,0x20,0x04,0x10,0x04,0x0C,0x04,0xE3,0x07,0x22,0x04,0x22,0x04,0x22,0x04,
0xFE,0xFF,0x22,0x04,0x22,0x04,0x22,0x04,0x22,0x04,0x02,0x04,0x00,0x04,0x00,0x00,//"某",3
0x02,0x10,0x02,0x10,0xFE,0x0F,0x92,0x08,0x92,0x08,0xFE,0xFF,0x02,0x04,0x00,0x44,
0xFE,0x21,0x82,0x1C,0x82,0x08,0x82,0x00,0x82,0x04,0xFE,0x09,0x00,0x30,0x00,0x00,//"职",4
0x00,0x20,0x10,0x20,0x60,0x20,0x80,0x23,0x00,0x21,0xFF,0x3F,0x00,0x20,0x00,0x20,
0x00,0x20,0xFF,0x3F,0x00,0x22,0x80,0x21,0x60,0x20,0x38,0x30,0x10,0x20,0x00,0x00,//"业",5
0x08,0x01,0x08,0x41,0x88,0x80,0xFF,0x7F,0x48,0x00,0x28,0x40,0x00,0x40,0xC8,0x20,
0x48,0x13,0x48,0x0C,0x7F,0x0C,0x48,0x12,0xC8,0x21,0x48,0x60,0x08,0x20,0x00,0x00,//"技",6
0x10,0x10,0x10,0x10,0x10,0x08,0x10,0x04,0x10,0x02,0x90,0x01,0x50,0x00,0xFF,0x7F,
0x50,0x00,0x90,0x00,0x12,0x01,0x14,0x06,0x10,0x0C,0x10,0x18,0x10,0x08,0x00,0x00,//"术",7
0x40,0x00,0x30,0x02,0x10,0x02,0x12,0x02,0x5C,0x02,0x54,0x02,0x50,0x42,0x51,0x82,
0x5E,0x7F,0xD4,0x02,0x50,0x02,0x18,0x02,0x57,0x02,0x32,0x02,0x10,0x02,0x00,0x00,//"学",8
0xFE,0xFF,0x02,0x00,0x32,0x02,0x4A,0x04,0x86,0x83,0x0C,0x41,0x24,0x31,0x24,0x0F,
0x25,0x01,0x26,0x01,0x24,0x7F,0x24,0x81,0x24,0x81,0x0C,0x81,0x04,0xF1,0x00,0x00,//"院",9
0x08,0x04,0x08,0x03,0xC8,0x00,0xFF,0xFF,0x48,0x00,0x88,0x41,0x08,0x30,0x00,0x0C,
0xFE,0x03,0x02,0x00,0x02,0x00,0x02,0x00,0xFE,0x3F,0x00,0x40,0x00,0x78,0x00,0x00,//"机",10
0x00,0x00,0x00,0x00,0xF8,0x0F,0x48,0x04,0x48,0x04,0x48,0x04,0x48,0x04,0xFF,0x3F,
0x48,0x44,0x48,0x44,0x48,0x44,0x48,0x44,0xF8,0x4F,0x00,0x40,0x00,0x70,0x00,0x00,//"电",11
0x00,0x20,0x00,0x20,0x02,0x20,0x02,0x20,0x02,0x20,0x02,0x20,0x02,0x20,0xFE,0x3F,
0x02,0x20,0x02,0x20,0x02,0x20,0x02,0x20,0x02,0x20,0x02,0x20,0x00,0x20,0x00,0x00,//"工",12
0x10,0x04,0x12,0x03,0xD2,0x00,0xFE,0xFF,0x91,0x00,0x11,0x41,0x80,0x44,0xBF,0x44,
0xA1,0x44,0xA1,0x7F,0xA1,0x44,0xA1,0x44,0xBF,0x44,0x80,0x44,0x00,0x40,0x00,0x00,//"程",13
0x00,0x00,0x00,0x40,0x02,0x21,0x22,0x13,0xB2,0x09,0xAA,0x05,0x66,0x41,0x62,0x81,
0x22,0x7F,0x11,0x01,0x4D,0x05,0x81,0x09,0x01,0x13,0x01,0x62,0x00,0x00,0x00,0x00,//"系",14
0x00,0x00,0x00,0x00,0x00,0x00,0x00,0x00,0x00,0x00,0x00,0x00,0x00,0x00,0x00,0x00,
0x00,0x00,0x00,0x00,0x00,0x00,0x00,0x00,0x00,0x00,0x00,0x00,0x00,0x00,0x00,0x00
};

unsigned int column_code[] = {1,2,4,8,16,32,64,128,256,512,1024,2048,
                              4096,8192,16384,32768};

sbit column_data = P2 ^0;                  //74HC595 列数据串行输入脚
sbit column_clk = P2 ^1;                   //74HC595 列数据脉冲输入脚
sbit column_store = P2 ^2;                 //74HC595 列数据输出锁存

sbit row_data = P2 ^5;                     //74HC595 行数据串行输入脚
sbit row_clk = P2 ^6;                      //74HC595 行数据脉冲输入脚
sbit row_store = P2 ^7;                    //74HC595 行数据输出锁存
bit start;                                 //开始标志位
//INT0 中断函数
void int0() interrupt 0
```

```
{
    start = !start;
}
//延时函数
void delay(unsigned int us)
{
    while(us--);
}
//将列的数据进行输出
void SendByte(unsigned char dat)
{
    unsigned char i;
    for(i = 0;i<8;i++)
    {
        row_clk = 0;
        if(dat&0x80)
            row_data = 0;
        else
            row_data = 1;
        row_clk = 1;
        dat = dat << 1;
    }
}
//控制显示行
void Send_column(unsigned int dat2)
{
    unsigned char i;
    for(i = 0;i<16;i++)
    {
        column_clk = 0;
        if(dat2&0x8000)
            column_data = 1;
        else
            column_data = 0;
        column_clk = 1;
        dat2 = dat2 << 1;
    }
    column_store = 0;
    _nop_();
    _nop_();
    _nop_();
    _nop_();
    column_store = 1;
}
//显示函数
void Display(unsigned int dat1)
{
    unsigned char i;
```

```
        for(i = 0;i < 16;i++)
        {
            row_store = 0;
            SendByte(FONT16x16[dat1 + (2 * i + 1)]);
            SendByte(FONT16x16[dat1 + 2 * i]);
            Send_column(column_code[i]);
            _nop_();
            _nop_();
            _nop_();
            _nop_();
            row_store = 1;
            delay(100);
        }
    }

    void main(void)
    {
        unsigned int col,j;

        EA = 1;
        EX0 = 1;
        IT0 = 1;

        while(1)
        {
            if(start)
            {
                for(col = 0;col < 736;col = col + 2)
                {
                    if(!start)
                    {
                        col = 0;
                        Display(col);
                        break;
                    };
                    for(j = 0;j < speed;j++)
                    {
                        Display(col);
                    }
                }
            }
        }
    }
```

将源程序进行编译，生成目标文件“LED点阵滚动显示汉字.hex”。

3. 电路模拟仿真

将“LED点阵滚动显示汉字.hex”加载到模拟仿真电路中进行仿真，仿真效果如图7-30所示。

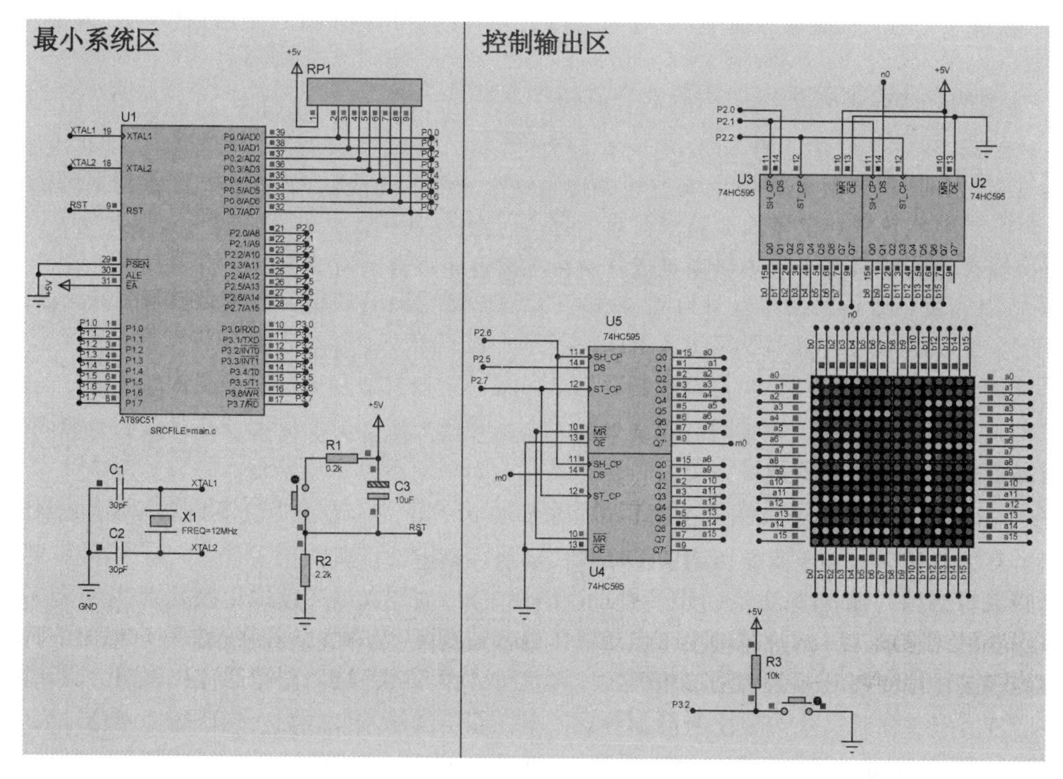

图 7-30　LED 点阵滚动显示汉字的仿真效果

7.5　任务 26：LCD 显示屏的应用

7.5.1　有的放矢

在日常生活中，人们对液晶显示器并不陌生。液晶显示模块已作为很多电子产品的通用器件，如在计算器、万用表、电子表及很多家用电子产品中都可以看到，显示的主要是数字、专用符号和图形如图 7-31 所示。

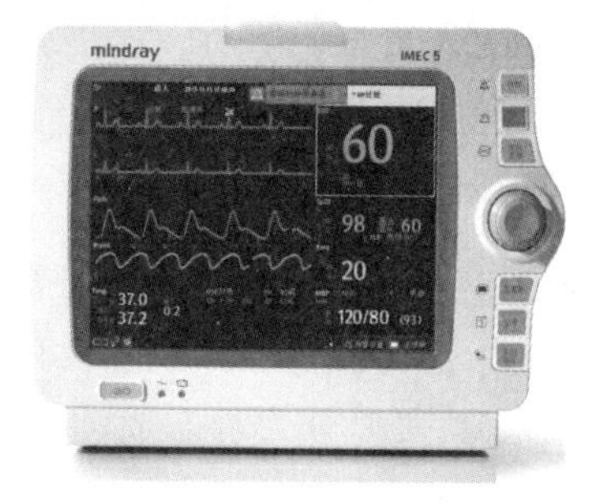

图 7-31　液晶显示器的应用

在单片机的人机交流界面中，一般的输出方式有以下几种：LED、LED数码管、液晶显示器。

LED和LED数码管比较常用，软、硬件都比较简单，在前面的项目中，已经使用LED点阵滚动显示汉字。但常见的LED用法有很大的缺点，就是显示的图形或字符是由较大的"发光点"组成，很难做到像LCD液晶显示屏显示的图像那样的精细，而真正的高清LED自发光显示屏还没有普及，市面上所流行的LED显示器实质上还是背光型液晶显示器。

目前，在单片机系统中应用液晶显示器作为输出器件具有以下几个优点。

(1) 显示质量高。由于液晶显示器每一个点在收到信号后就一直保持那种色彩和亮度，恒定发光，而不像阴极射线管显示器(CRT)那样需要不断刷新新亮点。因此，液晶显示器画质高且不闪烁。

(2) 数字式接口。液晶显示器的接口都是数字式的，和单片机系统的连接更加简单、可靠，操作更加方便。

(3) 体积小、重量轻。液晶显示器通过显示屏上的电极控制液晶分子状态来达到显示的目的，在重量上比相同显示面积的传统显示器要轻得多。

(4) 功耗低。相对而言，液晶显示器的功耗主要消耗在其内部的电极和驱动IC上，因而耗电量比其他显示器要少得多。

在这一节中，将用到LCD1602显示字符以及时钟。通过本任务，掌握LCD基本的应用方法。

7.5.2 知书达理

根据任务要求，这是液晶显示屏的应用任务，所以不但要使液晶屏能够点亮、显示字符，还要让它更好用、更直观。那用单片机怎样驱动液晶屏的呢？又怎样编写液晶屏驱动程序呢？首先需要了解一下液晶屏的相关知识。

1. 液晶显示原理

液晶显示的原理是利用液晶的物理特性，通过电压对其显示区域进行控制，有电就有显示，这样即可以显示出图形，如图7-32所示。液晶显示器具有厚度薄、适用于大规模集成电路直接驱动、易于实现全彩色显示的特点，目前已经被广泛地应用在便携式电脑、数字摄像机、PDA移动通信工具等众多领域。

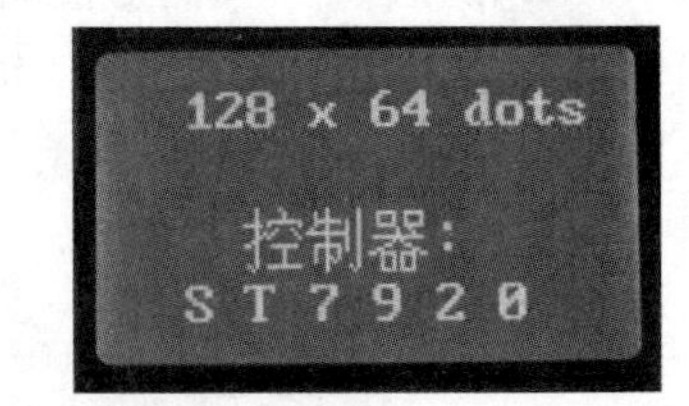

图7-32 液晶显示器的显示

2. 液晶显示器的分类

液晶显示器的分类方法有很多种，通常可按其显示方式分为段式、字符式、点阵式等。除了黑白显示外，液晶显示器还有多灰度、彩色显示等。如果根据驱动方式来分，可以分为静态驱动(Static)、单纯矩阵驱动(Simple Matrix)和主动矩阵驱动(Active Matrix)3种。

3. 液晶显示器各种图形的显示原理

1）线段的显示

点阵图形式液晶由 $M \times N$ 个显示单元组成，假设 LCD 显示屏有 64 行，每行有 128 列，每 8 列对应 1 个字节的 8 位，即每行由 16B、共 16×8=128 个点组成，屏上 64×16 个显示单元与显示 RAM 区 1024B 相对应，每一字节的内容和显示屏上相应位置的亮暗对应。例如，屏幕的第一行的亮暗由 RAM 区 000H～00FH 单元的 16B 的内容决定，当(000H)=FFH 时，则屏幕的左上角显示一条短亮线，长度为 8 个点；当(3FFH)=FFH 时，则屏幕的右下角显示一条短亮线；当(000H)=FFH，(001H)=00H，(002H)=00H……(00EH)=00H，(00FH)=00H 时，则在屏幕的顶部显示一条由 8 条亮线和 8 条暗线组成的虚线。这就是 LCD 显示的基本原理。

2）字符的显示

用 LCD 显示一个字符时比较复杂，因为一个字符由 6×8 或 8×8 的点阵组成，既要找到和显示屏幕上某几个位置对应的显示 RAM 区的 8B，还要使每个字节的不同位为 1，其他位为 0。为 1 的点亮，为 0 的不亮，这样一来就组成某个字符。但对于内带字符发生器的控制器来说，显示字符就比较简单了，可以让控制器工作在文本方式，根据在 LCD 上开始显示的行列号及每行的列数找出显示 RAM 对应的地址，设立光标，在此送上该字符对应的代码即可。

3）汉字的显示

汉字的显示一般采用图形的方式，事先从微机中提取要显示的汉字的点阵码(一般用字模提取软件)，每个汉字占 32B，分左右两半，各占 16B，左边为 1、3、5、…，右边为 2、4、6、…。根据在 LCD 上开始显示的行列号及每行的列数可找出显示 RAM 对应的地址，设立光标，送上要显示的汉字点阵码的第一字节；光标位置加 1，送第二个字节；换行按列对齐，送第三个字节……直到 32 字节显示完就可以在 LCD 上得到一个完整汉字。

4. 字符型 LCD1602 简介

字符型液晶显示模块是专门用于显示字母、数字、符号等点阵式 LCD，目前常用的有 16×1、16×2、20×2 和 40×2 等模块。下面以长沙某电子有限公司的 LCD1602 字符型液晶显示器为例，介绍其用法。其实物如图 7-33 所示。

1）LCD1602 的基本参数及引脚功能

LCD1602 分为带背光和不带背光两种，其控制器大部分为 HD44780。带背光的比不带背光的厚，是否带背光在应用中并无差别，两者尺寸差别如图 7-34 所示。

LCD1602 主要技术参数如下。

① 显示容量：16×2B。

② 芯片工作电压：4.5～5.5V。

③ 工作电流：2.0mA(5.0V)。

④ 模块最佳工作电压：5.0V。

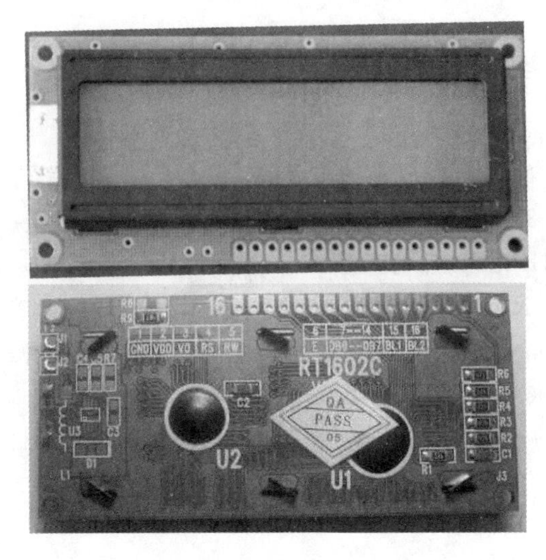

图 7-33　LCD1602 字符型液晶显示器实物

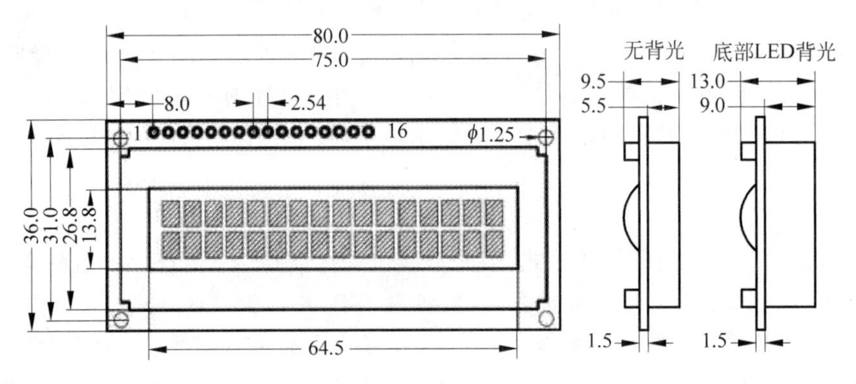

图 7-34　LCD1602 尺寸图

⑤ 字符尺寸：2.95×4.35(W×H)mm。

引脚功能说明：LCD1602 采用标准的 14 脚(无背光)或 16 脚(带背光)接口，各引脚接口说明如表 7-4 所示。

表 7-4　LCD1602 引脚接口说明表

编　　号	符　　号	引 脚 说 明
1	V_{SS}	电源地
2	V_{DD}	电源正极
3	VL	液晶显示偏压
4	$R/\overline{S}$	数据/命令选择
5	$R/\overline{W}$	读/写选择
6	E	使能信号
7	D0	数据
8	D1	数据

续表

编　号	符　号	引脚说明
9	D2	数据
10	D3	数据
11	D4	数据
12	D5	数据
13	D6	数据
14	D7	数据
15	BLA	背光源正极
16	BLK	背光源负极

引脚说明如下。

第1引脚：V_{SS}为地电源。

第2引脚：V_{DD}接正5V电源。

第3引脚：VL为液晶显示器对比度调整端，接正电源时对比度最弱，接地时对比度最高，对比度过高时会产生“鬼影”，使用时可以通过一个10kΩ的电位器调整对比度。

第4引脚：$R/\overline{S}$为寄存器选择，高电平时选择数据寄存器，低电平时选择指令寄存器。

第5引脚：$R/\overline{W}$为读写信号线，高电平时进行读操作，低电平时进行写操作。当$R/\overline{S}$和$R/\overline{W}$共同为低电平时可以写入指令或者显示地址，当$R/\overline{S}$为低电平、$R/\overline{W}$为高电平时可以读忙信号，当$R/\overline{S}$为高电平、$R/\overline{W}$为低电平时可以写入数据。

第6引脚：E端为使能端，当E端由高电平跳变成低电平时，液晶模块执行命令。

第7～14引脚：D0～D7为8位双向数据线。

第15引脚：背光源正极。

第16引脚：背光源负极。

2）LCD1602的指令说明及时序

LCD1602液晶模块内部的控制器共有11条控制指令，如表7-5所示。

表7-5　LCD1602控制指令

序号	指　令	$R/\overline{S}$	$R/\overline{W}$	D7	D6	D5	D4	D3	D2	D1	D0
1	清显示	0	0	0	0	0	0	0	0	0	1
2	光标返回	0	0	0	0	0	0	0	0	1	*
3	置输入模式	0	0	0	0	0	0	0	1	I/D	S
4	显示开/关控制	0	0	0	0	0	0	1	D	C	B
5	光标或字符移位	0	0	0	0	0	1	$S/\overline{C}$	$R/\overline{L}$	*	*
6	置功能	0	0	0	0	1	DL	N	F	*	*
7	置字符发生存储器地址	0	0	0	1	字符发生存储器地址					
8	置数据存储器地址	0	0	1	显示数据存储器地址						
9	读忙标志或地址	0	1	BF	计数器地址						
10	写数到CGRAM或DDRAM	1	0	要写的数据内容							
11	从CGRAM或DDRAM读数	1	1	读出的数据内容							

注：① LCD1602液晶模块的读写操作、屏幕和光标的操作都是通过指令编程来实现的；

② 1为高电平、0为低电平。

(1) 指令 1。清显示,指令码 01H,光标复位到地址 00H 的位置。

(2) 指令 2。光标复位,光标返回到地址 00H。

(3) 指令 3。光标和显示模式设置。I/D：光标移动方向,高电平右移,低电平左移；S：屏幕上所有文字是否左移或者右移,高电平表示有效,低电平则无效。

(4) 指令 4。显示开/关控制。D：控制整体显示的开与关,高电平表示开显示,低电平表示关显示；C：控制光标的开与关,高电平表示有光标,低电平表示无光标；B：控制光标是否闪烁,高电平闪烁,低电平不闪烁。

(5) 指令 5。光标或显示移位。S/$\overline{C}$：高电平时移动显示的文字,低电平时移动光标。

(6) 指令 6。功能设置命令。DL：高电平时为 4 位总线,低电平时为 8 位总线；N：低电平时为单行显示,高电平时双行显示；F：低电平时显示 5×7 的点阵字符,高电平时显示 5×10 的点阵字符。

(7) 指令 7。字符发生器 RAM 地址设置。

(8) 指令 8。DDRAM 地址设置。

(9) 指令 9。读忙信号和光标地址。BF：为忙标志位,高电平表示忙,此时模块不能接收命令或者数据；如果为低电平表示不忙。

(10) 指令 10。写数据。

(11) 指令 11。读数据。

与 HD44780 相兼容的字符型 LCD1602 基本操作时序如表 7-6 所示。

表 7-6　字符型 LCD1602 基本操作时序

读状态	输入	R/$\overline{S}$=L,R/$\overline{W}$=H,E=H	输出	D0～D7=状态字
写指令	输入	R/$\overline{S}$=L,R/$\overline{W}$=L,D0～D7=指令码,E=高脉冲	输出	无
读数据	输入	R/$\overline{S}$=H,R/$\overline{W}$=H,E=H	输出	D0～D7=数据
写数据	输入	R/$\overline{S}$=H,R/$\overline{W}$=L,D0～D7=数据,E=高脉冲	输出	无

3) LCD1602 的 RAM 地址映射及标准字库表

液晶显示模块是一个慢显示器件,所以在执行每条指令之前一定要确认模块的忙标志为低电平(表示不忙),否则此指令失效。要显示字符时需要先输入显示字符地址,也就是告诉模块在哪里显示字符,图 7-35 是 LCD1602 的内部显示地址。

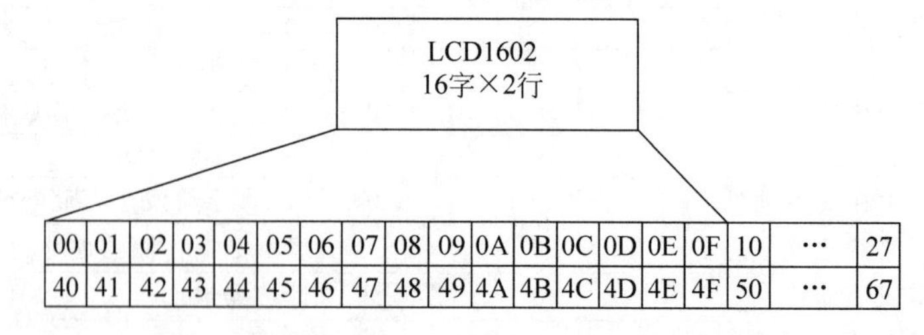

图 7-35　LCD1602 内部显示地址

例如,第二行第一个字符的地址是 40H,那么是否直接写入 40H 就可以将光标定位在第二行第一个字符的位置呢？这样不行,因为写入显示地址时要求最高位 D7 恒定为高电平

1,所以实际写入的数据应该是 01000000B(40H)+10000000B(80H)=11000000B(C0H)。

在对液晶模块的初始化中要先设置其显示模式,在液晶模块显示字符时光标是自动右移的,无须人工干预。每次输入指令前都要判断液晶模块是否处于忙的状态。

LCD1602 液晶模块内部的字符发生存储器(CGROM)已经存储了 160 个不同的点阵字符图形,包括阿拉伯数字、英文字母的大小写、常用的符号和日文假名等,每一个字符都有一个固定的代码,比如大写的英文字母 A 的代码是 01000001B(41H),显示时模块把地址 41H 中的点阵字符图形显示出来,就能看到字母 A。

4) LCD1602 的一般初始化(复位)过程

延时 15ms

写指令 38H(不检测忙信号)

延时 5ms

写指令 38H(不检测忙信号)

延时 5ms

写指令 38H(不检测忙信号)

(以后每次写指令、读/写数据操作均需要检测忙信号)

0x38　设置 16×2 显示,5×7 点阵,8 位数据接口

0x01　清屏

0x0F　开显示,显示光标,光标闪烁

0x08　只开显示

0x0e　开显示,显示光标,光标不闪烁

0x0c　开显示,不显示光标

0x06　地址加 1,当写入数据的时候光标右移

0x02　地址计数器 AC 置 0(此时地址为 0x80)光标归原点,但是 DDRAM 中断内容不变

0x18　光标和显示一起向左移动

7.5.3 厉兵秣马

1. LCD 显示时间设计思路

图 7-36 中,LCD 显示时间是由 1 块字符型 LCD1602 完成的。双行显示,上面一行显示"Welcome! -CYVTC";下面一行显示时间,并且有 3 个控制按钮:一个功能选择键,一个为加 1,一个为减 1。

1) 算法分析

(1) 采用定时中断控制时间显示。

(2) 在时间显示过程中不停地检测按键状态,如果功能选择键按下,则检测加 1 还是减 1 控制。

(3) 初始化程序采用函数形式书写。

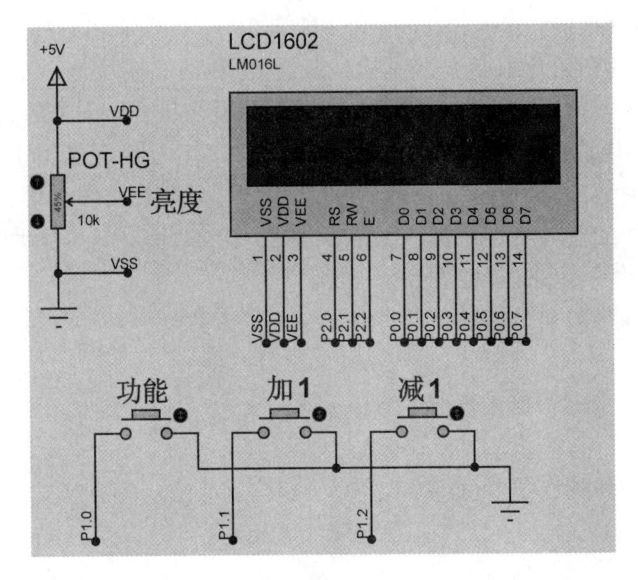

图 7-36 LCD 显示时间设计思路

2）硬件电路

根据需要，本产品所用硬件设备很简单，主要有以下 3 部分。

（1）单片机最小系统，包括单片机微处理器 AT89S52、电源电路、时钟电路、复位电路等。这一部分是核心处理电路。

（2）功能按键电路，主要由 3 个按键构成的电路，可以对时间进行调节。

（3）LCD1602 液晶显示电路，主要由 LCD1602 以及背光亮度调节电路组成，如图 7-36 所示。

2. 单片机资源调配

基于以上思路，分配单片机的输入和输出接口资源：选用 P0 口作为数据输入口，输入字符信息或控制命令数据；选用 P1.0 作为功能选择键输入，每按一次，光标在待调节数字处闪烁；选用 P1.1、P1.2 作为加 1 或减 1 调节按键输入，当调节光标闪烁时，连续按动加 1 或减 1 按键，可以调节时间。

3. 系统工作原理

在主程序中，循环执行如下动作。

（1）功能按键状态判别，如按下则进入时间调节程序。

（2）采用定时中断驱动时间显示。

下面进入到设计过程中，并通过电路图和软件完成软件仿真、模拟仿真、实物仿真、实际应用 4 个过程中的前两个重要的步骤。

7.5.4 步步为营

1. 在 Proteus 中绘制电路图

本阶段要画出 LCD 显示时间的仿真电路图，如图 7-37 所示。

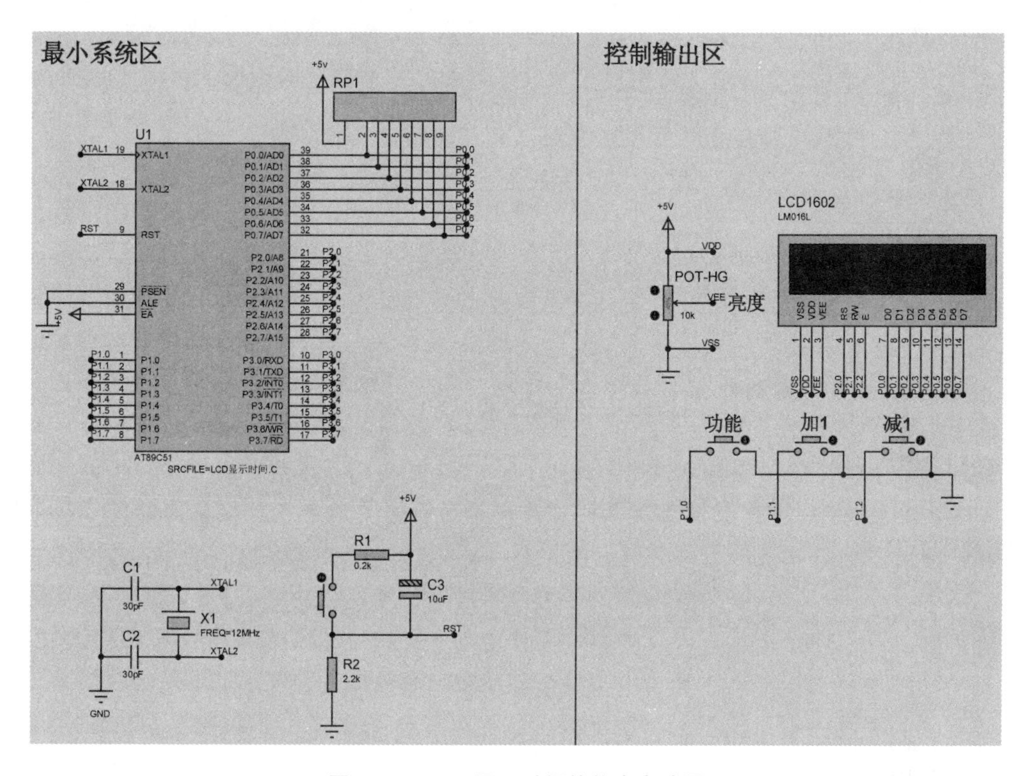

图 7-37 LCD 显示时间的仿真电路图

2. 使用 Keil C51 编写程序

本例采用最简分支形式，可以在此基础上加以改进。使用 Keil C51 新建工程项目，建立“LCD 显示时间. c”的文件，输入以下代码。

```
/ * 名称: LCD 显示字符与时间
  * 说明: P0 口输入数据
  * P1.0 作为功能按键输入口; P1.1 加 1,P1.2 减 1
  * 作者: gas
  * 日期: 2017/3/7
  * /

#include<AT89X51.h>
#define uchar unsigned char
#define uint unsigned int
```

```
sbit lcdrs = P2 ^0;
sbit lcswr = P2 ^1;
sbit lcden = P2 ^2;
sbit s1 = P1 ^0;
sbit s2 = P1 ^1;
sbit s3 = P1 ^2;
sbit rd = P3 ^7;
uchar count,s1num;
char miao,shi,fen;
uchar code table[] = "Welcome!  - CYVTC";
uchar code table1[] = "     HH:MM:SS";

void delay(uint z)
{    uint x,y;
     for(x = z;x > 0;x -- )
     for(y = 110;y > 0;y -- );
}

void write_com(uchar com)                              //写指令函数
{     * lcdrs = 0;
     lcswr = 0;
     P0 = com;
     delay(5);
     lcden = 1;
     delay(5);
     lcden = 0;
}

void write_date(uchar date)                            //写数据函数
{    lcdrs = 1;
     lcden = 0;
     P0 = date;
     delay(5);
     lcden = 1;
     delay(5);
     lcden = 0;
}

void init()                                            //初始化程序
{    uchar num;
     lcden = 0;
     write_com(0x38);
     write_com(0x0c);
     write_com(0x06);
     write_com(0x01);
     write_com(0x80);
     for(num = 0;num < 15;num++)
     {
```

```
        write_date(table[num]);
        delay(5);
    }
    write_com(0x80 + 0x40);
    for(num = 0;num < 12;num++)
    {
        write_date(table1[num]);
        delay(5);
    }
    TMOD = 0x01;
    TH0 = (65536 - 50000)/256;
    TL0 = (65536 - 50000) % 256;
    EA = 1;
    ET0 = 1;
    TR0 = 1;
}
void write_sfm(uchar add,uchar date)                    //时间显示函数
{
    uchar shi,ge;
    shi = date/10;
    ge = date % 10;
    write_com(0x80 + 0x40 + add);
    write_date(0x30 + shi);
    write_date(0x30 + ge);
}
void keyscan()                                          //按键检测程序
{
    rd = 0;
    if(s1 == 0)
    {
        delay(5);
        if(s1 == 0)
        {   s1num++;
            while(!s1);
            if(s1num == 1)
            {
                TR0 = 0;
                write_com(0x80 + 0x40 + 10);
                write_com(0x0f);
            }
        }
        if(s1num == 2)
        {
            write_com(0x80 + 0x40 + 7);
        }
        if(s1num == 3)
        {
            write_com(0x80 + 0x40 + 4);
```

```
        }
        if(s1num == 4)
        {
            s1num = 0;
            write_com(0x0c);
            TR0 = 1;
        }
    }
    if(s1num!= 0)
    {
        if(s2 == 0)
        {
            delay(5);
            if(s2 == 0)
            {
                while(!s2);
                if(s1num == 1)
                {
                    miao++;
                    if(miao == 60)
                        miao = 0;
                    write_sfm(10,miao);
                    write_com(0x80 + 0x40 + 10);
                }
                if(s1num == 2)
                {
                    fen++;
                    if(fen == 60)
                        fen = 0;
                    write_sfm(7,fen);
                    write_com(0x80 + 0x40 + 7);
                }
                if(s1num == 3)
                {
                    shi++;
                    if(shi == 24)
                        shi = 0;
                    write_sfm(4,shi);
                    write_com(0x80 + 0x40 + 4);
                }
            }
        }
        if(s3 == 0)
        {
            delay(5);
            if(s3 == 0)
            {
                while(!s3);
```

```
                if(s1num == 1)
                    miao -- ;
                    if(miao == - 1)
                        miao = 59;
                    write_sfm(10,miao);
                    write_com(0x80 + 0x40 + 10);
                }
                if(s1num == 2)
                {
                    fen -- ;
                    if(fen == - 1)
                        fen = 59;
                    write_sfm(7,fen);
                    write_com(0x80 + 0x40 + 7);
                }
                if(s1num == 3)
                {
                    shi -- ;
                    if(shi == - 1)
                        shi = 23;
                    write_sfm(4,shi);
                    write_com(0x80 + 0x40 + 4);
                }
            }
        }
    }
}
void main()
{
    init();
    while(1)
    {
        keyscan();
    }
}
void timer0() interrupt 1
{
    TH0 = (65536 - 50000)/256;
    TL0 = (65536 - 50000) % 256;
    count++;
    if(count == 18)
    {
        count = 0;
        miao++;
        if(miao == 60)
        {
            miao = 0;
            fen++;
```

```
                if(fen == 60)
                {
                    fen = 0;
                    shi++;
                    if(shi == 24)
                    {
                        shi = 0;
                    }
                    write_sfm(4,shi);
                }
                write_sfm(7,fen);
            }
            write_sfm(10,miao);
        }
    }
```

将源程序进行编译,生成目标文件“LCD显示时间.hex”。

3. 电路模拟仿真

将“LCD显示时间.hex”加载到模拟仿真电路中进行仿真,仿真效果如图7-38所示。

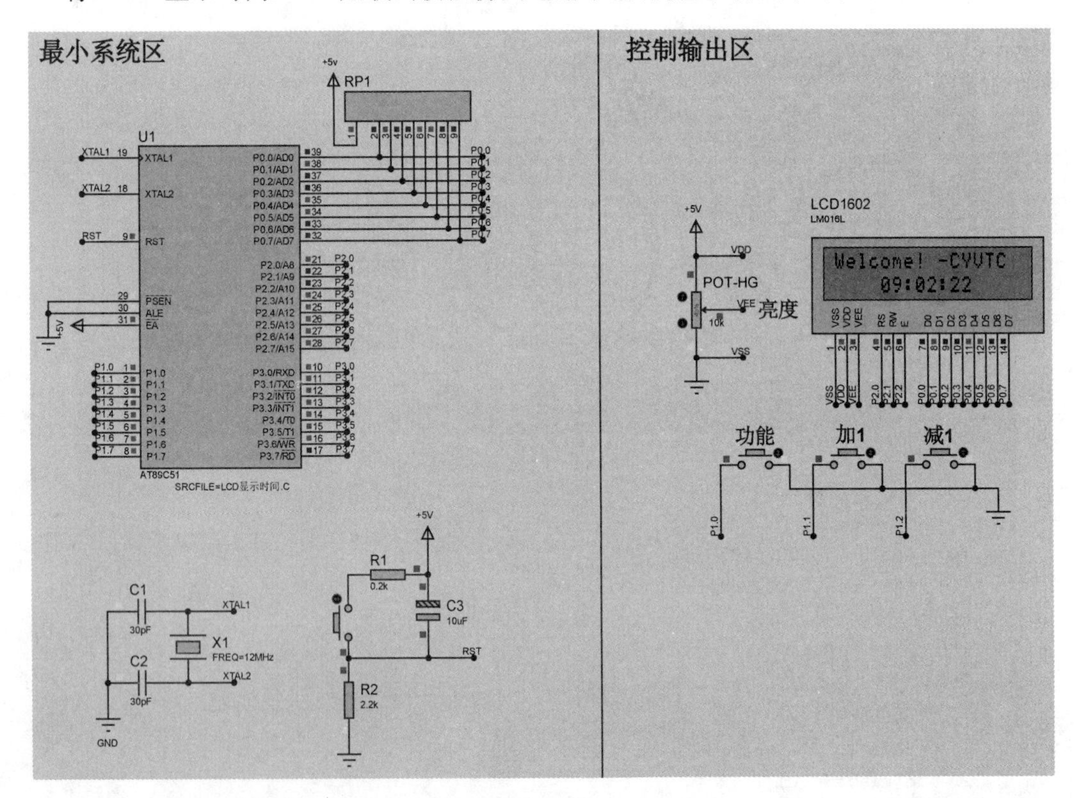

图7-38 LCD显示时间的仿真效果

登高望远

拓展9 小小胸牌的设计

根据前面所学的知识和方法，发挥主观能动性，用单片机来设计制作小小胸牌，显示内容自定。

借题发挥

1. 用16键矩阵键盘及4位数码管实现计算器功能，含0～9、+、−、×、÷、“清0”、=共16个按键。使用Keil C51编程并软件仿真，在Proteus中画出相应的电路并模拟仿真。

2. 用8位LED数码管设计数字钟，3个按键调节时间。使用Keil C51编程并软件仿真，在Proteus中画出相应的电路并模拟仿真。

3. 用8×8 LED矩阵设计一款彩灯，要求从中心点亮，以方框形式向外扩展，再从外框收缩至中心。两种效果循环进行。使用Keil C51编程并软件仿真，在Proteus中画出相应的电路并模拟仿真。

4. 用液晶屏显示加工零件实时计件信息，含实时时间，零件任务数，已加工零件数实时值。使用Keil C51编程并软件仿真，在Proteus中画出相应的电路并模拟仿真。

项　目　8

模拟量转换接口

饮水思源

见多识广

(1) 了解 A/D 转换器的基本知识。
(2) 了解 D/A 转换器的基本知识。
(3) 掌握 ADC0809 的工作原理、转换性能。
(4) 掌握 DAC0832 的工作原理、转换性能。
(5) 掌握 A/D、D/A 转换器的应用方法。

游刃有余

(1) 能够根据任务要求正确使用 A/D 转换器。
(2) 能够根据任务要求正确使用 D/A 转换器。
(3) 能完成数字电压表的实验。
(4) 能完成数字信号发生器的实现实验。

庖丁解牛

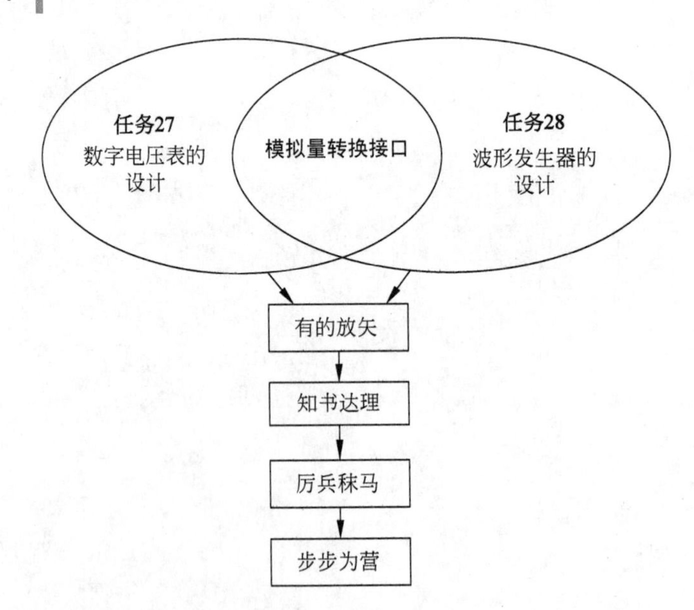

8.1 任务27：数字电压表的设计

8.1.1 有的放矢

在前面几个项目中，老K做了好几个单片机的电路，很多情况下用到了数字显示电路，比如显示速度等。经过几次试验，他发现在众多的数字化仪表当中，数字电压表是核心与基础。以数字电压表为核心，可以扩展成各种通用数字仪表，如温度计、湿度计、酸度计、重量计、厚度仪等。几乎覆盖了电子电工测量、工业测量、自动化仪表等各个领域。数字电压表还具有读数直观、准确、显示范围宽、分辨力高、输入阻抗高、功耗小、抗干扰性强的优点。所以，本节将通过使用单片机和ADC0809进行电压检测并数字显示，熟悉模数转换的基本原理。

8.1.2 知书达理

在实际的测量和控制系统中检测到的常是时间、数值都连续变化的物理量，这种连续变化的物理量称为模拟量，与此对应的电信号是模拟电信号。模拟量要输入到单片机中进行处理，首先要经过模拟量到数字量的转换，单片机才能接收、处理。实现模/数转换的部件称为A/D转换器或ADC。既然用到数字信号，那一定与A/D转换器的位数n有关。例如，当输入满量程电压为5V时，对于8位A/D转换器，A/D转换的分辨率为5V/255=0.0196V，即19.6mV。此时，数字电压表的步长为19.6mV，也可以理解为数字电压表的测试精度为19.6mV，比此值小的电压变化无法显示出来。

1. A/D转换器的性能指标

1）分辨率

表示输出数字量变化一个相邻数码所需输入模拟电压的变化量。定义为满刻度电压与2^n-1的比值，其中n为ADC的位数，即

$$\text{分辨率}=\frac{\text{最大输入满量程模拟电压}}{2^n-1}$$

n的值越大，分辨率就越高。例如，当输入满量程电压为5V时，对于8位A/D转换器，A/D转换的分辨率为

$$5\text{V}/255=0.0196\text{V}=19.6\text{mV}$$

例如，温度范围为1～300℃，对应电压为0～5V，则A/D转换的分辨率为1.17℃。

而对于12位A/D转换器，A/D转换的分辨率为

$$5\text{V}/4095=0.00122\text{V}=1.22\text{mV}$$

例如，温度1～300℃，对应电压为0～5V，则A/D转换的分辨率为0.07℃。

2）量化误差

在不计其他误差的情况下，一个分辨率有限的ADC的阶梯状转移特性曲线与具有无限

分辨率的 ADC 转移特性曲线之间的最大偏差，称为量化误差。

3）偏移误差

输入信号为零时，输出信号不为零的值。

4）满刻度误差

满刻度误差是指满刻度输出数码所对应的实际输入电压与理想输入电压之差。

5）线性度

线性度有时又称为非线性度，是指转换器实际的转移函数与理想直线的最大偏移。

6）绝对精度

在一个变换器中，任何数码所对应的实际模拟电压与其理想的电压值之差并非是一个常数，把这个差的最大值定义为绝对精度。

7）相对精度

把绝对精度中的最大偏差表示为满刻度模拟电压的百分数，就是相对精度。

8）转换速率

转换速率是指能够重复进行数据转换的速度，即每秒转换的次数。完成一次 A/D 转换所需的时间，是转换速率的倒数。

2. A/D 转换器的基本原理

由于模拟量时间和（或）数值上是连续的，而数字量在时间和数值上都是离散的，所以转换时要在时间上对模拟信号离散化（采样），还要在数值上离散化（量化），一般步骤如下。

采样 → 保持 → 量化 → 编码

3. ADC0809 简介

ADC0809 是采样频率为 8 位的、以逐次逼近原理进行模—数转换的器件，其芯片如图 8-1 所示。其内部有一个 8 通道多路开关，它可以根据地址码锁存译码后的信号，只选通 8 路模拟输入信号中的一个进行 A/D 转换。主要特性如下。

图 8-1　ADC0809 芯片图

(1) 8 路 8 位 A/D 转换器，即分辨率为 8 位。

(2) 具有转换起停控制端。

(3) 转换时间为 100μs。

(4) 单个 5V 电源供电。

(5) 模拟输入电压范围 0～5V，不需要零点和满刻度校准。

(6) 工作温度范围为－40～85℃。

(7) 低功耗，约 15mW。

4. ADC0809 的内部逻辑结构

ADC0809 由一个 8 路模拟开关、一个地址锁存与译码器、一个 A/D 转换器和一个三态输出锁存器组成。多路开关可选通 8 个模拟通道，允许 8 路模拟量分时输入，共用 A/D 转换器进行转换。三态输出锁器用于锁存 A/D 转换完的数字量，当 OE 端为高电平时，才可以从三态输出锁存器取走转换完的数据。ADC0809 的转换原理、芯片结构及引脚如图 8-2 和图 8-3 所示。

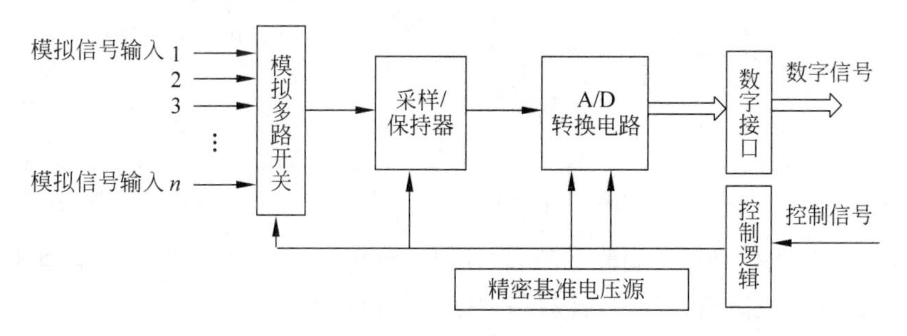

图 8-2 ADC0809 转换原理

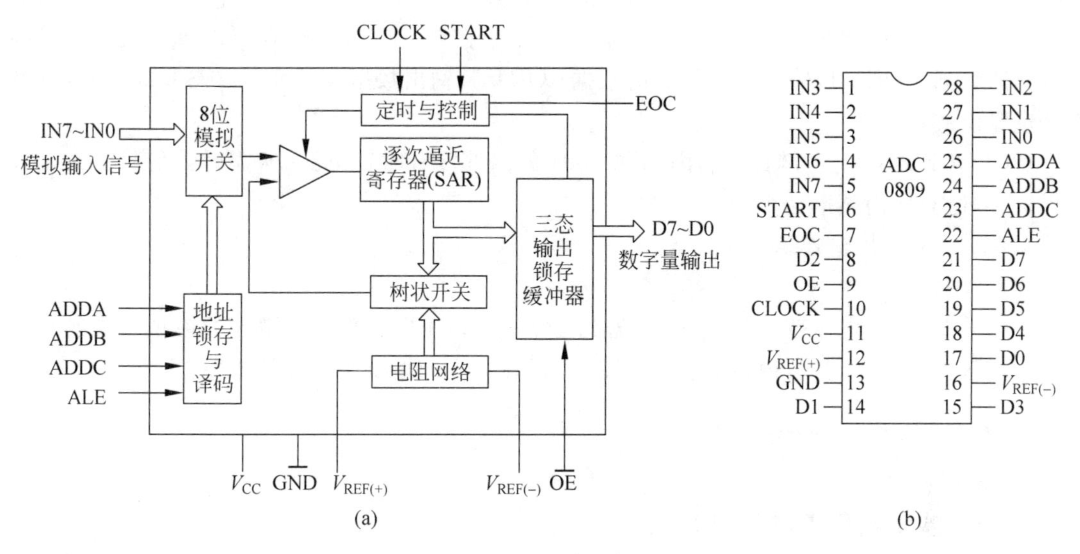

图 8-3 ADC0809 芯片结构及引脚图

1）引脚功能

D7～D0：8 位数字量输出引脚。

IN0～IN7：8 位模拟量输入引脚。

V_{CC}：5V 工作电压。

GND：地。

$V_{REF(+)}$：参考电压正端。

$V_{REF(-)}$：参考电压负端。

START：A/D 转换启动信号输入端。

ALE：地址锁存允许信号输入端，高电平有效（START 和 ALE 两个信号用于启动 A/D 转换）。

当 ALE 线为高电平时，地址锁存与译码器将 A、B、C 3 条地址线的地址信号进行锁存，经译码后被选中的通道的模拟量经转换器进行转换。A、B 和 C 为地址输入线，用于选通 IN0～IN7 上的一路模拟量输入。通道选择表如表 8-1 所示。

表 8-1 ADC0809 通道选择

C	B	A	选择的通道	C	B	A	选择的通道
0	0	0	IN0	1	0	0	IN4
0	0	1	IN1	1	0	1	IN5
0	1	0	IN2	1	1	0	IN6
0	1	1	IN3	1	1	1	IN7

EOC：转换结束信号输出引脚，开始转换时为低电平，当转换结束时为高电平。

OE：输出允许控制端，用以打开三态数据输出锁存器。

当 ST 为上跳沿时，所有内部寄存器清零；为下跳沿时，开始进行 A/D 转换；在转换期间，ST 应保持低电平。EOC 为转换结束信号，当 EOC 为高电平时，表明转换结束；否则，表明正在进行 A/D 转换。OE 为输出允许信号，用于控制 3 条输出锁存器向单片机输出转换得到的数据。OE=1，输出转换得到的数据；OE=0，输出数据线呈高阻状态。D7～D0 为数字量输出线。

CLOCK：时钟信号输入端，因 ADC0809 的内部没有时钟电路，所需时钟信号必须由外界提供，通常使用频率为 500kHz。

A、B、C：地址输入线。

2）ADC0809 对输入模拟量的要求

信号单极性，电压范围是 0～5V，若信号太小，必须进行放大；输入的模拟量在转换过程中应该保持不变，如若模拟量变化太快，则需在输入前增加采样保持电路。

8.1.3 厉兵秣马

1. 数字电压表的设计思路

图 8-4 和图 8-5 是两线 DC 4.5～30V 直流数字电压表及其参数。

图 8-4 数字电压表效果及实物

图 8-5 数字电压表实物参数

图 8-6 为数字电压表实物。

1）算法分析

（1）初始化时使 START 和$\overline{\text{OE}}$信号全为低电平。

（2）将要转换的通道地址送 A、B、C 端口上，在 ALE 上加锁存脉冲。

（3）在 START 端给出一个至少有 100ns 宽的正脉冲信号。

（4）是否转换完毕根据 EOC 信号来判断。如果 EOC 为低电平，表示在转换过程中；如果 EOC 变为高电平，表示转换完毕。

（5）使$\overline{\text{OE}}$为高电平，转换数据输出到单片机。当数据传送完毕后，将$\overline{\text{OE}}$置为低电平，使 ADC0809 输出为高阻状态，让出数据线。

图 8-6 数字电压表实物

2）硬件电路

根据需要，本产品所用硬件设备主要有以下 3 部分。

（1）单片机最小系统，包括单片机微处理器 AT89S52、电源电路、时钟电路、复位电路等。

（2）电压模数转换电路，主要由 ADC0809 以及电压调节输入电路组成。

（3）LED 数码显示电路，主要由 8 只发光二极管（LED）组成。

2. 单片机资源调配

基于以上思路，分配单片机的输入和输出接口资源：选用 P0 作为转换后数据到单片机的输入口；P1 口控制 8 个 LED 的显示段码；P2 口控制 8 个 LED 的显示位码。

3. 系统工作原理

在主程序中，开放总允许以及定时中断 T0 的允许，以此产生模数转换时钟。在主程序中，启动电压转换并将数据送到单片机，转换成对应电压数据，保留两位小数，拆分数据并送至数码管显示。下面进入设计过程，并通过电路图和软件完成软件仿真、模拟仿真、实物仿真、实际应用 4 个过程中的前两个重要的步骤。

8.1.4 步步为营

1. 在 Proteus 中绘制电路图

本阶段要画出数字电压表的仿真电路图，如图 8-7 所示。

2. 使用 Keil C51 编写程序

使用 Keil C51 新建工程项目，建立“数字电压表的设计. c”的文件，输入以下代码。

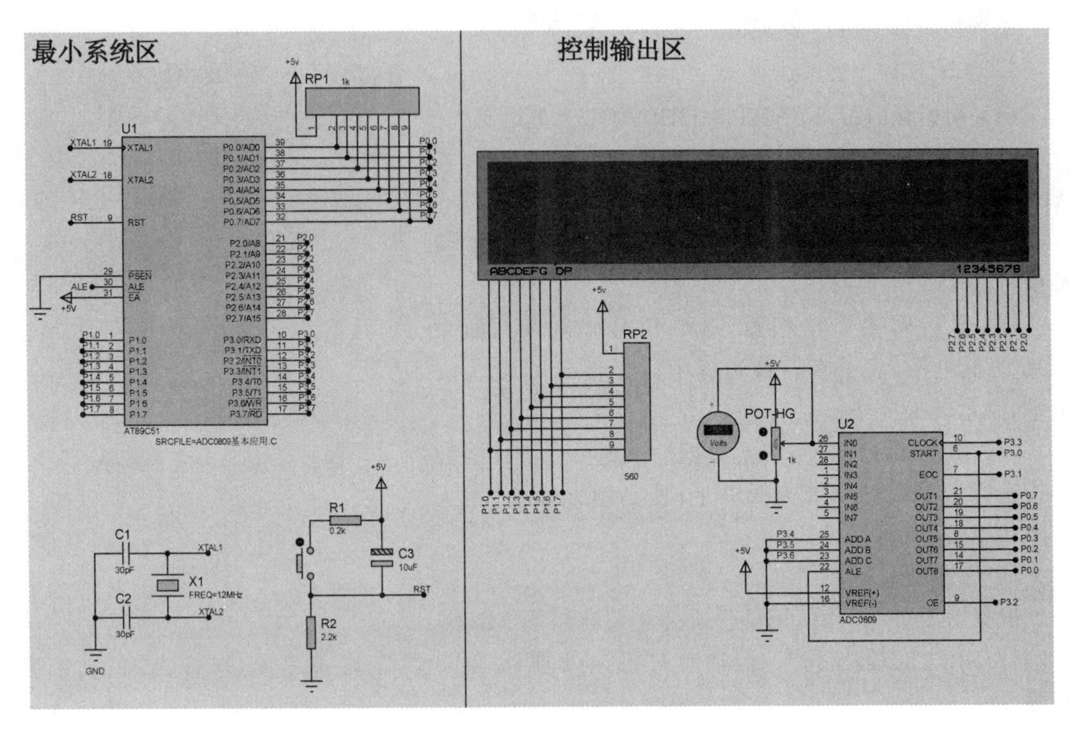

图 8-7　数字电压表的仿真电路图

```
/＊程序名称：数字电压表
 ＊程序说明：P0 口为电压转换后输出到单片机的输入口；
 ＊          P1 口控制 LED 数码管的段码；
 ＊          P2 口控制 LED 数码管的位码；
 ＊          P3.0 为转换开始 START；
 ＊          P3.1 为转换结束 EOC；
 ＊          P3.2 为转换数据输出 OE；
 ＊          P3.3 为转换时钟 CLOCK ＊/

#include<AT89X51.H>
#define uint unsigned int
#define uchar unsigned char
uchar bai,shi,ge;
uint temp,temp1;
sbit clock = P3^3;                                  //时钟
sbit start = P3^0;                                  //转换开始,低电平开始
sbit eoc = P3^1;                                    //转换结束,高电平结束
sbit oe = P3^2;                                     //转换数据输出,高电平时出
uchar code table[] = {0x3f,0x06,0x5b,0x4f,0x66,
                      0x6d,0x7d,0x07,0x7f,0x6f};   //共阴极数码管段码
uchar code table1[] = {0xbf,0x86,0xdb,0xcf,0xe6,
                       0xed,0xfd,0x87,0xff,0xef};  //带小数点段码
void delay(uint z);
```

```
void main()
{
    TMOD = 0x20;                                    //设置定时器 1 为工作方式 2
    TH1 = 206;                                      //赋初值 216
    TL1 = 206;
    EA = 1;                                         //开总中断
    ET1 = 1;                                        //开 T1 中断
    TR1 = 1;                                        //启动定时器
    oe = 0;                                         //关闭输出
    while(1)
    {
        start = 0;
        start = 1;                                  //复位
        start = 0;                                  //开始转换
        while(eoc == 0);                            //等待转换结束
        oe = 1;                                     //结束了则打开输出
        temp = P0;                                  //从 P0 读转换数据到 temp
        oe = 0;                                     //关闭输出

        temp = temp * 500/255;                      //将数据转换成对应电压值
        bai = temp/100;                             //拆分数据
        shi = temp % 100/10;
        ge = temp % 10;

        P2 = 0xff;P2 = 0xfb;P1 = table1[bai];delay(50);   //带小数点
        P2 = 0xff;P2 = 0xfd;P1 = table[shi];delay(50);
        P2 = 0xff;P2 = 0xfe;P1 = table[ge];delay(50);
    }
}

void delay(uint z)
{   uint x,y;
    for(x = z;x > 0;x -- )
        for(y = 10;y > 0;y -- );
}

void tl() interrupt 3                               //定时程序,10kHz 时钟信号
{
    clock = ~clock;
}
```

将源程序进行编译,生成目标文件“数字电压表的设计.hex”。

3. 电路模拟仿真

将数字电压表的设计.hex 加载到模拟仿真电路中进行仿真,仿真效果如图 8-8 所示。

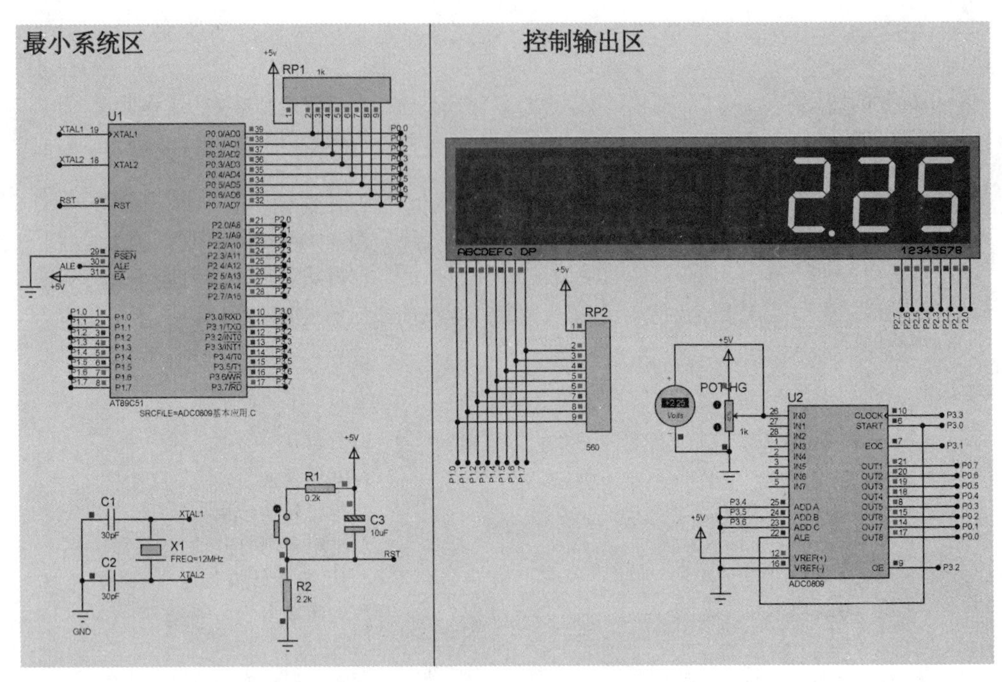

图 8-8　数字电压表的仿真效果

8.2　任务 28：信号发生器的设计

8.2.1　有的放矢

信号发生器是一种常用信号源。通常能够产生正弦波、三角波、方波、锯齿波等多种波形，如图 8-9 所示，因其时间波形可用某种时间函数来描述而得名。函数信号发生器在电路实验和设备检测中具有十分广泛的应用，密切地联系着工业、农业、生物医学等产业，并对它们的发展起到极大的促进作用。图 8-10 所示是波形发生器的实物图。

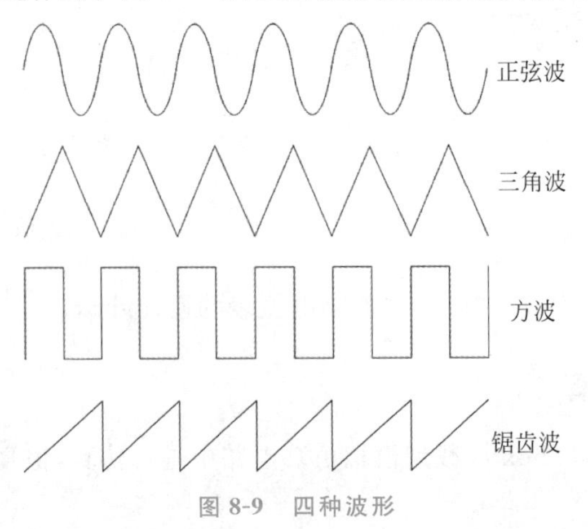

图 8-9　四种波形

图 8-10　波形发生器实物

传统的信号发生器电路复杂，控制灵活度不够，成本也相对较高。利用单片机的控制灵活性，外设处理能力强等特点，实现频率与幅度可调的多种波形，可克服传统信号发生器的缺点，具有良好的实用性。同时根据程序的易控制性，可以轻松实现各种复杂的调频调幅功能。

8.2.2　知书达理

单片机系统处理的都是数字信号(数字量)。如果要求单片机输出模拟量，则需要一种特殊的电路将数字量变换为对应的模拟量。在单片机外围接口电路中，常采用D/A转换电路来完成将数字量转换成模拟量。

1. 主要技术指标

1）分辨率

分辨率的定义：最小输出电压与最大输出电压所对应的数字量之比，用输入二进制数的有效位数表示。在分辨率为n位的数模转换器中，具有2^n个不同的输入二进制代码状态，实现2^n个不同等级的输出。例如，在8位数模转换器中，分辨率为$1/2^8=1/256$。常见的DAC有8位、10位和12位。

2）转换精度

转换精度是指输出模拟电压的实际值与理想值之差。产生误差的原因主要有参考电压偏离标准值、运算放大器的零点漂移、模拟开关的压降以及电阻阻值的偏差等。

绝对精度定义为对于一个给定的数字量，其实际的模拟电压值与理论输入电压值之差。

模拟量是连续信号，数字量是离散信号，因此，对同一个数字量，其输入的模拟量是一个范围，不是一一对应关系。从理论来分析，存在一定的误差。

3）建立时间

建立时间是指从输入数字信号开始，到输出信号到达稳定值时所需要的时间，是描述 D/A 转换速度快慢的一个参数。

4）线性度

线性度是指用非线性误差的大小来表示。产生非线性误差有两种原因：①各位模拟开关的压降不一定相等，而且和接地时的压降也未必相等；②各个电阻阻值的偏差不可能做到完全相等，而且不同位置上的电阻阻值的偏差对输出模拟电压的影响又不一样。

5）接口形式

D/A 转换器的接口形式也是技术指标之一，首先是看 D/A 转换器与单片机接口连接是否方便简单，对于带有数据锁存器的 D/A 转换器，可以直接连接到数据总线上；对于不带有数据锁存器的 D/A 转换器，连接时要加一个锁存器，用于保存来自单片机的转换数据。

2. D/A 转换的基本知识

在线性 DAC 中，输出的模拟电压的公式如下。

$$V_{OUT} = V_{REF} \times D_{In}/2^n$$

式中，V_{OUT}为输出的模拟量；n 为 D/A 转换器的位数；D_{In}为输入的数字量，V_{REF}为基准电压。D/A 转换芯片所需要的基准电压一般由芯片外的基准电源提供，常取基准电压 V_{REF} = 5V，n=8（D/A 转换器常用芯片 DAC0832 是 8 位的）。

目前 D/A 转换器较多，本任务选用大规律集成电路 DAC0832 来实现 D/A 转换。

3. DAC0832 的结构及原理

DAC0832 是 8 位分辨率的 D/A 转换集成芯片，与处理器完全兼容，由 8 位输入寄存器，8 位 DAC 寄存器，8 位 D/A 转换器及逻辑控制单元等功能电路构成，具有价格低廉，接口简单，转换控制容易等优点，在单片机应用系统中得到了广泛的应用。图 8-11 所示是 DAC0832 的内部结构。

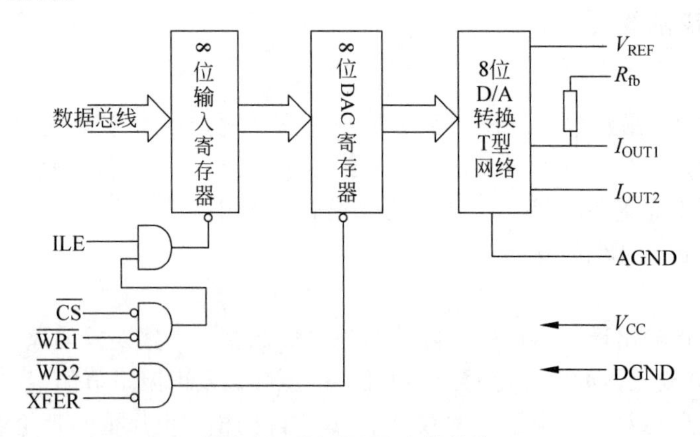

图 8-11　DAC0832 内部结构

DAC0832 的引脚结构如图 8-12 所示，引脚说明如下。

DI0～DI7：数据输入线，TLL 电平。

ILE：数据锁存允许控制信号输入线，高电平有效。

$\overline{CS}$：片选信号输入线，低电平有效。

$\overline{WR1}$：输入寄存器的写选通信号。

$\overline{XFER}$：数据传送控制信号输入线，低电平有效。

$\overline{WR2}$：DAC 寄存器的写选通输入线。

I_{OUT1}：电流输出线。当输入全为 1 时 I_{OUT1} 最大。

I_{OUT2}：电流输出线。其值与 I_{OUT1} 之和为一常数。

R_{fb}：反馈信号输入线，芯片内部有反馈电阻。

V_{CC}：电源输入线（5～15V）。

V_{REF}：基准电压输入线（－10～10V）。

AGND：模拟地，模拟信号和基准电源的参考地。

DGND：数字地，两种地线在基准电源处共地比较好。

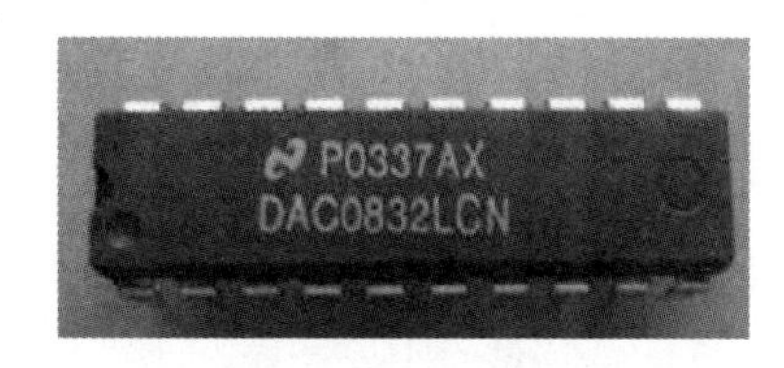

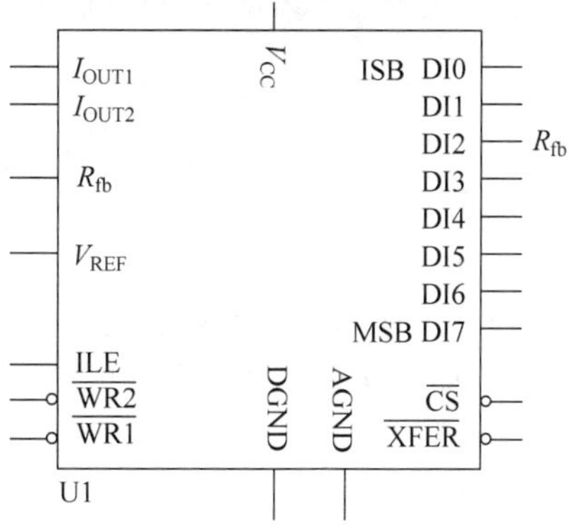

图 8-12　DAC0832 芯片实物图及引脚结构

4. DAC0832 连接方式

根据对 DAC0832 的数据锁存器和 DAC 寄存器的控制方式的不同，DAC0832 有以下 3 种工作方式。

(1) 单缓冲方式。单缓冲方式是控制输入寄存器和 DAC 寄存器同时接收资料，或者只用输入寄存器而把 DAC 寄存器接成直通方式。此方式适用只有一路模拟量输出或几路模拟量异步输出的情形，如图 8-13 所示。

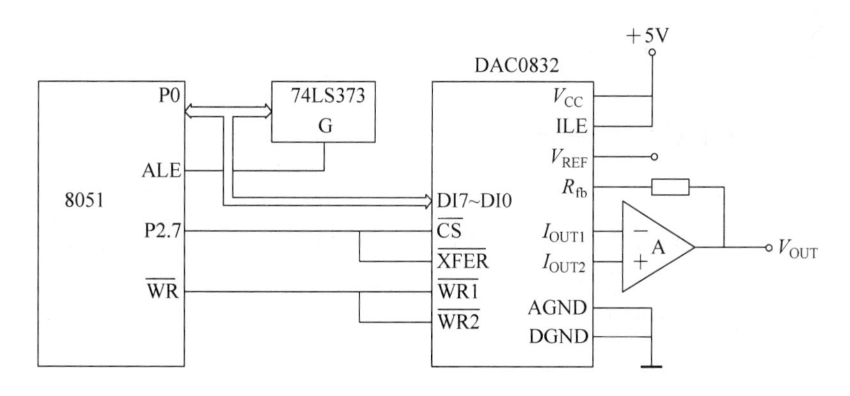

图 8-13　单缓冲方式

(2) 双缓冲方式。双缓冲方式是先使输入寄存器接收资料，再控制输入寄存器的输出资料到 DAC 寄存器，即分两次锁存输入资料。此方式适用于多个 D/A 转换同步输出的情节，如图 8-14 所示。

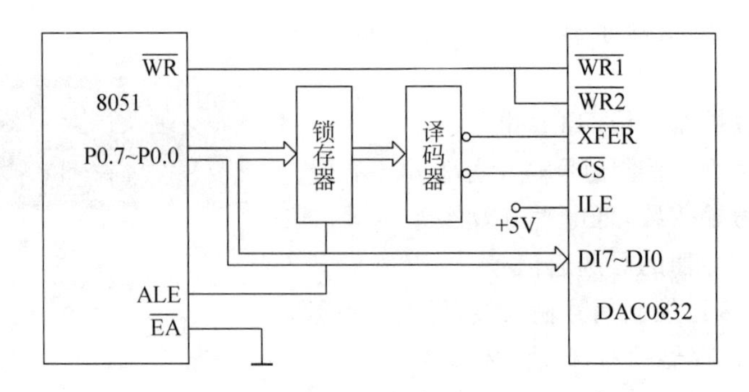

图 8-14　双缓冲方式

(3) 直通方式。直通方式是资料不经两级锁存器锁存，即$\overline{CS}$、$\overline{XFER}$、$\overline{WR1}$、$\overline{WR2}$均接地，ILE 接高电平。此方式适用于连续反馈控制线路和不带微机的控制系统，不过在使用时，必须通过另加 I/O 接口与 CPU 连接，以匹配 CPU 与 D/A 转换，如图 8-15 所示。

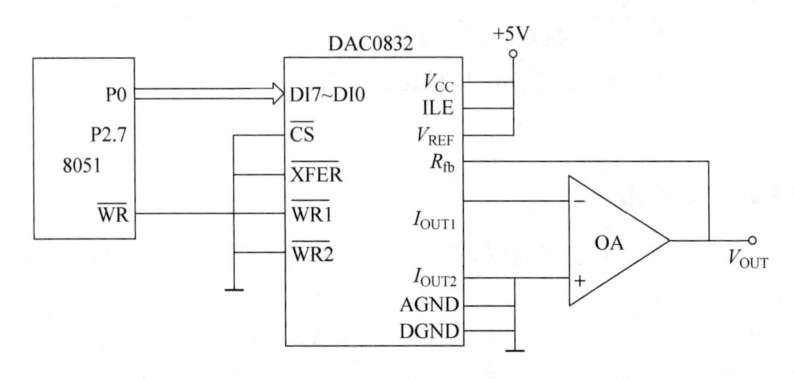

图 8-15　直通方式

8.2.3　厉兵秣马

1. 信号发生器的设计思路

1) 算法分析

要使用单片机作为数据处理及控制核心，完成人机界面、系统控制、信号的采集分析以及信号的处理和变换，只要将单片机再配置键盘、数模转换及波形输出、放大电路等部分，即可构成所需的函数信号发生器。

(1) 单片机经过程序设计的方法生成各种数字信号。

(2) 通过 D/A 转换器 DAC0832 将数字信号转换成模拟信号，滤波放大输出。

(3) 通过按键来控制 4 种波形的类型选择。

2) 硬件电路

根据需要，本产品所用硬件设备主要有以下 3 部分。

(1) 单片机最小系统，包括单片机微处理器 AT89S52、电源电路、时钟电路、复位电路等。这一部分是核心处理电路。

(2) 按键控制电路，从 P3.2 输入控制信号，转换正弦波、三角波、锯齿波、方波。

(3) DAC 转换电路，主要包括 DAC 转换芯片 DAC0832 以及由运放构成的信号放大电路，仿真电路如图 8-16 所示。

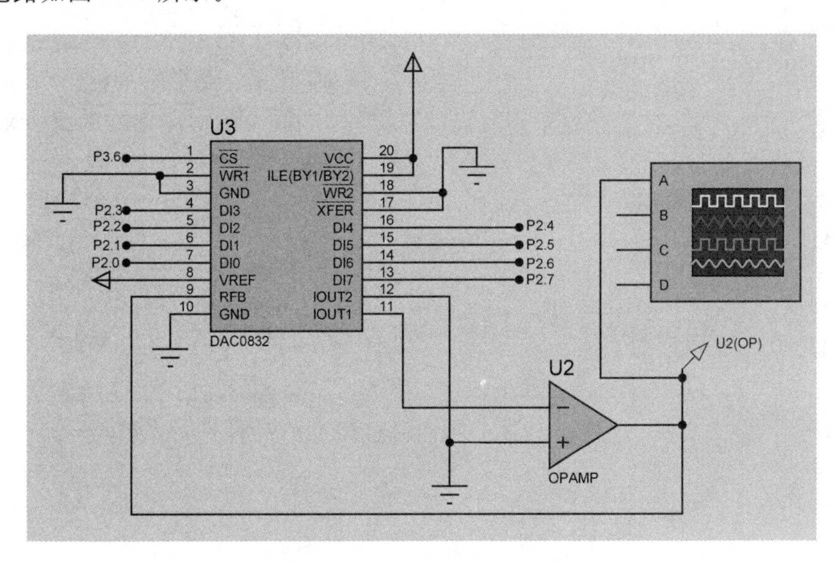

图 8-16　DAC 转换仿真电路图

2. 单片机资源调配

基于以上思路，分配单片机的输入和输出接口资源：选用 P2 口作为数据输入口，P3.6 为片选控制，P3.2 为波形切换控制端口。

3. 系统工作原理

单片机开始工作后，主程序初始化，并开放外中断 0 和定时器 0 中断，等待中断到来。若定时中断发生，则进入定时中断服务程序，并根据标志值 0～3，调用相关波形发生函数；若外中断发生，则调用波形切换函数。数据经转换后经 I_{OUT1} 输出，并经运算放大器放大后再输出。用模拟示波器进行观测。

下面进入设计过程，并通过电路图和软件完成软件仿真、模拟仿真的步骤。

8.2.4　步步为营

1. 在 Proteus 中绘制电路图

本阶段用 DAC0832 产生 4 种波形并放大输出，仿真电路如图 8-17 所示。

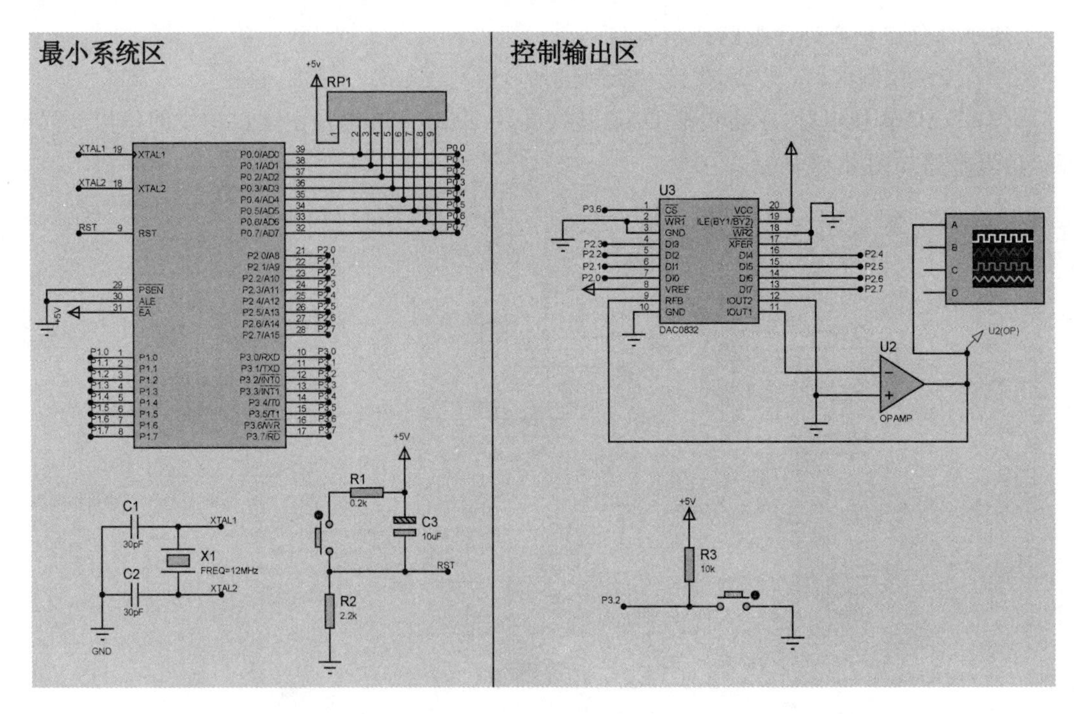

图 8-17 信号发生器仿真电路图

2. 使用 Keil C51 编写程序

使用 Keil C51 新建工程项目，建立“信号发生器.c”的文件，输入以下代码。

```
/ * 程序名称: 信号发生器
  * 程序说明: P2 口为转换数据输入口;
  *           P3.6 为片选 CS;
  *           P3.2 为波形转换,外中断方式;
  * /

# include < reg51.h >
# define uchar unsigned char
# define uint unsigned int
# define DAC0832 P2                                    //将 DAC0832 定义为 P2 口
# define ALL 65536                                     //将 ALL 定义为 65536
# define Fosc 12000000                                 //频率为 12MHz
uchar TH_0,TL_0,flag1,flag = 0;
uint  FREQ = 100,num;                                  //起始频率设定为 100Hz
float temp;
uchar code sin_num[ ] = {
      0, 0, 0, 0, 0, 0, 0, 0, 1, 1, 1, 1, 1, 2, 2, 2,
      2, 3, 3, 4, 4, 4, 5, 5, 6, 6, 7, 7, 8, 8, 9, 9,
      10, 10, 11, 12, 12, 13, 14, 15, 15, 16, 17, 18, 18, 19, 20, 21,
      22, 23, 24, 25, 25, 26, 27, 28, 29, 30, 31, 32, 34, 35, 36, 37,
      38, 39, 40, 41, 42, 44, 45, 46, 47, 49, 50, 51, 52, 54, 55, 56,
```

```
        57, 59, 60, 61, 63, 64, 66, 67, 68, 70, 71, 73, 74, 75, 77, 78,
        80, 81, 83, 84, 86, 87, 89, 90, 92, 93, 95, 96, 98, 99, 101, 102,
        104, 106, 107, 109, 110, 112, 113, 115, 116, 118, 120, 121, 123, 124, 126, 128,
        129, 131, 132, 134, 135, 137, 139, 140, 142, 143, 145, 146, 148, 149, 151, 153,
        154, 156, 157, 159, 160, 162, 163, 165, 166, 168, 169, 171, 172, 174, 175, 177,
        178, 180, 181, 182, 184, 185, 187, 188, 189, 191, 192, 194, 195, 196, 198, 199,
        200, 201, 203, 204, 205, 206, 208, 209, 210, 211, 213, 214, 215, 216, 217, 218,
        219, 220, 221, 223, 224, 225, 226, 227, 228, 229, 230, 230, 231, 232, 233, 234,
        235, 236, 237, 237, 238, 239, 240, 240, 241, 242, 243, 243, 244, 245, 245, 246,
        246, 247, 247, 248, 248, 249, 249, 250, 250, 251, 251, 251, 252, 252, 253, 253,
        253, 253, 254, 254, 254, 254, 254, 255, 255, 255, 255, 255, 255, 255, 255, 255
};
/*********** 端口设置 ***************/
sbit cs = P3^6;
sbit change = P3^2;

/*********** 延时函数：延时 1ms *********/
void delay(uint z)
{
    uint x,y;
    for(x = z;x > 0;x--)
        for(y = 110;y > 0;y--);
}
/*********** 初始化函数 ***********/
void init()
{
    TMOD = 0X01;                                    //设定工作模式 1
    temp = ALL - Fosc/12.0/256/FREQ;                //定时器初值计算
    TH_0 = (uint)temp/256;
    TL_0 = (uint)temp % 256;
    EA = 1;                                         //开总中断
    EX0 = 1;                                        //开外部中断
    IT0 = 1;                                        //设定下降沿有效工作方式
    ET0 = 1;                                        //设定定时器工作在定时方式
    TR0 = 1;                                        //开定时器中断
}

/************ 切换波形函数 *******************/
void changefreq(void)
{
    if(change == 0)
    {   flag++;     if(flag == 4) {flag = 0;num = 0;}}
        TH_0 = (uint)temp/256;
        TL_0 = (uint)temp % 256;
}
/*********** 三角波发生函数 **********************/
void sanjiaobo(void)
{
    for(num = 0;num < 255;num++)
    {   cs = 0;DAC0832 = num;cs = 1;}
    for(num = 255;num > 0; --num)
    {   cs = 0;DAC0832 = num;cs = 1;}
```

```
}
/************* 方波发生函数 *********************/
void fangbo(void)
{
    cs = 0;DAC0832 = 0XFF;cs = 1;
    for(num = 0;num < 255;num++);
    cs = 0;DAC0832 = 0X00;cs = 1;
    for(num = 255;num > 0;num --);
}
/************* 锯齿波发生函数 ***********************/
void juchibo(void)
{
    cs = 0;DAC0832 = ++num;cs = 1;
}
/************** 正弦波发生函数 ********************/
void zhengxianbo(void)
{
    for(num = 0;num < 255;num++)
    {    cs = 0;DAC0832 = sin_num[num];cs = 1;}
    for(num = 255;num > 0;num -- )
    {    cs = 0;DAC0832 = sin_num[num];cs = 1;}
}
/************** 外部中断服务函数 ***********************/
void ext0() interrupt 0
{
    changefreq();                                    //引用波形切换函数
}
/*************** 定时器中断函数 ****************/
void timer0() interrupt 1
{
    TH0 = TH_0;TL0 = TL_0;                           //重新装初值
    TR0 = 0;
    switch(flag)
    {
        case 0: {sanjiaobo();TR0 = 1;break;}
        case 1: {fangbo();TR0 = 1;break;}
        case 2: {juchibo();TR0 = 1;break;}
        case 3: {zhengxianbo();TR0 = 1;break;}
        default: ;
    }
}

/*************** 主函数 ********************/
void main()
{
    init();
    while(1);
}
```

将源程序进行编译,生成目标文件“信号发生器.hex”。

3. 电路模拟仿真

将“信号发生器.hex”加载到模拟仿真电路中进行仿真仿真效果如图 8-18 所示。

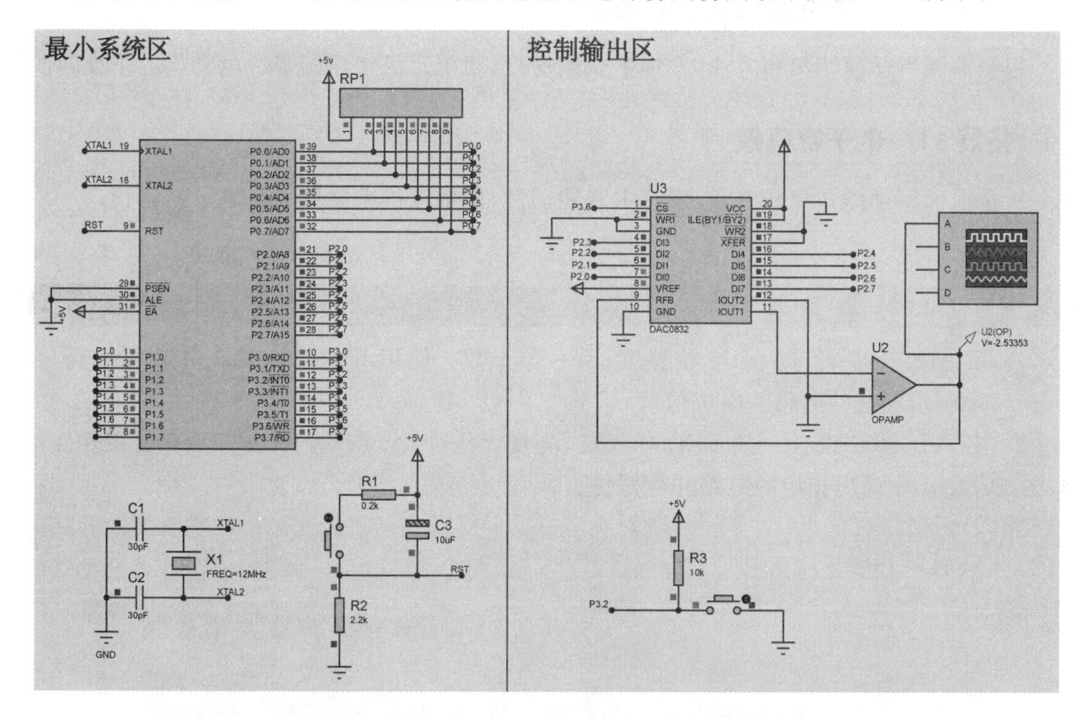

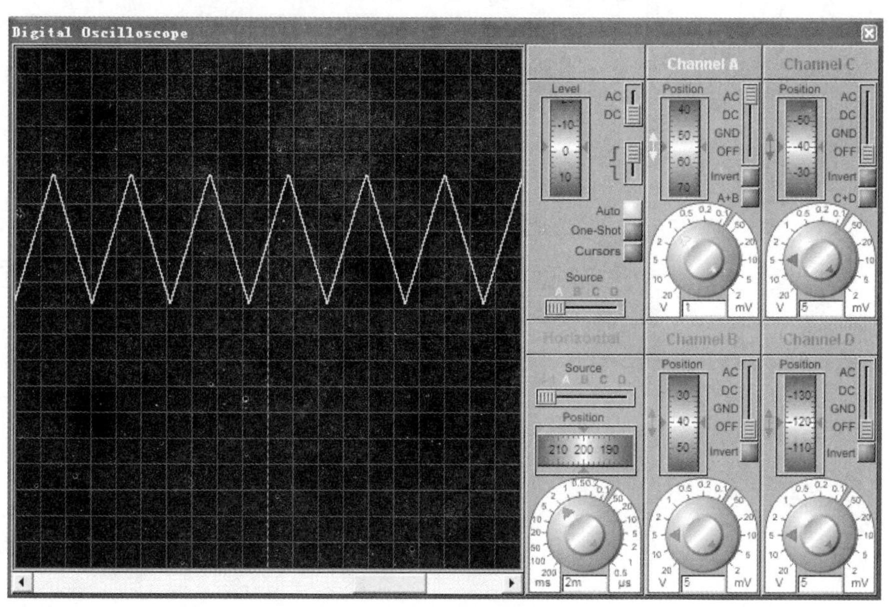

图 8-18 信号发生器仿真效果

登高望远

拓展 10　步进电动机正反转控制

根据前面所学的知识和方法,发挥主观能动性,用单片机来控制步进电动机的正反转。

拓展 11　电子密码锁

根据前面所学的知识和方法,发挥主观能动性,用单片机来制作 6 位电子密码锁。

借题发挥

1. 用 ADC0809 设计一个 3 位温度计,一位小数。使用 Keil C51 编程并软件仿真,在 Proteus 中画出相应的电路并模拟仿真。

2. 用 DAC0832 设计一款 LED 呼吸灯,亮度无级变化。使用 Keil C51 编程并软件仿真,在 Proteus 中画出相应的电路并模拟仿真。

参 考 文 献

[1] 黄鹰.单片机原理与应用[M].北京：中国传媒大学出版社，2015.
[2] 杨居义.单片机原理与应用项目教程(基于C语言)[M].北京：清华大学出版社，2014.
[3] 李全利.单片机原理及应用技术[M].北京：高等教育出版社，2014.
[4] 谷秀荣.单片机原理与应用[M].北京：北京交通大学出版社，2012.
[5] 李全利.单片机原理及应用(C51编程)[M].北京：高等教育出版社，2012.